新疆枣简优栽培管理应用手册

王 雨 李占林 编著

中国农业出版社
北 京

图书在版编目（CIP）数据

新疆枣简优栽培管理应用手册 / 王雨，李占林编著．—北京：中国农业出版社，2023.10
ISBN 978-7-109-31291-3

Ⅰ.①新…　Ⅱ.①王…　②李…　Ⅲ.①枣-果树园艺-新疆-手册　Ⅳ.①S665.1-62

中国国家版本馆 CIP 数据核字（2023）第 203570 号

新疆枣简优栽培管理应用手册
XINJIANGZAO JIANYOU ZAIPEI GUANLI YINGYONG SHOUCE

中国农业出版社出版
地址：北京市朝阳区麦子店街 18 号楼
邮编：100125
责任编辑：王黎黎　张　利　黄　宇
版式设计：王　晨　　责任校对：吴丽婷
印刷：北京通州皇家印刷厂
版次：2023 年 10 月第 1 版
印次：2023 年 10 月北京第 1 次印刷
发行：新华书店北京发行所
开本：880mm×1230mm　1/32
印张：10
字数：250 千字
定价：45.00 元

编　委　会

编者：刘晓红　斯　琴　闫　超　候丽丽
苏彩霞　王秀梅　李海涛　江振斌
陈继红　阿曼古丽·尼亚孜　马云英
阿不拉江·依明　吴琼琼　杨小平
王媛媛　古丽先·克里木　巴音克希克
张　磊

前言

FOREWORD

新疆天山、喀喇昆仑山、阿尔金山围绕的塔里木盆地，得天独厚的水土光热气候自然资源禀赋，具备建设中国乃至世界级果园的卓越地理条件。上世纪末到本世纪初，自治区提出了“粮、棉、果、畜”农村产业结构的战略布局，20多年来，新疆林果产业化，规模化兴起，塔里木盆地1 200万亩*特色林果战略任务的超额完成，农牧民收入和绿洲森林覆盖率大幅提高，经济效益和生态效益双赢的突出成效，有目共睹。

2015年12月24日，中央农村工作会议强调“着力加强农业供给侧结构性改革，提高农业供给体系质量和效益，使农产品供给数量充足，品种和质量契合消费者需要，真正形成结构合理保障有力的农产品有效供给”。新疆的红枣产业作为稳增长保收入的民生工程、打赢脱贫攻坚战的战略工程，在供给侧改革背景下的产业优化，产业革命迫在眉睫。

近年来新疆红枣的提质增效和简优栽培工作已成为全疆枣区各级政府和科研人员关注的焦点，围绕产业转型升级、提质增效、枣农素质提升等核心内容，纷纷开展红枣提质增效、简优栽培和低产园改造等方面的研究，实施以“良种”+“良法”=“安全优质”为出发点，以红枣品种更新换代，品质提升，枣农素质培训为支撑点；以标准宣贯、示范园建设、品牌培育为落脚点，在健全培训机制、强化示范引领作用的同时，提升枣园管理水平，让科技成果的研究和推广应用成为打破红枣产

* 亩为非法定计量单位。1亩≈667米^2——编者注。

业提质增效瓶颈的有效措施，引导新疆红枣产业向绿色、有机方向发展，让新疆红枣产业步入高质量发展的良性循环。

为了更好地普及和推广新疆红枣提质增效和简优栽培关键技术，进一步提升枣农素质，新疆巴音郭楞蒙古自治州（以下简称巴州）林业和草原局“王雨枣产业发展研究工作室”组织相关人员编写《新疆枣简优栽培管理应用手册》一书，该书主要是针对新疆红枣品种更新换代资源匮乏，品质提升技术体系不系统，品牌培育机制不健全，红枣产业助力扶贫不精准等问题，围绕新疆红枣产业中“品种，品质，品牌”的提升开展技术总结与集成，本着科学、先进、实用的原则，从新疆红枣发展沿革及现状、枣品种的引进与选育、枣良种繁育技术、枣园的规划与建立、枣园的土壤管理技术、枣园的灌溉与保墒技术、枣树施肥技术、枣树整形修剪技术、枣树促花保果技术、低质低效枣园的改造技术、枣树简约栽培技术、枣树有害生物防控和自然灾害的防御、枣果的采收、分级、加工与质量鉴定、枣树的保护等方面进行了论述。以期望对全国从事种枣、管枣、经销枣和研究枣的从业者有所帮助，对新疆红枣产业的健康发展有所贡献，也能对其他枣区红枣产业的提质增效工作有所借鉴。希望本书能让不了解新疆枣的朋友们认识新疆枣，了解新疆枣，喜爱新疆枣。更希望广大红枣从业者因枣结缘，以枣会友，助枣兴疆。

本书编写过程中，在研究总结新疆各枣区红枣提质增效技术措施，并结合编者多年红枣生产实践经验的基础上，参考引用了许多从事红枣研究老师们的科研成果，专著论文和科普资料，在此谨向所有老师们表示最真诚的感谢！书后所列出的参考文献目录可能有所遗漏，在此特向原作者老师表示歉意。新疆巴州党委组织部、巴州林业和草原局党组对本书给予了高度重视和支持，在此感谢党组织的信任、关心和支持！此外，由于编者水平有限，收集和掌握的资料不够全面，书中错误和不妥之处在所难免，敬请读者指正，并予以谅解。

编　者

2022年2月

目录
CONTENTS

第一章　新疆枣发展史、现状及环境影响

第一节　新疆枣发展史

枣树是我国第一大干果树种和最具代表性的民族果树之一，其栽培历史可追溯到8000年以前。我国枣树的种植起源于黄河中下游一带，以河南、山西、陕西三省栽培较早。据考证，春秋战国时期红枣传入河北栽培，汉代时期引入辽东，到两晋时期扩大到了长江流域，覆盖到了我国大江南北。

2000多年前，丝绸之路的开通将中原红枣引入新疆，以庭院种植为主，随着社会变迁，枣树保留很少。明末清初，新疆不断从中原地区引入红枣进行种植，并形成了一部分地方品种，较出名的有哈密大枣、新疆长圆枣、喀什小枣等，但除了哈密大枣外，其他枣的品质都相对较差，并没有形成种植规模。中华人民共和国成立后，全国各省市都有枣树的相互引种，新疆引进红枣苗量最大，主要引自河南、河北、山西等地。

新疆红枣原产地品种较少，除哈密大枣有一定的商品性和栽培规模外，其他品种均为内地传统枣区引进，主要品种以灰枣、骏枣等制干品种为主，也有少量的鲜食品种，如七月鲜、冬枣等。灰枣、骏枣种植面积占总面积的95%以上。20世纪70年代初，新疆成功引进多个红枣品种，凭借特殊的地理条件和气候条件，新疆红枣克服了原产地果实发育期雨水较多、产量不稳定、果实干物质少、烂果和裂果现象严重等问题，引进品种的栽培表现都好于原产

地，特别是新郑灰枣，表现最为突出。

20世纪90年代末，中央提出农业产业结构战略性调整，自治区党委、人民政府从资源优势向经济优势转变的战略高度，提出了“北粮畜，南棉果”战略布局，有力推动了新疆红枣产业的快速发展，截至“十三五”，新疆红枣种植面积稳定在40万hm^2，到2017年新疆红枣的面积和产量都跃居全国首位。

2015年12月24日，中央农村工作会议强调，着力加强农业供给侧结构性改革，提高农业供给体系质量和效率，使农产品供给数量充足，品种和质量契合消费者需要，真正形成结构合理保障有力的农产品有效供给。自2016年起，新疆红枣从注重规模面积发展逐步转向品质的提升，尤其是2018年自治区实施特色林果业提质增效工程以来，红枣种植结构进一步优化，品质、产量进一步提高。

第二节　新疆枣产业发展现状

一、新疆枣栽培管理现状

1. 规模及产量情况　根据有关资料到2021年新疆红枣种植面积23.18万hm^2，约占全国红枣总面积的1/3，产量139.86万t，占全国红枣总产量的50%，远远超过河北、山东、山西、陕西、河南等传统枣产区，成为最大的商品化红枣种植基地。

2. 分布和区划情况　新疆红枣主要分布在环塔里木盆地的巴州、和田地区、喀什地区、阿克苏地区和吐哈盆地，北疆的石河子也有少量栽培。根据各地气候条件和栽培品种将新疆枣区划为4个枣区，主要包括：巴州枣区，以栽培灰枣为主；阿克苏枣区，以栽培灰枣为主；和喀枣区（和田、喀什），以栽培骏枣灰枣为主；吐哈枣区（吐鲁番、哈密），以栽培哈密大枣和灰枣为主。

3. 品种结构情况　2000年前，新疆枣乡土品种较少，除哈密大枣具有一定的商品性，有一定的栽培规模外，其他品种多为零星栽植。目前，新疆枣品种已多达 200 多种，多为从冀、鲁、晋、陕、豫等传统的枣区引入，主栽品种为干鲜兼用的灰枣及制干品种骏枣，栽培面积占总面积的 95%以上。鲜食品种冬枣、蟠枣和鸡心枣等也有不同规模的种植。近年来，新疆红枣科研单位持续开展品种选育、推广工作，新疆林科院从赞皇大枣中选育出赞新大枣，巴州林业科学技术推广中心、若羌县羌枣科学技术研究所从灰枣中选育出羌枣 1 号、羌枣 2 号、羌枣 3 号等红枣优良新品种。目前处于推广阶段。

4. 栽培模式和管理情况　新疆红枣栽培模式多为密植栽培或计划密植栽培，计划密植栽培的前五年多间作小麦或棉花，以增加前期效益。株行距 (1.0～2.0)m×(2.0～4.0)m 不等，每亩红枣株数 83～444 株，其中以株行距 2.0 m×3.0m 或 1.5 m×4.0m，110 株/亩较为普遍。

红枣作为新疆枣区的支柱产业，在管理上，引进和吸收了传统枣区先进适用技术，并在单项技术的基础上，组装配套出了一批适于不同地区和不同年龄时期枣树优质丰产管理技术，通过示范园的辐射推广，带动了新疆枣树栽培管理水平的整体提高，红枣亩产量年年创新高。每亩枣树 110 株左右的，盛果期枣园亩产干枣均在 600kg 以上，部分枣园亩产甚至达到 1 000kg 以上。近年来，随着市场需求的饱和及同质化竞争的激烈，红枣产业开始由产量效益型逐渐向质量效益型转变，各枣区纷纷以枣园的疏密改造为突破口开展红枣提质增效工作。将枣树种植密度降低到 55 株/亩；树干高度由原来的 40～60cm 提高至 80～120cm；树体管理由原来的粗放管理向简优管理转变，逐步提高枣园机械的使用率，降低人工成本，实现节本增效。

5. 采后处理情况　在分级包装方面，受价格利益驱动，近年来许多枣区群众已主动进行分级销售，包装也已得到政府有关部门的重视，开始用统一标准标志瓦楞纸箱进行包装运输。在加工方面，还停留在初级加工层面，多以分级—清洗—烘干—包装，销售原枣为主，高附加值的枣产品研究开发的较少。

6. 市场销售情况 新疆红枣市场占有率以原枣销售为主，市场份额约占98%以上。从价格方面看，由于近几年新疆枣产量的快速增长，红枣价格呈下滑态势，2020年地头通货价格为6.5～10元/kg，仅为2011年历史高位的1/6。总体来看，新疆红枣产业发展已进入种植面积小幅回落、单位面积产量持续增长的阶段，红枣消费量将进一步增长，消费方式更加多元化，价格也由原来的“疯狂”回归到“理性”，逐渐趋于正常水平。

二、新疆枣栽培优势分析

1. 政策优势 近年来，国家实施“稳疆兴疆、富民固边”战略，加大对新疆特色林果业的支持力度。2007年国务院出台《关于进一步促进新疆经济社会发展的若干意见》，2009年中共中央、国务院制定《关于推进新疆跨越式发展和长治久安的意见》，第三次中央新疆工作座谈会、十九届五中全会等会议以及“十四五”期间新疆重点发展“十大产业”均将特色林果产业发展摆在重要位置上，为新疆红枣产业健康、高效、可持续发展提供了政策保障。

2. 气候条件优势 新疆光热资源丰富，新疆南疆年日照时数2 750～3 029h，有效积温3 800～4 100℃，特别是每年4至10月累计日照时数达2 027h，平均每天的日照时数达到10h以上，光照度强，昼夜温差大的独特的气候特点，使得新疆红枣在含糖量、可溶性固形物、维生素C含量等方面优于其他枣区的品质。此外，新疆气候条件特殊，干燥少雨，其病虫害远远少于内地，新疆枣园的病害发生较少主要有真菌性病害黑头病，以及生理性病害、生理落果、裂果病等。虫害主要有介壳虫、枣瘿蚊、红蜘蛛，新疆枣区少病少虫既可以大幅减少农药使用量，又可以保证红枣的品质。

3. 土地资源优势 枣树是耐旱、耐瘠薄、耐盐碱、适应性强的树种。新疆土地资源丰富为红枣的发展提供给了土地空间。

三、新疆枣产业存在的问题

1. 品种结构尚欠合理，良种化程度低 新疆枣区主栽品种为骏枣和灰枣，其他品种很少；品种退化、产量低而不稳，抵御市场风险能力差，新品种选育速度慢、推广力度低。对于已经选育出的优良新品种，由于推广力度不够，新品种占有率低，品种优势和市场优势不能完全展现。

2. 标准化生产水平和产业发展不匹配　红枣生产标准化应用程度不高，已制定的技术标准中有的技术研究深度不够。枣园管理技术中配方施肥、节水灌溉、病虫害有效防治、植物生长调节剂使用等方面的研究和推广力度不够；绿色、有机标准化生产技术操作规程不健全，缺乏科学性和可操作性；枣果质量评价和安全检测体系还不完善。

3. 产品附加值低、规模性龙头企业数量少　新疆枣产品的销售大多以“原枣”形式出现，产品附加值较低，缺少更高级别的高档次深加工产品、高市场占有率的名牌产品和高附加值产品；加工企业规模小，设备落后，技术含量低，加工产品大同小异，多数加工企业为“家庭作坊”、包装档次低、加工产品技术含量低、市场份额低。规模性加工企业数量较少，与枣产业规模不相匹配。

4. 销售市场不规范、体制不健全　新疆红枣产业仍以分散生产经营为主，枣产品销售市场秩序混乱，存在恶性竞争，缺乏有效调节机制，难以抵御市场风险的冲击；生产销售多处于各自为战，没有形成合力，缺乏统一规划布局，交易环境、交易手段落后，亟须改造升级；红枣市场销售网点建设等尚处于初级阶段，仍存在诸多薄弱环节；对口援疆及其他省市缺少固定销售网点；网上销售平台建设缺乏，电商、微商销售量少。

5. 科技培训和推广力度不够、生产组织化程度低　在培训上主要是依靠基层技术人员，而基层技术人员人数少，科研水平和能力有限，多为半路出家，自身处于边学习、边研究的状态，对红枣生产管理中出现的新病虫害和极端灾害天气不能及时制定应对措施，科研落后于生产的矛盾突出；专业合作社互帮互学的作用没有完全发挥，很多枣农没有加入农民专业合作社，枣园生产仍以一家一户分散经营为主，枣园管理能力水平参差不齐，总体是管得好的少，跟着学、看着做的多，肥水科学施用、病虫防控水平和能力严重不足，无法与大市场相匹配，信息获取能力弱，谈价议价能力差。

四、新疆枣产业发展方向

1. 基地规模要实现数量扩张向质量效益的转化 在确保现有种植规模的基础上，基地建设要立足国内外市场，切实把布局合理、模式科学、品种当下最优作为提质增效的主攻方向，解决优势不够优、特色不够特的问题。要提升资源优势向优势资源转变的转化能力，尽快实现数量扩张向质量效益的转化，使红枣产业成为优化农业产业结构的重点，加速农业现代化建设，促进农民增收。

2. 良种加良法确保枣果品质 优良的品种、得天独厚的气候资源并不能保证就能生产出高质量的果品。“良种＋良法＝安全优质”是确保枣果品质的唯一出路。

良种：枣树优良品种的选育和更新改良，是保持红枣产业持续长久发展的基础和保证。

良法：疏密间伐、枣树整形修剪、病虫害防治等科学的红枣管理方法，是提高红枣品质的关键技术。

3. 做好标准化栽培技术示范推广工作 依托国家、自治区林果标准化基地示范建设项目和经果林质量精准提升示范项目，建立核心示范基地，加快推广标准化栽培管理技术进程；制定示范基地红枣栽培管理技术规程，落实示范基地技术服务人员，做到“责任到人、服务到地”；加强示范基地枣树生长季节的技术培训活动，利用在田间开现场会的方式，对枣农进行技术指导和培训。

4. 积极开展红枣新品种的选育、试验和推广工作 随着红枣大面积进入丰产期，市场同质化的竞争将越来越激烈，通过加强管理，提升红枣品质与产量来提高竞争力的空间已十分有限，选择红枣新品种来提升市场竞争力是必然之路。结合新疆枣产业发展的特点和趋势，在广泛收集枣树新品种种质资源的基础上，开展枣树新品种驯化和培育工作，通过分析评价，优选出优质、丰产、稳产、耐贮、抗病虫、熟期配套的优良品种，为今后枣树品种替换和产业转型升级奠定良好基础。

5. 加强科技队伍建设　建立健全红枣科技推广服务网络体系，努力打造一支不同层次的具有较高理论水平和实践能力的红枣科研推广队伍。重视基础研究成果，提高科研和技术推广服务能力，学习、引进、创新、推广红枣产业科技成果，提升科技成果的转化率，强化科技支撑，着力解决科研和生产“两张皮”及科技服务“最后一公里”的问题，更好地为红枣产业的可持续发展保驾护航。

6. 培育和壮大龙头企业　龙头企业是带动提质增效、加工产业发展、果农增收的主体，要通过政策支持、项目资金帮助、国资入股等方式扶优扶强龙头企业，让企业能放下包袱进行市场开拓和产品升级，通过市场不断拓展，让企业和枣农结成密不可分的利益“双保”共同体，企业保市场，枣农保品质，最终使龙头企业成为产业稳定的主心骨、结构调整的风向标、品质提升的指挥棒、畅通购销主渠道和驰名品牌的孵化器。

7. 建立有效、便捷的物流集散体系　由政府出台在内地建立新疆特色果品集散中心，培育集散地（平台）形成，缩短供货时间；与物流企业，如京东等签订互惠协议，在流通环节削减物流费用，为红枣企业搭建更广阔的平台。

8. 依法监管、确保有机绿色　依法监管枣果生产、加工、销售各个环节，确保有机、绿色标准。加强对《食品安全法》的实施，制定细则，打击违法行为，重点打击销售使用违禁农药肥料等行为。

第三节　自然环境对枣的影响

新疆是我国优质枣生产基地，其原因主要得益于得天独厚的温度、光照、光热资源等因子。一般 4 至 10 月生产干枣积温需在 3 700℃以上，优质枣产区要求在 4 200℃以上；日照累积时数需 1 500h 以上，生产优质干枣要求 1 700h 以上；昼夜温差需为 13℃

以上，生产优质枣要求平均昼夜温差 17℃以上，新疆无论是积温、日照累计时数还是昼夜温差均达到生产优质枣的上限。

一、温度

新疆属温带大陆性气候。新疆昼夜温差大、日照强、冬冷夏热、干燥少雨，光能、太阳能、风能等气候资源极为丰富。新疆年平均气温 8.8℃，年平均降水量 170.6mm。气温降水空间差异大，气温南高北低，南疆年平均气温 11.2℃，北疆 6.9℃，天山山区 2.3℃。降水与之相反，北多南少，南疆平均年降水量 65.6mm，北疆 208.3mm，天山山区 356.1mm。

新疆最热的地方出现在吐鲁番市高昌区，极端最高气温 49℃（2017 年 7 月 10 日），最冷的地方是阿勒泰地区富蕴县，极端最低气温−51.5℃（1960 年 1 月 21 日）。枣树是喜温树种，其生长发育要求较高的温度。枣树在春季日平均气温达 13～14℃时芽开始萌动；抽梢和花芽分化则需 18～19℃以上的温度；日平均温度在 20℃左右进入始花期；22～25℃进入盛花期，品种不同对温度的要求也有所不同，一般枣树花粉发芽的适温为 24～30℃，温度过高或过低对花粉发芽均不利；果实生长期要求 24～35℃温度，积温 2 430～2 480℃以上；枣果成熟期的温度一般为 18～22℃；枣果发育期（6 至 9 月）新疆各枣产区昼夜温差为 13.4～17.4℃，且越近成熟期昼夜温差越大（表 1 - 1）。如：若羌从 6 月开始昼夜温差逐渐变大，8 至 10 月中旬是一年中昼夜温差最大的时段，平均昼夜温差 17.5～18.2℃，最大昼夜温差达 27.8℃。昼夜温差在 15℃以上的天数为 81 天，温差 20℃的天数为 39d。新疆各枣产区 8 至 10 月较大的昼夜温差，极有利于干物质和糖分的积累。气温下降至 15℃枣树开始落叶，进入休眠期。

枣树根系开始生长要求土温 7.3～20℃，20～25℃时生长旺盛，土温降至 20℃以下时，根系生长减缓。由此可见，枣树根系比地上部分生长期长。

表 1-1　新疆部分枣产区的温度状况

枣区名称	日平均气温≥10℃初日	日平均气温≥10℃持续天数	≥10℃积温（℃）	6至9月平均日温差（℃）
若羌	4月2日	201	4 356.1	17.4
哈密	4月12日	181	4 073.4	15.6
阿克苏	4月5日	194	3 803.4	14.9
吐鲁番	3月28日	213	5 271.4	15.5
和田	4月1日	208	4 297.0	13.4

枣树抵抗低温的能力较强，据有关资料显示：哈密地区绝对最低温为－32℃，枣树亦能安全越冬。枣树因品种和树龄的不同，对温度的要求和抗冻能力也不相同。2004年冬至2005年春，新疆巴州、阿克苏等地区，长时间的积雪使雪面昼夜冻溶交替频繁，导致大多苗木和3～5年生的枣树成片死亡。另外，据观察，枣树的抗寒性与低温的持续时间有相关性，当最低温度为－25℃，连续7d以上时，枣树易发生冻害，甚至死亡。

温度对红枣的产量影响较大。2021年新疆的南疆枣区红枣比2020年普遍减产30%～50%，究其原因持续的高温天气是罪魁祸首。据气象局提供的资料显示：2020年开花盛至开花末期时间为5月21日至7月19日。平均气温25.2℃，期间35℃以上的高温天气为31d，37℃以上的高温天气为12d，未出现40℃以上的高温天气；2021年开花盛至开花末期时间为5月24至7月20日。期间平均气温为26.6℃，期间35℃以上的高温天气为32d，与2020年同期高温日数相当。37℃以上的高温日数为20d，较2020年多8d。40℃以上的高温日数为4d。且高温集中在6月26日至7月18日之间，此期间正值红枣幼果快速生长期，持续的高温天气，使枣树的光合作用与呼吸作用的平衡遭到破坏，光合作用制造的养分无法满足枣树开花结果和幼果生长的需要，导致枣花焦化，幼果因饥饿而脱落。

二、光照

枣树为喜光树种，日照对枣树的生长有着特别重要的意义。充足的阳光，对枣树的生长和结果十分有利。生产实践与研究结果表明：光照强度和日照长短，对枣的生长发育影响很大。在正常光照条件下，树冠顶部果实，由于光照条件好，枣果内干物质的含量较树冠中下部的光照条件差的部位高3%～6%。阳光照射强，在一定范围内，与枣树营养生长有着密切的关系。当枣树透光率低于60%时，光合产物明显减少，树势明显减弱，枣头、枣吊生长不良，无效枝增多，落花落果严重。随着透光率的增加，各项生长指标均有增长的趋势，尤其以枣吊长和叶面积最为明显。

针对同一株枣树，树冠外围和南面光照好，受光时间长，树内膛与外围相比，叶片小而薄、色浅、花而不实，多成为无效叶或消耗性叶片，久而久之，导致树冠枝叶枯死、内膛空虚、光秃。一般枣树外围、顶部结果多，内膛及下部结果少，这就是因为树冠不同部位的枝条受光照强度不同，坐果的多少也不同而形成的。如栽植过密或树冠郁闭的枣园，发枝弱、结果少、品质差，因此在生产上应注意合理密植和对树体结构的培养。

在新疆枣区，每年4至9月累计平均日照时数达1 719.6h，其中阿克苏枣区为1 637.4h，巴州若羌枣区达1 733.6h，哈密枣区1 981.6h，吐鲁番枣区1 784.6h和田地区1 460.8h，可充分满足枣树生长发育对光照的需求（表1-2）。枣果发育期间平均每天日照时数长达10h以上，且空气透明度高、光照强度大，极有利于枣果的生长发育。

表1-2 新疆与内地部分枣产区的光热资源

产地	年总辐射 (KJ/cm²·年)	光合有效辐射 (KJ/cm²·年)	气温≥10℃期间有效辐射 (KJ/cm²·年)	4至9月日照时数 (h)	4至9月日照率 (%)
新疆若羌	617.44	308.51	211.39	1 733.6	70
新疆哈密	640.88	304.74	200.51	1 981.6	74
新疆阿克苏	546.27	273.35	187.11	1 637.4	66
新疆吐鲁番	614.09	307.25	210.97	1 784.6	66
新疆和田	607.39	303.90	210.97	1 460.8	61

在新疆枣区，由于4～9月日照时数长，加上干旱少雨、空气透明度高，因而年光合有效辐射（可被枣树利用的太阳光辐射）高达273.35～308.51kJ/cm^2（表1-2），而一年中气温≥10℃期间的有效辐射达187.11～211.39kJ/cm^2。一年中热量资源最丰富的时段正是光照资源最丰富的时段，光照与热量资源匹配极佳，这是新疆气候资源的显著特点。

三、土壤

新疆土地面积为166万km^2，占全国领土1/6，现有耕地330多万hm^2，占总面积1.9%，可开垦地尚有3亿亩左右，但土壤普遍存在盐渍化和贫瘠化。

新疆最大面积是玛纳斯农场群所在的平原，地面残留一些老河道，但已无河水补给，在平原中部地下水达8～12m或>12m，矿化度由南向北由1～3g/L至3～5g/L和15～30g/L，土质比较重，土壤有碱化层和残余盐化层的存在，主要是碱化和盐化荒漠灰钙土。

塔里木河上游南岸农场群所在的地方，也是古老冲积平原。地下水位较深5～9m，地下水矿化度不高，土质轻，有荒漠化吐加依土、荒漠化草甸土、龟裂土和残余盐土等。此外，南北疆还有大面积为沙丘所覆盖的古老冲积平原。

新疆土壤类型有较为明显的水平地带性和垂直地带性分布。土壤养分含量也有较为明显的差异。根据全国第二次土壤普查结果表明，新疆土壤养分含量特点：缺氮、少磷、富钾。这与新疆农田实际养分状况有一定的差异性。新疆的土壤可划分为7个土纲、32个土类、87个亚类。

不同类型的土壤的面积分布百分比：风沙土22.7%；棕漠土14.19%；棕钙土8.63%；寒冻土6.1%；石质土5.02%；灰棕漠土4.97%；冷钙土4.94%；栗钙土4.42%；盐土3.84%；寒钙土3.45%；草毡土3.13%；草甸土2.59%；黑毡土1.67%；黑钙土

1.58%；寒漠土1.43%；林灌草甸土1.23%；灰漠土1.12%。

新疆土壤多是由于水力原因形成。地貌支配着土壤的水文类型，水文地质特征及母质的分布情况，从而就决定了土壤分布规律和土壤组合特点。

盐性土壤：土壤盐分即是土壤中可溶性盐含量的多少。土壤中主要的盐分离子为 K^+、Na^+、Ca_2^+、Mg^{2+}、CO_3^{2-}、HCO_3^-、Cl^-、SO_4^{2-} 八大离子，不同离子组合形成不同的盐分种类。同等含量水平下，碳酸盐的危害最大，硫酸盐危害最小。土壤盐分可以通过眼睛观察到，就是农户们说的“白碱”。

新疆区域独特的气候特征，降水少、蒸发量大，属高山环绕封闭的盆地类型，土壤盐分一直在耕层土壤处于迁移及再分配过程，因此区域内盐分含量高。

新疆荒地中除伊犁谷地、阿勒泰地区和塔城部分地区含量较轻，其余地区的土壤有不同程度的盐化；盐分类型种类繁多，北疆以氯化物-硫酸盐为主、南疆以硫酸盐-氯化物或氯化物盐类为主。硝酸盐盐土主要分布在吐鲁番盆地。苏打盐化土在全疆各地有零星分布。

碱性土壤：土壤呈现碱性反应主要是由于以下原因：土壤中 OH^- 离子浓度高于 H^+ 浓度，从而使土壤呈现碱性反应；土壤胶体中吸附较多钠离子或镁离子，使土壤呈碱性反应；土壤溶液中 CO_3^{2-}、HCO_3^- 浓度较大。土壤碱性不能通过眼睛观察到，需通过专业仪器或试纸检测。

土壤碱化发生条件：土壤质地黏重，土壤吸收复合体较强；土壤溶液中有较多的钠离子；有水参与，使土壤中钠离子在土层中上下移动。

碱土危害主要体现在对土壤物理形状的影响，主要体现在湿时泥泞，干时板结，通透性差。由于土壤酸碱度含量偏高，而多数营养元素在碱性环境下利用率较低，因此会出现在碱性地块施用比较多肥料而没有达到丰产的效果。

枣对土壤条件要求不严，不论是沙质土、黏质土、盐碱地均可栽培。虽然枣对土壤类型没有过严要求，但是一个相对较好的土壤类型对于枣的生长发育十分重要。枣在不同类型的土壤上生长发育情况也不一样：同一树龄的成年结果树，以在土壤质地为上松下紧的蒙金土或沙区土壤上生长健壮，发育良好，产量和质量高，丰产稳产。而生长在沙地和黏质土壤上的枣树就相对较差。

枣抗盐碱的能力强，对土壤中 pH 适应性广。在 pH 5.5～8.5 的范围内均能正常生长。据研究表明，枣在地表 20cm 内全盐含量为 1.0%左右的土壤上，其生长发育受到严重影响，新栽苗木成活率低，树势弱，新稍枝条少且有死亡现象。在地表 20cm 以内全盐含量达 0.30%左右的土壤上，新栽苗木成活率高，树势旺。灰枣在0～20cm、0～60cm、0～100cm 以内的三种土壤上耐盐临界安全值分别为<0.75%、<0.40%、<0.20%。

四、水分

水是新疆农业、林果业的命脉。由于天然降水稀少，使得新疆水资源利用以地表水供水为主，尤以引水工程为主。地表水供水量占供水总量的比重为 86.8%，其中引水工程占 74.2%。全疆 489 座水库总库容 80.64 亿 m^3，供水量为 60.19 亿 m^3，占水库总库容的 74.6%，利用效率低，调蓄能力明显不足。全区农业用水占国民经济总用水量（不含生态用水）的 6.2%，35.38 万 km 的干、支、斗、农四级渠道防渗率为 35.3%，灌溉水利用系数为 0.44，农业综合每公顷用水量 9 570m^3，农田实灌每公顷用水量 11 340m^3，南疆每公顷则高达 14 175m^3，高效节水灌溉面积 60万hm^2，占总灌溉面积的 12%，有极大提升潜力。

根据地貌特征和水循环特点，水资源的形态区域可分为山区和平原区两大区域。新疆境内 97.1%的水资源形成于约 72 万 km^2 的山区，山区年降水量为 2 062 亿 m^3、占总降水的 81.1%。山区降水部分转化为地下水，绝大部分以山前侧渗和河床潜流形式直接补给平原区地下水。山区河川径流总量加上平原区地表产水量组成 879 亿 m^3 的河川径流总量，其流入平原区后，通过河床、水库、渠系和田间入渗的形式转化补给平原区地下水，部分补给湖泊、沼泽或直接流入荒漠区，还有 229.2 亿 m^3 的水量流出境外。此外，平原区降水中，只有 14.2 亿 m^3 水渗补给平原区地下水资源，其余以蒸发的形式返回空中。全疆水资源总量为不重复的地下水资源量与地表水资源量之和，即 834.9 亿 m^3。

据报道，2007 年新疆地表水资源总量为 788.7 亿 m^3，接近多年平均水平。灌溉面积 508.93 万 hm^2，国民经济总用水量 517.69 亿 m^3。其中，农业用水 478.39 亿 m^3，工业用水 10.79 亿 m^3，城乡居民生活用水 8.06 亿 m^3，生态环境用水 20.45 亿 m^3。

（一）塔里木盆地水资源情况

1. 河川径流组是塔里木盆地的主要水源 河水依赖山区的降水及高山冰雪融水补给，平原地区不仅不能产生径流，而且损耗径流。塔里木盆地山前平原的地下水资源，有 80%以上是由地表水通过各种渗漏补给的，其中包括河道渗漏、渠系渗漏、田间渗漏以及暴雨洪水入渗等。平原降水补给地下水量仅占其中的 1%～2%。

2. 地表水与地下水的转换频繁 在山区，地下水以基流形式补给了河流，而在出山口后河流的渗漏又补给了地下水。在扇缘，地下水又以泉水的形式溢出，成为平原区河流的主要组成部分。最后地下水与地表水都消失于灌区或内陆湖泊及沙漠中。这些特点对提高水资源的重复利用率有着良好的条件。

3. 河川径流的年际变化较小 塔里木盆地内各主要河流的年径流量偏差系数值都比较小，一般在 0.3 以下，这主要是由径流补给来源决定的。

4. 河川径流的年内分配很不均匀 塔里木盆地除了开都河及发源于帕米尔地区的一些河流外，河川径流在一年中都集中在夏季，特别是 7、8 两个月。

（二）准噶尔盆地水资源情况

准噶尔盆地水资源相对较少，但节水设施发达，节水灌溉面积较大。

表 1-3 2016 年准格尔盆地水利设施和节水灌溉面积

地区	水库数（座）	泵站（座）	节水灌溉面积（hm^2）
吐鲁番地区	17	−183.53	59.12
哈密地区	52	3	70.68
昌吉回族自治州	92	34	384.4
伊犁州直属县（市）	22	16	258.39
塔城地区	66	9	433.86
阿勒泰地区	81	190	183.53

注：数据来源于《新疆统计年鉴 2016》。

北疆年降水量一般为 175.0～390.0mm，最多年份降水量 528.3mm，出现在 2002 年西部流域区；最少年份 106.8mm，出现在 1974 年北疆沿天山经济带，最多年降水量为最少年的 5 倍，变幅较大。降水量最多区在天山山区、北疆西部流域区，均在 350mm 以上，最少区在北部沿天山经济带，为 175mm。暖季降水量多于冷季，暖季山区达 300mm，冷季偏少，北疆沿天山经济带最少，仅有 60mm，暖季为冷季的 5 倍。

枣树抗旱耐涝，在多雨湿润和干燥少雨的气候条件下均能适应。枣树多分布在干旱少雨的南疆地区。枣树不同生长期对水分的要求也各不相同。花期干旱、空气湿度过低，严重影响坐果。据观察，大气湿度 70%～80%时有利于花粉萌发；枣花期遇上干热风，即使气温适宜但由于空气过于干燥，枣花也难坐果；果实发育期持续干旱也会使果实明显变小，甚至脱落。如：作者在 2021 年新疆红枣减产原因调研中发现，农二师 37 团红枣绝收的主要原因就是缺水，37 团在枣树盛花期每 10d 滴灌 1 次，每次滴灌 10h，每次每亩滴水 20～30m^3，水在土壤渗透 20～30cm，6 月下旬至 7 月中旬的温度持续达 37℃以上高温，促进了枣树蒸发作用，破坏了水分平衡，使新枝、叶片与幼果之间因生长对水分的需求发生矛盾，使幼果因缺水而脱落；果实发育后期至成熟期要求少雨多干旱，若遇阴雨天气或浇水过多则影响果实生长发育，易引起裂果，因此，在枣生产管理上，不同的枣园要依据土壤条件适时停止灌溉，一般枣园要求采收前一个月停止浇水。

五、风

枣树抗风沙能力较强，可以作为主要的风固沙树种。枣树休眠期抗风力强，可起到防风固沙作用；生长期抗风力差，花期和果实成熟期最忌大风。否则影响授粉受精而导致落花落果；果实成熟前多风，易出现“风落枣”，影响产量和品质。在新疆枣区枣树的生长季多风，且伴有沙尘，对枣树危害极大，尤其是枣树花期的干热风和沙尘暴天气，是除技术因素之外影响红枣产量的主要因素。如：巴州若羌枣区 2021 年干热风和沙尘导致落花落果，使全区红枣比 2020 年减产 30％～40％。据若羌气象局提供的资料显示：若羌枣区 5 月 25 日至 7 月 20 日花期，2021 年重度干热风（新疆干热风标准：日最高气温≥35℃，14 时风速≥3.0m/s，14 时相对湿度≤30％）11d，比 2020 年花期重度干热风多 4d。2021 年花期沙尘天气为 16d，且重度干热风和沙尘天气主要发生在座果关键期，对红枣花期危害极大，易造成枣花焦花，幼果脱落。因此，在建园时对多风危害区，要注意营造防护林带。

第二章　新疆枣品种的引进与选育

第一节　新疆枣的种质资源

一、地方品种

枣树在数百年前，就从内地引种到新疆。经过长期栽培驯化，这些枣树已适应了当地气候和水土条件，成为当地的乡土品种，其中有哈密的哈密大枣、喀什的喀什噶尔小枣、阿克苏的圆脆枣等。

（一）哈密大枣

哈密大枣（图 2.1），又称五堡枣，原产新疆哈密五堡乡。哈密大枣，树体高大，较直立，呈圆头形，树姿开展，树势旺，枝条生长健壮。花期一般在 5 月中旬至 7 月中旬。每枣股可萌发枣吊 3～5 枝。果实发育期在 6 月上旬至 9 月中旬，约需 100d。果实椭圆形，4.2cm×38cm，果皮较厚，暗红色，鲜果平均单粒重 14.5g。果肉白色，果核纺锤形，纵横径 1.8cm×0.8cm，种仁不发育。

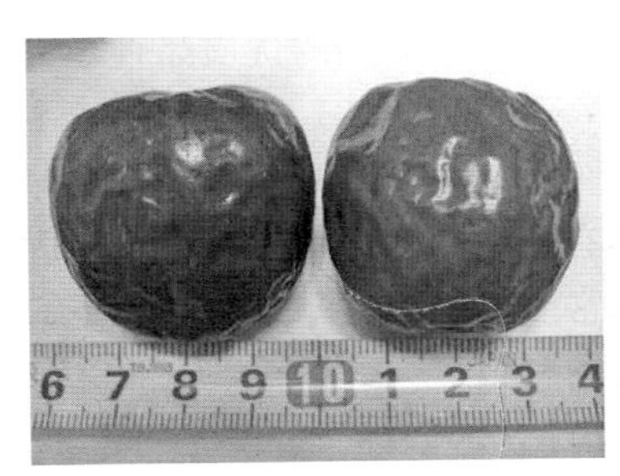

图 2.1　哈密大枣

哈密大枣在抗干旱风沙、耐高温、抗低温和抗病虫害等方面优于国内著名的赞皇大枣、金丝小枣、灰枣等品种。在最高气温41℃，最低气温可达－28℃，枣树仍未出现伤害。在降雨低至33mm、蒸发量3 200mm时，只要在生育期浇水3次即可正常生长结实。

（二）圆脆枣

圆脆枣（图2.2），又名阿拉尔圆脆枣，原产新疆阿拉尔，主要分布于阿克苏地区，由新疆生产建设兵团第一师农业科学研究所选育。

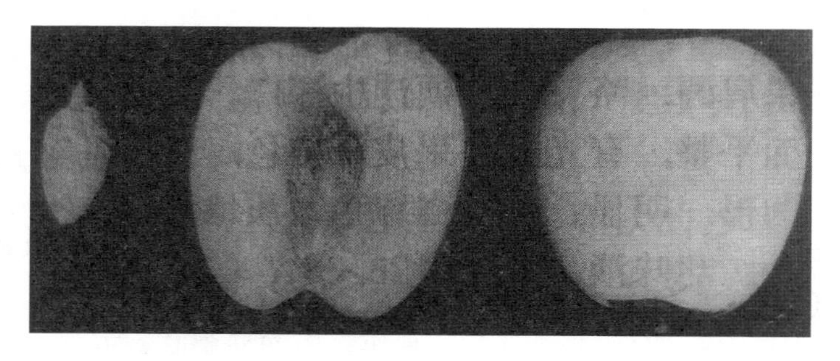

图2.2 圆脆枣

树势较强，树姿较直立，干性强。枣果中等大，短柱形，纵径平均3.32cm，横径平均3.01cm；单果重平均14.39g。圆脆枣果肉质地细脆，汁液较多，味甜，鲜食品质上等。成熟期整齐一致，采前落果极少。圆脆枣丰产性能好，抗逆性、适应性强，在水肥良好管理的情况下丰产性能好，是鲜食、制干兼用的优质品种。

（三）新疆小圆枣

新疆小圆枣（图2.3），分布于新疆的南疆和东疆古老的绿洲地带，主栽于喀什地区疏附县，具有几百年的历史。果小，果皮红色，肉质松，汁少，品质差，但非常受本地维吾尔族人民喜爱，是他们泡茶、配制维吾尔族草药的常用材料。

树势强健，树体高大，树姿较直立，干性强。果实小，近圆形，纵径平均1.73cm，横径平均1.77cm，单果重平均2.98g；可

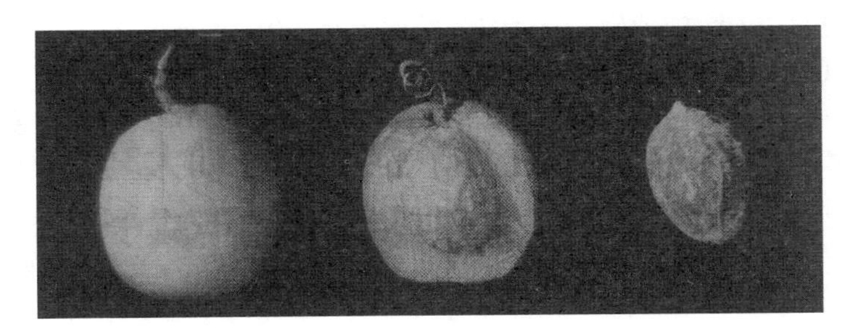

图 2.3　新疆小圆枣

溶性固形物含量 25.2%，总糖 18.2%，可滴定酸 0.7%，其特点是抗旱、抗寒、耐涝、耐盐碱。果核较大，果仁饱满，可作为嫁接繁殖红枣的砧木材料。

（四）新疆长圆枣

新疆长圆枣（图 2.4），又名喀什噶尔小枣、长枣，分布在新疆喀什、阿克苏、和田等地，主栽于喀什地区疏附县，有几百年的历史，普遍认为是新疆小圆枣的芽变品种。

图 2.4　新疆长圆枣

树势强健，树体高大，树姿较直立，干性强。果实小，长圆形，纵径平均 2.30cm，横径平均 1.79cm；单果重平均 3.79g；果肉脆，多汁，酸甜；核内具饱满种仁。可溶性固形物含量 26.4%，总糖 18.5%，可滴定酸 0.49%。新疆长圆枣适应性强，耐旱、耐涝，抗病虫能力较强，产量中等而稳定。

（五）吾库扎克小枣

吾库扎克小枣（图 2.5），分布于新疆西南部疏附吾库扎克乡，数量不多。树冠呈自然圆头形，树势强，枝系密，较粗壮。果实较小，卵圆形，纵径 3.5cm，横径 2.3cm。平均果重 6.4g。果面平整，果皮棕红色，果点黄色，不明显。果肉黄绿色，较厚，质脆、汁多、味甜，略带酸味，品质中上。果核梭形，先端急尖，核纹浅，核面较光滑。核内具饱满种子，含仁率 92%。该品种适应性强，耐旱、耐涝、较耐盐碱，抗病虫能力较强。结果性能较好，枣吊通常结果 2～3 个，产量中等较稳定。

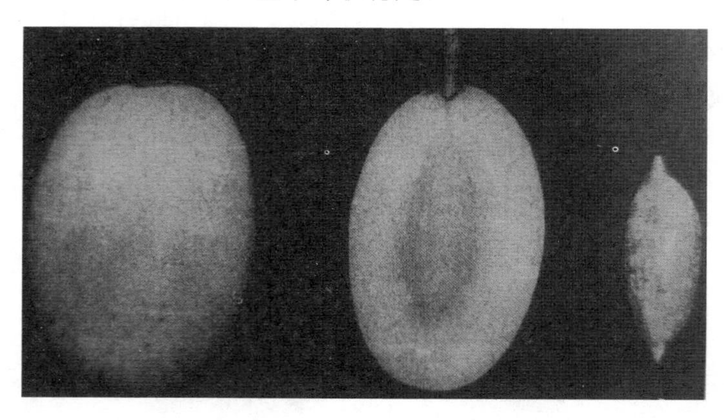

图 2.5　吾库扎克小枣

（六）喀什葛尔小枣

别名长枣（图 2.6），维吾尔语称索克其郎。集中分布于新疆喀什噶尔平原绿洲地带的卡夷克乡，今尚保留有 100 年生左右的大树。据考证系清代乾隆年间引入，迄今有 200 余年栽培历史。

树势较强，树体高大，树姿直立，干性强。果实小，卵圆形，纵径 2.6cm，横径 2.0cm。平均果重 4.48g。果面平整。果皮红褐色。果点小，黄色，不甚明显。果肉绿白色，质地脆，汁多，味甜，品质上等，宜鲜食和制干。果核小，梭形，先端突尖。核纹中

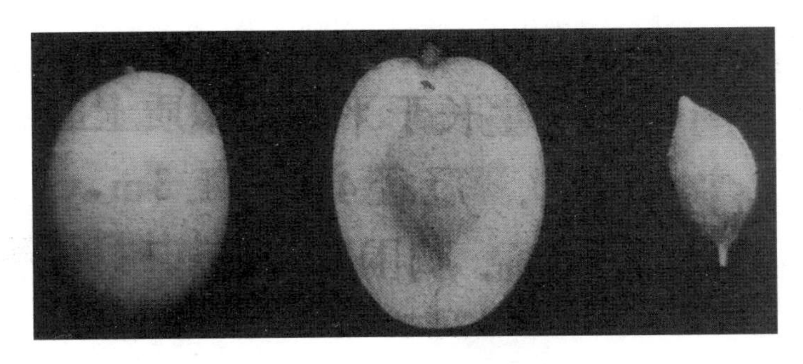

图 2.6　喀什葛尔小枣

等粗深，核内具饱种子含仁率 90%以上。该品种适应性强，耐旱，较耐盐碱，抗病虫能力强，产量中等。为鲜食、制干兼用品种。

二、引进品种

近年来，新疆引进的枣品种多达 200 多个，除灰枣，骏枣（包括壶瓶枣，在新疆枣区壶瓶枣也被称为骏枣）是主栽品种，约占全疆枣区红枣栽培面积的 90%以上，冬枣和哈密大枣有一定栽培面积外，其他枣品种多是科研单位、林业技术人员、农户个人在某科研实验站（基地、苗圃）、某一地区或某个乡镇场、团场小规模的引种栽植，仍在引种栽培试验的初探期，并未进行大面积推广。在新疆独特自然气候下，枣品种的适应性各不相同，对引进枣品种栽培适应性、生长性状、结实性状、果实品质等方面的研究以及筛选出适宜新疆枣区推广应用的新品种，仍是当前科技工作的重点。

（一）灰枣

灰枣（图 2.7），又名新郑大枣。原产河南省新郑县。20 世纪 60 年代中期引入南疆地区，现已在新疆阿克苏地区、若羌县、且末县大面积引种成功。灰枣树势健壮，树资开张，呈圆头型，枝稀而粗。枣头一般 10 节左右，枣股较大，可抽生枣吊 3～5 个。果实长椭圆形，一头大一头小，一般纵径 3.8cm，横径 2.6cm，果实中等大小，平均单果重 9.7g。果皮中厚，棕红色。果肉厚、绿白色，质地致密、细脆，汁液中多，味甜，品质上等。果核较小，长纺锤形，核与肉易分离，可食率 97.3%，制干率 50%左右。干枣颜色深红，果肉致密、离核，较脆，含糖量 65.1%，入口棉香蜜甜，富有弹性，受压后能复原，耐储运。灰枣即可鲜食，又可制干、加工，为中果型最佳良种。

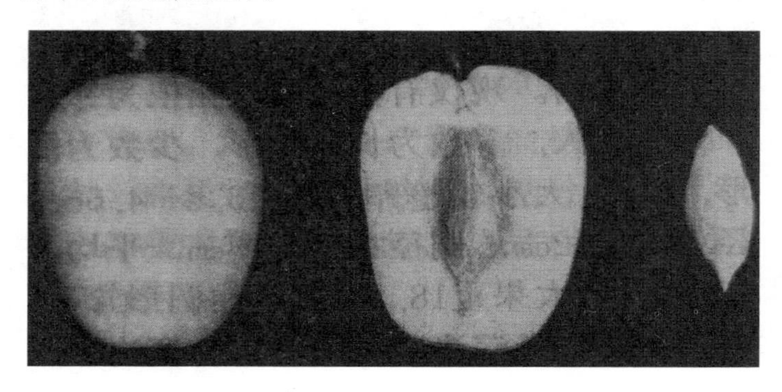

图 2.7 灰 枣

（二）骏枣

骏枣（图 2.8），又名交城骏枣，原产于山西。1975 年自山西引进栽培而来的品种，2000 年以后，骏枣在环塔里木盆地区域内开始大量栽培，并逐渐作为新疆主栽红枣品种之一。

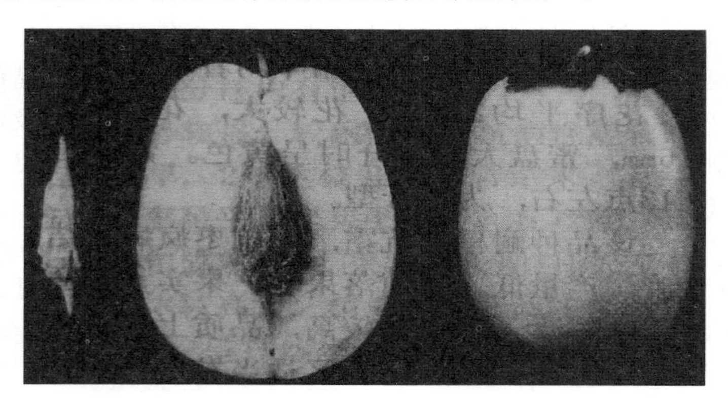

图 2.8 骏 枣

树势强健，树姿半开张，发育枝为褐红色。果实圆柱形或卵形，果实大，上窄下宽，果顶宽圆，平均果实重 22g。果面光华，皮薄肉厚。质脆，味甜多汁，品质上等。核中大，纺锤形。干枣含糖 71.6%、果酸 1.58%，可食率 93%左右。花较大，花量中多，夜开型。果核纺锤形，核纹深。种子不饱满。

骏枣适应性较强、植株抗旱、抗寒、耐盐碱。结果早、丰产，但不稳产，成熟期遇雨易裂果。适宜鲜食、制干、加工醉枣和密枣兼用。

（三）壶瓶枣

壶瓶枣（图 2.9），又名太谷壶瓶枣，原产山西的古老品种，起源历史目前还不清楚。

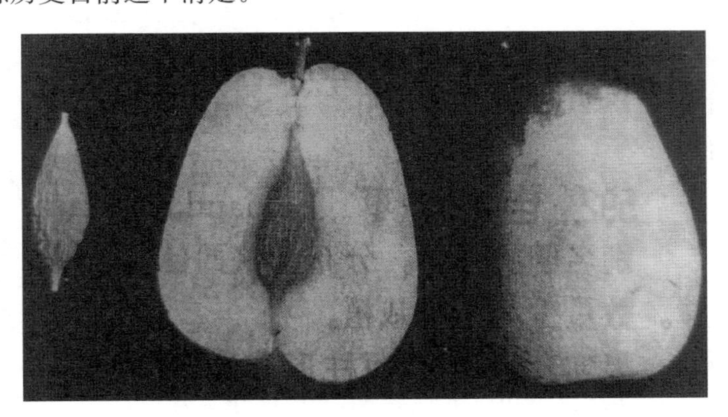

图 2.9　壶瓶枣

树势强健，树体高大，干性中强，树姿半开张。果实大，倒卵圆形，纵径 4.7cm，横径 3.1cm。平均果重 19.7g，最大果重 221g，大小不很均匀。果面较光滑，果皮较薄，深红色，泽一般。果肉厚，绿白色，质地较松脆，汁液中等，味甜。含可溶性固形物 37.8%，含糖量 30.4%，酸 0.57%，每 100g 果肉含维生素 C 493.1mg，可食率 96.9%，果核纺锤形，核尖长，核内多数无种子。

适应性和抗逆性强，耐寒耐旱耐碱，结果较早，产量高而稳定，品质上等，适宜制干或加工。

（四）冬枣

冬枣（图2.10），又称沾化冬枣，是无刺枣树的一个晚熟鲜食优良品种，也是品质最好的鲜食枣品种。

图2.10　冬　枣

树体中大，树姿开张，成枝力强，树冠自然半圆形。果实近圆形，似小苹果，平均单果重约10.7g，最大单果重约23.2g，大小较整齐。果实表面光滑，果肉组织厚实、果肉鲜嫩、多汁，具有浓郁的甜味，口感略带酸味，完熟时可溶性固形物含量在40%～42%，枣核较小，其可食率可达到96.1%。果实中也富含较多营养物质，包括维生素（A、B、C、P、E）、K、Na、Fe、Cu等多种微量元素，其中维生素C的含量尤其丰富，可以达到每100g 352mg。平均9月下旬进入成熟期，10月开始着色，10月中旬完全成熟。无霜期在190d以下的地区不适宜栽植。

冬枣早果性、丰产性一般；果实极晚熟，中大，鲜食品质极上，耐贮藏；对肥水条件要求较高，抗旱、抗寒性弱，是优良的晚熟鲜食品种。

（五）赞皇大枣

赞皇大枣，原产河北省赞皇县。分布于河北省西部太行山区一带，20世纪70年代初引入南疆栽培。

赞皇大枣，树势中庸，树姿开张，枝条稀疏，树冠呈多头型，发枝能力弱。果实长圆形或倒卵形，平均果重17.3g。果面平整。

果皮较厚，深紫红色、被蜡质、有光泽、不裂果。果肉近白色，致密质细，汁液中多，味甜略酸，含可溶性固形物 30.5%，枣肉厚致密，味浓，制干甚佳，制干率达 47.8%。含糖量 71.54%，干制红枣果形饱满，有弹性，耐储运，品质上等。果核小、果核纺锤形，可食率 96.1%。由于果大而整齐，近几年多用于加工蜜枣，产品优良。赞皇大枣自花结实能力差，定植时按 2∶1 配置授粉树，即 2 行赞皇大枣 1 行灰枣。

（六）金丝小枣

金丝小枣（图 2.11），原产于山东乐陵和河北沧州。于 20 世纪 60 年代初引入南疆各枣区。

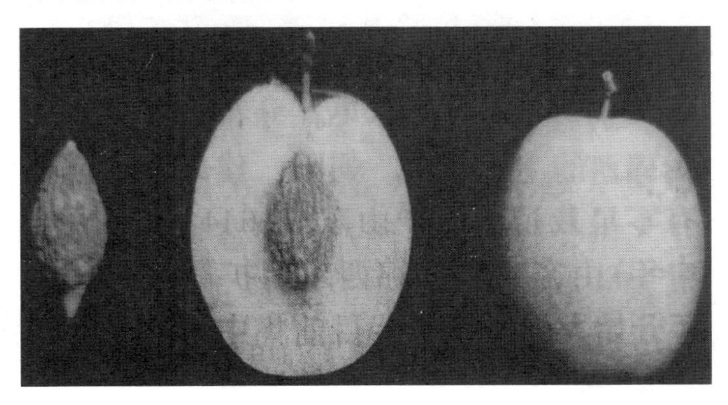

图 2.11　金丝小枣

树势中庸，有明显的中心干，树姿直立，呈圆锥形；树冠较小，枝条细长稠密，新稍黄绿色。发枝力较强，结果枝中长。在阿克苏地区一般年份表现出 4 月中下旬萌芽，5 月底至 6 月初开花，6 月中旬盛花，果实 9 月中下旬成熟。果形有椭圆形、倒卵形等多种，较小，平均果重 6～7g，果皮薄，鲜红，光亮美观。果肉致密细脆，味甘甜，微具酸味，含可溶性固形物 34%～38%，可食率 95%～97%，制干红枣肉质细，果形饱满，富有弹性，含糖 74%～80%，耐贮运。金丝小枣不抗风沙干旱，抗病虫能力弱，该品种适宜在南疆各地州栽培，特别在一些河流下游不能栽植其他果树的轻盐黏土区，生长良好，不宜在沙滩地上栽培。

（七）鸡心枣

鸡心枣（图 2.12），原产于河南新郑。鸡心枣属于小枣，因形似鸡心而得名。

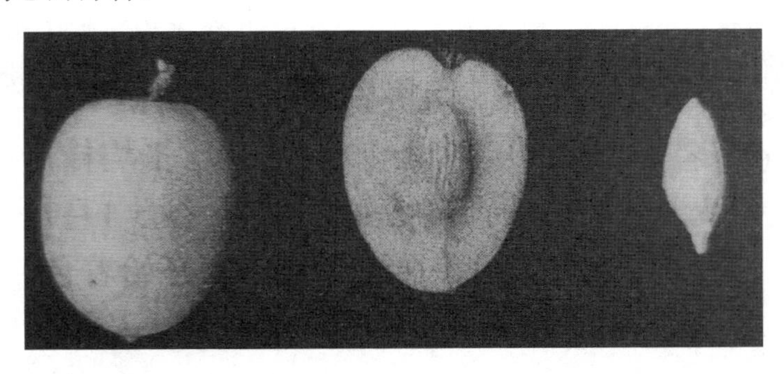

图 2.12 鸡心枣

树势中等，发枝力较弱。果实长倒卵形，胴部稍细，略歪斜。平均果重 12.3g，最大果重 13.3g。果肩圆斜，较细，略耸起。梗洼小，中等深。果顶广圆，顶点微凹。果面较平整。果皮橙红色，白熟期前由绿变灰，进入白熟期由灰变白。果肉绿白色，质地致密，较脆，汁液中多，含可溶性固形物 30%，可食率 97.3%，枣核短纺锤形，种子饱满。

适应性强，丰产、产量高而稳定，果小，肉质紧，有弹性，耐挤压，耐储运，品质上等。适宜鲜食、制干和加工。

（八）马牙枣

马牙枣（图 2.13）原产于河南新郑，在新疆属于零星栽植，被称为“辣子枣”。

树体较大，树姿开张，树冠呈自然圆头形。果实中等大，马牙形，果顶部向一侧偏斜。纵径 3cm，横径 2.3cm，平均果重 11.8g，大小较匀。果肩扁圆，较窄，注窄，中等深。果顶圆，顶点略陷。果皮中等厚，赭红色。果点小、密，显著。果肉绿白色，质地疏松，汁液中等多，味较淡。含总糖 23.6%，酸 0.19%，每

图 2.13　马牙枣

100 克果肉含维生素 C 373.9mg。可食率 94.7%，果核中等大，长纺锤形，核纹中等深，纵条形。

适应性强，耐旱，耐瘠薄，丰产稳产，品质上佳，适宜制干。

（九）金昌 1 号

金昌 1 号（图 2.14）山西省农业科学院植物保护研究所从壶瓶枣变异单株中选育得来。

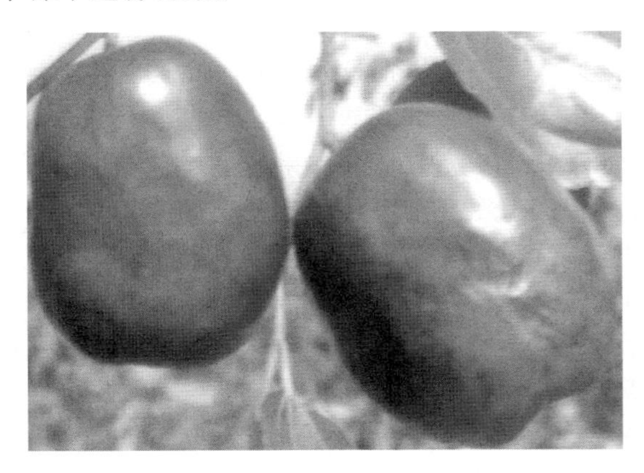

图 2.14　金昌 1 号

树势较强，树姿较开张，树冠半圆形。果实大，短柱形，纵径平均 4.51cm，横径平均 3.60cm；单果重平均 24.41g；果肉厚，果核小，果汁多，果形好，比较抗裂果。可溶性固形物含量 28.3%，总糖 20.6%，可滴定酸 0.48%。核小。

适应性广，丰产性强，早果性好，抗裂果，经济价值高。是优良的制干、鲜食和加工兼用品种。

（十）灰枣新 1 号

灰枣新 1 号是由河南省林业科学研究院及河南林业职业学院选育。该品种，枣头红褐色，枝面被有不规则的白色浮皮。果实中等偏大，长倒卵形，果形正。4 月下旬萌芽，6 月上旬始花，6 月中下旬进入盛花期，果实 9 月初进入白熟期，9 月中下旬脆熟，10 月上旬完熟，果实发育期 98～115d。平均果实质量 11.72g，平均纵径 3.61cm，平均横径 2.52cm，大小较整齐。梗洼小，中等深。果顶广圆，顶点微凹下。果面平整光洁。果皮橙红色。着色从梗洼开始，逐渐向下扩展。果肉绿白色，质地致密、较脆，汁液中多，可溶性固形物含量 31.30%，可食率 97.18%，制干率 60%～67%。干枣果肉致密，有弹性，受压后能复原，耐贮耐运，不易吸水返潮。适宜制干和鲜食。

（十一）蜂蜜罐枣

原产于陕西大荔。树体中等大，干性较强，树姿半开张，树冠自然圆头形。枣果中等偏小，近圆形，单果重 7.7～11.0g，纵径 2.5cm，横径 2.4cm，大小整齐。果皮薄，果面略有隆起，鲜红色，有光泽。果肉致密、细嫩，绿白色，如蜜沁其内，食之酥脆，甜如蜜，耐嚼，味长，早熟，上市期长。9 月上旬着色成熟，果实生长期为 80d 左右。

适应性强，结果早，产量高而稳定。是优良的具有较好发展前途的鲜食品种。

（十二）圆铃枣

圆铃枣（图 2.16），盛产于山东聊城、德州等地。是山东枣区重要的制干品种，数量占全省枣树的一半以上，产量约占全国

10%。引入新疆等省表现良好。

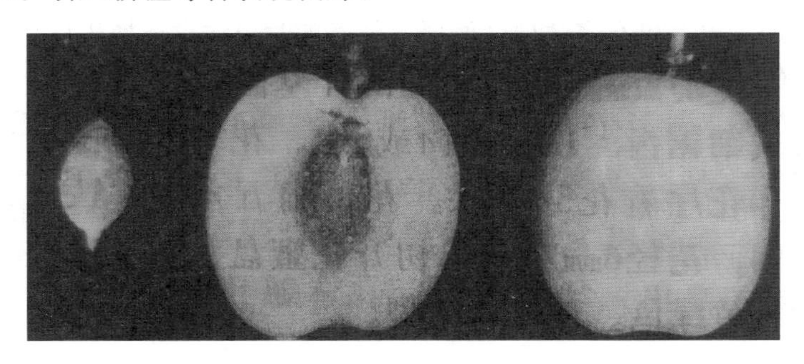

图 2.15　蜂蜜罐枣

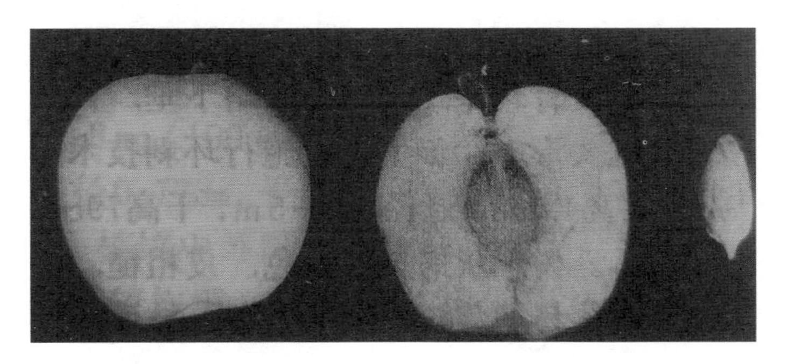

图 2.16　圆铃枣

树体高大，树姿开张，略披散，树冠自然半圆形。叶片卵圆形至宽披针形。花量中多。果实近圆形或平顶锥形，侧面略扁，大小不太整齐。大果平顶锥形，纵径 4.0～4.2cm，横径 2.7cm，平均果重 12.5g。果面不很平，略有凹凸起伏。果皮紫红色，有紫黑色点，富光泽，较厚，韧性强，不裂果。果柄细短，略低于果肩。果肉厚，绿白色，质地紧密，较粗，汁少，味、干制率 60%～62%，鲜食风味不佳。干制成的红枣含糖分 4%～76%、酸 0.8%～1.4%，枣含糖 73.8%、酸 0.75%品质皆为上等，极耐储运。一般不含种子。9 月上中旬成熟。该品种对土壤、气候的适应性均强，树体强健，耐盐碱和瘠薄，在黏壤土、沙质土、砾砂土上都能较好生长。产量较高而稳定，不裂果，干制红枣品质上等，耐贮藏，亦适于加工枣，可在多数地区发展，新发展时应注意选择优良品系。

（十三）蟠枣

蟠枣（图 2.17），鲜食新品种，形似蟠桃而得名，芽变品种（非转基因），蟠枣果个大，平均单果重 35g，最大单果重 89g，可溶性固形物含量 30%～35%，最高达 42.1%。口感酥脆、甜中带酸。果面红褐色，果皮薄、果肉细密，甜度高于冬枣五个百分点，果实综合品质优于冬枣。

图 2.17　蟠枣

蟠枣 4 月上旬萌芽，果实 8 月下旬脆熟，9 月上中旬即可采摘上市，成熟期比冬枣早熟 10d 左右，新疆阿克苏地区地区一般在 9 上旬上市。

蟠枣自然坐果能力强，高接换头，当年苗株产 2～3kg，次年 5kg 左右，3 年后亩产最高可达 1.5t 以上。蟠枣抗性极强，病虫害少。蟠枣树势中庸，管理粗放，芽子比较少，无需环割环剥即可结果。

蟠枣比冬枣耐储运，长途运输建议打冷和冷链为好，需要精心包装。

三、选育的枣新品种

（一）羌灰1号

羌灰1号，树体高大，干皮灰褐色，皮面粗糙，呈条块状纵裂。枣头红褐色，皮孔大，椭圆形，针刺不发达。花量大，花蕾扁圆形，每序开花4～18朵，雌蕊柱头2裂，位于花盘中央，淡绿色，雄蕊5枚，花盘黄色，富蜜液，属昼开型。植株生长健壮，5年生树高2.76m，行间冠幅3.8m、干径8.27cm。树势中庸，结果龄期较早，3年进入结果期，5年进入盛果期。每年4月中旬萌芽，始花期5月中旬，6月上旬为盛花期，5月下旬开始坐果，10月中旬完熟，果实生长期120d左右。果实长圆柱形，纵径5.2cm，横径3.3cm，鲜果平均单重35.7g；果顶广圆，梗洼小，中等深；果皮红褐色，果点小，不明显，果肉厚，绿白色，肉质稍疏，味甜，制干率59.5%，可食率96.6%。果核长纺锤形，核纹较浅，无种仁。品种适应性强，果个大、均匀，整齐度好，肉质疏，味甜，制干率高，品质佳，是优良的制干加工兼用品种。

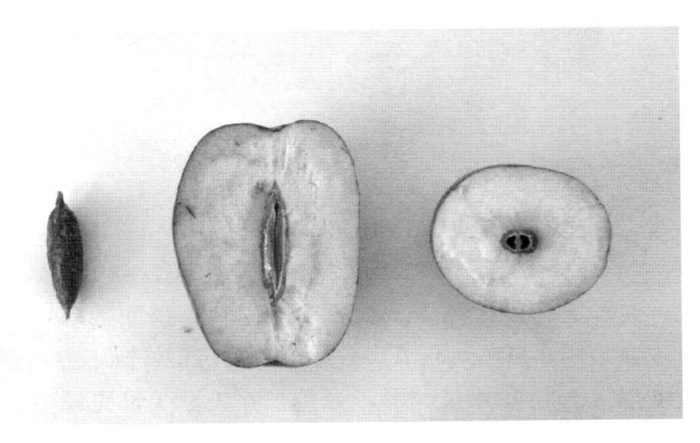

图2.18　羌灰1号

（二）羌灰2号

羌灰2号，树体高大，树势强，干皮灰褐色，皮面粗糙，呈条块状纵裂。枣头红褐色，针刺不发达。二次枝弯曲度似Z形，枣股圆柱形，叶片长卵形，绿色，叶尖渐尖，先端尖圆。叶基近圆形，叶缘锯齿较浅，齿距较大。花量大，花蕾扁圆形，每序开花5～20朵，花盘黄色，富蜜液。果实近圆形，纵径4.2cm，横径3.3cm，平均单鲜果重15.3g，果皮红褐色，果点小，不明显，果肉厚，绿白色，肉质稍密，味甜，制干后果肉密，含香味，有弹性，受压后易复原，耐贮运。制干率61.4%，可食率95.7%。核正纺锤形，核纹较浅，无种仁。品种适应性强，耐干旱，抗性强，树体健壮，好管理，丰产、稳产，产量高。果个均匀，整齐度好，肉质密，味甜，制干率高，品质极佳，是优良的制干加工兼用品种。

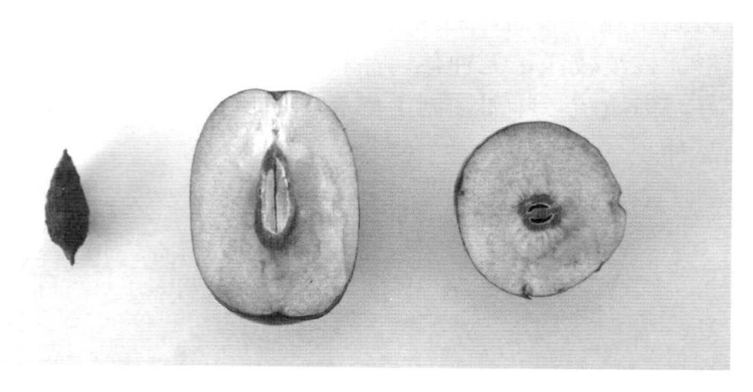

图2.19　羌灰2号

（三）羌灰3号

羌灰3号，树体高大，树势中庸，结果龄期较早。干皮灰褐色，皮面粗糙，呈条块状纵裂。枣头红褐色，针刺不发达。二次枝弯曲度似Z形。叶片长卵形，绿色，叶尖渐尖，先端尖圆。叶基近圆形，叶缘锯齿较浅，齿距较大。花量大，花蕾扁圆形，每序开花6～20朵，花盘黄色，富蜜液。果实短圆柱形，纵径3.2cm，横径 2.6cm，平均单鲜果重 10.8g，果皮红褐色，果点小，不明显，果肉厚，绿白色，肉质稍密，味甜，制干后果肉密，含香味，有弹性，受压后易复原，耐贮运。制干率 65.3%，可食率 94.7%。核正纺锤形，核纹较浅，无种仁。品种适应性强，耐干旱，好管理，成形快，结果早，丰产，稳产，产量高。果个均匀，整齐度好，肉质密，味甜，制干率高，品质极佳，是优良的制干加工兼用品种。

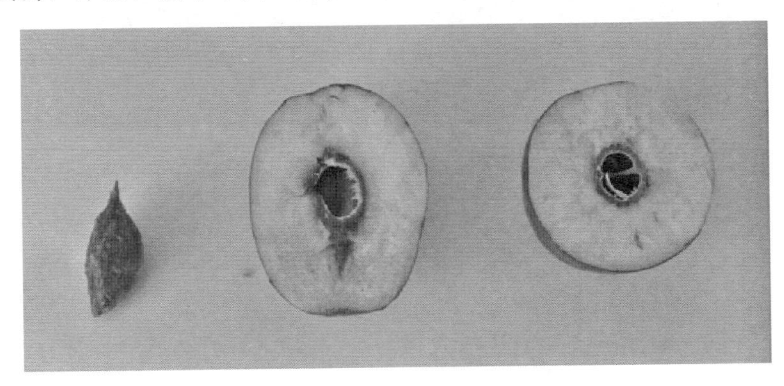

图 2.20　羌灰 3 号

(四) 赞新大枣

赞新大枣（图 2.21），由阿拉尔农业科学研究所从引入的赞皇大枣中选出的优良株系。树势强健，树姿较直立，干性强，树冠自然半圆形。托叶刺不发达。叶片大而厚，卵圆形。花量多，花大。果实大，倒卵圆形，纵径 4.1cm、横径 3.6cm，平均果重 24.4g，最大果重 30.1g，大小不很整齐。果柄粗长，果面平整，有粗糙感，光泽一般。果皮较薄，棕红色。果肉绿白色，质地致密，细脆，汁液中多，味甜，略酸，含总糖 27%上下，酸 0.42%，可食率 96.8%，宜制干，制干率 48.8%。品质上等。干枣含总糖 72.9%。果核大，核内无种子。在当地 9 月底至 10 月上旬完熟。该品种适应性强，较抗病虫，结果早，产量高而稳定，管理简便。果实大，糖分和制干率较高，为优良的制干品种。

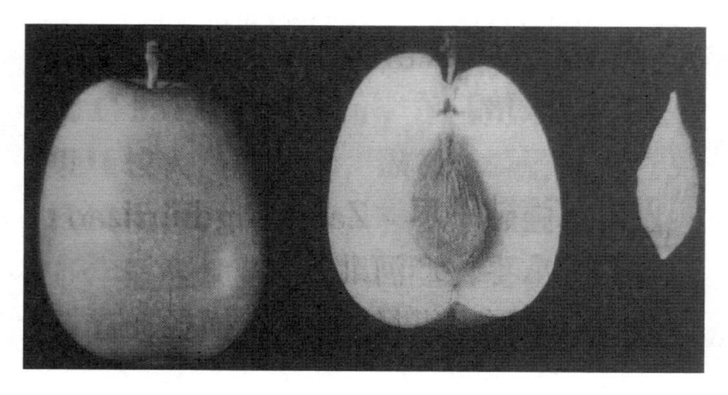

图 2.21　赞新大枣

第二节　种质资源的调查

一、种质资源的调查方法

（一）通过文献查找

通过查阅《中国果树志·枣卷》或当地与枣树相关的历史文献记载，调查新疆哪些地方有枣树分布或古树名木资源。

（二）实地走访调查

从事枣树研究的技术人员，到枣树种植地区，对当地枣树的主栽品种、农家地方品种、引进品种、芽变优良类型及古树名木资源进行详细调查。

（三）专业普查

由省级以上林草行政职能部门统一部署枣树种质资源普查工作，组建枣种质资源调查工作队，成员由从事枣、林业、土壤等相关业务人员组成，实地调查枣的品种类型、生长及分布情况。

二、种质资源的收集

（一）种质资源的收集意义

新疆不仅有全国最大的枣区，且具有极端的自然环境，如温度变化可达－29～43℃，昼夜温差大；极端干旱，年降雨量低至33mm、年蒸发量3 200mm；风沙严重，沙尘暴天数可达数十天；盐碱严重，且紫外线强；枣树为了适应这些极端的自然条件，非常容易产生芽变，而枣树育种主要是通过芽变筛选的，因此，新疆枣区将是今后我国重要的枣新品种培育基地。

（二）种质资源的收集范围

枣种质资源的收集具有广泛性和长期性的特点，无论从目的或范围来说都更为广泛，主要是为了培育更优质的新品种提供必要的物质基础。收集的范围包括新疆枣区当前主栽品种、传统古老品种以及其内部产生的芽变类型；野生酸枣资源和当地古枣树资源。

（三）种质资源的收集方式

在前期种质资源普查的基础上，制定详细计划，避免盲目性。于枣树休眠期（1至3月）采集一年生枣头枝条作接穗、封蜡保存待用；野生酸枣资源可以采集种子、接穗或整株移栽。采集枝条时应注意检疫，不可携带检疫性病虫害。

为了防止收集过程中出现差错，从调查、验收、采集、保存到嫁接须由专人负责系列工作。每份材料要有标签，写明采集地点、日期、品种或类型名称。收集到的资源应汇总有资源登记表，包括编号、品种或类型名称、收集人姓名、收集日期、嫁接日期以及简要的在原产地的评价或特异性，同时应对被采集母株摄影保存。

（四）种质资源的收集现状

新疆在清朝乾隆时期由北京引进长枣、小圆枣等种子资源，逐渐演变成新疆枣的乡土树种。哈密大枣是哈密地区的主栽品种，是新疆枣特有的种植资源。

1950年以后，喀什、阿克苏地区由河北、河南、山西等引进灰枣、金丝小枣、赞皇大枣、骏枣等优质的种质资源。1988年，开始规划南疆的洛浦、泽普、疏附3县作为新疆早期的红枣基地，由于历史局限性最终没有发展起来。1999年时，在巴州若羌县政府的大力支持下，在各种惠农政策的刺激下，当年从河南新郑引入了灰枣苗多达50万株，为新疆的红枣种质源圃带来了大量的可利用数据。到2006年时，灰枣、骏枣、赞皇大枣、冬枣、金丝小枣和梨枣等20多个品种的苗木逐渐登陆新疆，丰富了新疆的红枣种质资源，巴州地区的红枣面积已经达到3.82hm^2。

最近十年，新疆从河北、河南、山东、山西、陕西、甘肃等省区引进了灰枣、金丝小枣、鸡心枣、骏枣、赞皇大枣、黎枣、壶瓶枣、糠枣、婆枣、屯子枣、冬枣和相枣等超过30个枣树品种，新疆的种质资源也趋于完善，各种优质资源层出不穷，新疆枣树种植面积已有40万hm^2。

由于新疆地域的辽阔、地形复杂，导致地方的优异红枣资源未被挖掘，资源调查存在许多死角，特别是一些偏远地区、农村的许多优质资源未被发现记载，资源调查方面也不规范、目标没有统一。

三、种质资源的保存

枣种质资源是开展新品种选育和生产研究的物质载体，保存的品种资源越丰富，越可能筛选出优质、丰产、抗病等性状优良的枣品种，对生产起到重要的促进作用。

（一）种质资源保存的方式

枣种质保存方式，主要有原地保存、异地保存、离体保存等，枣种质资源主要采取原地保存和异地保存的方式。原地保存主要针对百年以上的古枣树或有历史纪念意义的枣树；异地保存主要是通过建立种质资源圃，通过无性繁殖的方式保存，目前主要是采取这种方式；其他还有种子保存、组培苗保存、超低温保存等，在枣种质资源保存中应用较少。

（二）资源圃建设原则

1. 土地性质为国有，远离城市开发建设用地，能够保证长期的稳定性。

2. 有完善的基础设施和研究设备，交通便利，方便各项工作的顺利开展。

3. 气候、土壤等自然条件能够满足枣树、野生酸枣的正常生长需求。

4. 一般每品种或类型保存 5～10 株，株行距 2.0m×5.0m 为宜。

（三）种质资源保存的现状

新中国成立以后，先后开展了全国和省市范围的枣树资源调查工作，经过调查和历年补查，河北、山西、陕西、山东、新疆等省的农科院果树所或农业院校先后建立了自己的枣树种质圃，其中山西果树所的枣树种质圃于 1979 年被评定为国家级枣种质资源圃，迄今，该资源圃已收集来自全国各地的枣品种 500 余个。另，新疆兵团农一师农科所保存了品种 360 个，河北沧县红枣良繁基地保存了品种 305 个，江苏植物研究所、陕西林科所、山东果树所也先后建立了不同规模的枣资源圃，河北农业大学保存了近 1 000 多份枣（类型）及 100 多个酸枣（类型）的果实、蜡叶标本，河南奥星实业有限公司保存了 700 多份果实标本，新疆塔里木大学从内地各主要产枣省市引入 160 个左右枣品种，并建立了枣资源圃。

四、种质资源的评价与利用

（一）种质资源评价的意义

枣种质资源的调查、收集、保存和研究的最终目的，是为了更有效的利用资源，服务于生产实际，对资源客观、全面的评价是利用好资源的基础条件。

（二）种质资源评价的方法

枣种质资源的评价方法，在我国很多学者主要从形态学、孢粉学、营养成分、细胞学、酶学及 DNA 等不同水平上的进行了遗传多样性评价。

形态学水平评价：表型性状观测，主要是对枣树种质资源在描述方面进行评价，如：对不同枣品种的丰产性、稳定性、早实性、成熟期等农艺性状进行观察和测定；对不同枣品种的品质指标、抗裂果能力、花果形态进行观察和测定。

孢粉学水平评价：主要从孢粉的形态、分类及生理、生化等方面进行评价。如：探究不同孢粉的萌发器官的数目、所处位置、形态特征、花粉量和花粉育性等方面。

细胞学水平评价：从不同枣品种的染色体数目、大小、形态和结构、染色体核型等方面进行评价。

同工酶评价：同工酶谱和CAMP含量进行了系统的比较观察和测定，淀粉酶、过氧化物酶、酯酶等同工酶。

分子水平评价：分子标记技术在枣树遗传多样性分析、品种鉴定及遗传图谱的构建等领域都有应用。研究植物的起源与演化、分类及鉴定、亲缘关系等。如：RAPD技术。

（三）种质资源的利用

1. 生产应用 从收集的传统优良乡土品种中，筛选出对当地气候、土壤、环境等适应能力强，经济价值高的品种，通过示范推广，直接应用与生产实际。

2. 新品种选育 对调查、收集的主栽品种如灰枣、骏枣等内部芽变类型进行系统评价、区域试验，是筛选培育适应新疆当地气候枣新品种的重要途径，为新品种的选育提供基础物质条件。筛选性状优异的父本、母本，开展杂交育种研究，培育抗逆性强、经济性状好的杂交品种。

3. 枣树特色旅游 结合近年来观光农业的兴起，通过引种葫芦枣、茶壶枣、胎里红枣等观赏品种，搭配种植不同成熟期鲜食枣生态采摘园，采用绿色有机生产技术，在增强游客观光旅游的趣味性的同时，吸引游客进行鲜枣采摘，打造枣树特色旅游产业，有利于促进当地农业发展和乡村振兴战略的顺利实施。

第三节　枣树种质资源的引进

目前，新疆枣区已引进的枣树品种近200个。主要有河南枣区的新郑灰枣、鸡心枣、九月青、马牙枣、扁核酸、河北枣区的金丝小枣、赞皇大枣、山东枣区的沾化冬枣、圆铃枣，山西枣区的梨枣、骏枣、壶瓶枣、相枣、板枣等。

一、枣引种的意义

枣树引种就是把一个地区的原有品种或最新选育的优良品种引入其自然分布区域范围以外的地区栽培。其意义如下。

1. 快速丰富了引入地红枣资源。

2. 提高了引入地红枣优良品种率。

3. 提升引入地红枣产量和质量，是增强引入地红枣市场竞争力的有效措施。

二、枣引种的依据和方法

（一）枣引种的依据

枣树引种是否成功的重点是引入的枣品种对当地的环境条件能否适应。鉴此，枣树引种时品种的选择依据主要是：品种资料、引种经验、关键因子、气候指标、品种参照、抗性类型、分布范围。

品种资料：枣树品种具有分布广泛和品种内变异较小的特点，国内有关枣品种适应性方面的研究资料，对选择枣品种对环境的适应性方面均有一定的参考价值，参考时重点要研究引种的枣品种的生物学特性、适应性、优缺点等，对引入品种能否适应当地环境做一大致预判。

引种经验：借鉴前人在当地或相近地区引种实践经验教训，仔细了解本地区或相近地区曾引进的品种及引入后的表现，作出引种判断，尽可能避免引种工作的失误。

关键因子：从当地综合生态因子中找出对计划引入品种适应性影响最大的关键因子，作为对引入品种是否适应当地环境条件的重要判断依据。

气候指标：枣树品种的遗传性适应范围和它们的原产地气候、土壤环境、有着密切关系。引种前，对计划引入品种的原产地或分布范围的气候指标与引入地的气候指标进行对比分析，从而估计引进品种对引入地的环境条件适应的可能性。

品种参照：引入枣品种和其他一些树种或品种在原产地或现有

分布范围内一起生长，常常表现出对共同条件的相似适应性。因此，可以通过其他树种、品种在引入地的表现来判断引入品种的适应性。

抗性类型：某些病虫和自然灾害经常发生的地区，在长期自然选择和人工选择的影响下，枣品种常常会形成对这些因素产生抗性。从而对引入地区的某些病虫和自然灾害不具抗性。

分布范围：在影响枣树生长发育和适应性中最重要的是温度因子，而温度在一定范围内随着纬度和海拔的变化而进行有规律的变化，纬度越高温度越低，海拔越高温度越低，枣树分布也有它的纬度和海拔分布范围。若引进品种与该品种原产地处于同一纬度和海拔高度，引进的品种则可以直接用于生产。

（二）枣引种的方法

枣树引种除引进品种原产地与引入地处于该品种的同一分布范围可直接用于生产外，一般都要遵循“先小试，后推广”的原则。具体引种步骤如下：

严格检疫：检疫工作是引种的重要环节，尤其是对引入地区没有的病虫害要严格进行检疫消毒，以防有害生物随着引进材料带到引种地区，给引种地区造成不必要的损失。

登记编号：引进的品种材料收到后，要专人进行登记编号。登记项目主要有：品种名称、材料来源、品种来历、引种数量、引种日期、引种人等。

调查记载：对引进品种要进行原产地和引入地的实地调查，调查内容包括引进品种的质量、产量、生长结果习性、抗性、病虫害以及管理技术等，以获得引进品种性状特性材料，便于查对核实，比较分析。

试验总结：结合引进品种的特性，研究总结一套适合该品种在引入地的栽培管理技术，使该品种的优点得以最大限度的发挥。引种材料的数量苗木不少于 50 株，高接换头数量不少于 30 株，试验期限不低于 3 年。

鉴定推广：引进品种综合指标的评价要根据试验结果，采用专家和枣农相结合的方法进行评定，尤其是要对其优缺点、发展前途、预期效益进行客观公正的评估，为今后的大面积推广提供科学的依据。

三、枣引种应注意事项

1. 品种引进应遵循试验、示范、推广的原则　枣的生长发育是受多种因素的影响，一个品种在原产地的表现，被引种到新的地方不一定和原产地的表现一样，所以要先适量引种试验，在试验成功的基础上扩大栽培面积进行示范，在示范成功的基础上再大面积推广。盲目地大面积引种可能给生产造成严重损失，有很多盲目引种造成重大损失的实例应引以为戒。同时，引种要与区域试验相结合，引进的枣品种要看该品种是否适合当地的气候、土壤及抗病能力等条件，气候应注意极端温度的影响，特别要考虑枣树花期时日均温度是否适宜，考虑影响枣树生长和结果的各种因子。同一地区不同的立地条件，如不同的海拔、地形、坡度、坡向等，可以引起温度、湿度、光照、风等方面的较大差别。因此，引种要在各种立地类型同时进行引种试验，可以一次取得本地区引种的详细资料，避免引种走弯路。

2. 引种目的要明确　引种要有明确的目的性和针对性，必须分析当地生产中综合因素，明确目的。目前红枣引种不外乎两种情况：一种是有枣区为使本地区枣良种化；另一种是无枣区引种发展枣业生产，增加当地树种，增加农民收入。为使引种取得预期效果，前者重点要求品种优良，后者则首先要保证引种成功。同时，引种还要考虑栽培目的，如加工蜜枣就要引种适宜加工蜜枣的品种；建立旅游光枣园要考虑重点引进观赏品种；大、中城市的郊区、县应适当发展鲜食品种，因此就要选择适宜当地气候、环境、土壤条件的优良鲜食品种。

3. 引种与选择相结合　由于枣树存在种内变异性，所以引种时，要注意选择该品种的最有代表性的类型。种内变异性，即指一个品种，特别是分布范围很广的品种，在分布区内，由于生态条件的变化，发生各种变异，形成了许多地理型。而不同地理型对生态条件的适应性以及表现出的经济性状是各不相同的。如河北金丝小枣，有10余个类型；新郑灰枣从果型大小，形状到颜色也可分为5～8个类型。引种时应尽可能引该品种最有代表性的类型。为此，引种时，在自然条件相似，成功可能性很大的情况下，要到该品种典型产区引种，以保证得到该品种的典型类型，使引种取得圆满成功。同时，引种也要兼顾引进的品种应是新选育并通过省级品种审定委员会审定的优良品系。如确定引种骏枣，可引种金昌1号，引种灰枣，可考虑引种新郑红2号、羌灰2号、羌灰3号等，这样可使新建枣园品种最优，确保效益最大。

第四节　枣新品种的选育

一、新品种选育的目标

1. 高产稳产　高产稳产是作为良种的基本特征，也是培育枣新品种所需具有的基本目标。

2. 品质优良　枣按用途可以分为鲜食、制干、加工和观赏，因此，选育的新品种要在某一方面具有独特品质。如选育不同成熟期，具有酥脆、多汁、皮薄、肉细等性状的鲜食品种；具有个大、肉厚、果形好、制干率高的制干品种；枝、花、果具有观赏特性或营养丰富具有加工品质的特点。

3. 适应性强　对自然环境条件适应性强是新品种需要具备的一个重要标志，特别是在新疆南疆这种气候极端的枣区，如具有耐低温、耐盐碱、抗风沙、耐高温等性状。

4. 病虫害抗性强　对缩果病、黑头病及红蜘蛛、梨园蚧等有较强抗性。

二、新品种选育的方法

北魏贾思勰所著《齐民要术》中记载，“常选好味者留栽之”，应该是有文字记载的最古老的枣品种选育方法，这种原始的育种方法，至今仍有重要的借鉴意义。当前枣新品种的选育方法主要包括单株选优、芽变选种、杂交育种、倍性育种、太空育种等，但是，在生产上具有栽培意义的仍然是单株选优、芽变选种和实生选种等传统的育种方法。

（一）单株选优和芽变选种

1. 单株选优　是从地方品种群体中，按照新品种选育目标，初选一批性状优良的单株，经复选、决选，最终经省级林木品种审定委员会审查合格后，授权新品种推广。

2. 芽变选种　芽变是体细胞突变的一种，突变发生在芽的分生组织细胞中，当芽萌发长成枝条，并在性状上表现出与原来品种不同的性状即为芽变。采集芽变枝条，经过进一步品种对比试验、区域化试验及示范推广，最终经省级林木品种审定委员会审查合格后，授权新品种推广。

3. 单株选优或芽变选种主要程序

（1）初选。结合枣种质资源普查工作，根据新品种育种目标，积极发动群众选报，筛选出一批在丰产性、抗逆性（如抗寒、抗旱、耐盐碱）、抗病虫害（如抗缩果病、黑头病、裂果病等）、大果型、果形优美、商品价值高或鲜食口感佳、观赏价值突出等方面经济性状特异的优良单株或芽变类型。在枣果成熟期，由科研人员到现场进行初步调查，并做好实地登记编号、标记、记录、拍照，带回样品进行初步分析。（调查指标详见优良单株调查表）

（2）复选。在初选的基础上，选择性状优异的种质，采集接穗，通过高接换头嫁接到选种圃中，同时嫁接对照品种，每个类型嫁接10～20株。连续3年以上观察记载，主要调查变异种质的结果性状和其他经济性状，鉴定变异种质的遗传稳定性和一致性，并与变异母株、对照做好对比。

区域化试验：选取3个以上不同地区进行区域化试验，每个试验点面积不少于1亩，采用随机区组方式种植变异类型及对照，连续3年以上，测定变异类型在不同地点的单株产量、单位面积产量、抗逆性、病虫害抗性、适应性及变异性状的遗传稳定性、一致性，确定变异类型的适宜栽培范围。

枣果品质检测分析：在枣果成熟后，随机采取适量的样品，送到有资质的检测机构，对优良单株和对照枣果进行营养品质分析，主要包括水分、可溶性总糖、可滴定酸、蛋白质、脂肪、多种维生素、氨基酸及多种矿物质成分含量。

(3) 决选。由省级林木品种审定委员会组织有关专家对入选类型评定决选，包括专家现场鉴定和材料评审。由选种单位提供品种审定申请书、选育报告、引种试验报告、枣果品质分析报告等相关材料。上述资料、数据、实物，经审查合格后，由省级林木品种审定委员会授权新品种。

（二）杂交育种

杂交育种是将父母本杂交，通过有性繁殖形成不同的遗传多样性，再通过对杂交后代的进行筛选，获得具有父母本优良性状，剔除父母本中不良性状的新品种的育种方法。

杂交育种是果树育种最重要的途径，但是，在枣树上的杂交育种存在多种困难，比如枣花小，人工去雄难，花量大坐果率低，胚败育现象严重等制约着枣树杂交育种的发展，枣树的杂交育种工作远远落后于其他果树。现有审定的枣新品种，绝大部分都是通过传统的单株选优或芽变选种培育的，这种方法培育的新品种遗传物质变异较小，与原品种性状差异不大，仍然存在的不少问题，如有的新品种单果重大了，产量会降低；丰产性好了，品质会下降；鲜食口感好，果个又太小了等等。因此，目前生产上亟须通过杂交育种的方法，将不同品种的优良性状整合起来，培育综合性状优良的新品种。

1. 枣树杂交育种的方法 枣树杂交育种一般采用自然杂交和人工杂交两种方法。两者的区别在于授粉方式的不同，自然杂交采用局部隔离自然授粉方式，由一个母本配置多个父本混合种植，获得子代只知母本不知父本，如需鉴定父本还要借助分子标记技术。人工杂交是提前设计好父母本，采用人工授粉的方式进行严格控制，获得杂种后代父母本清楚。

2. 亲本的选择 父母本的正确选择是枣树杂交育种成功的关键因素之一。应根据育种目标需求，选择具有优良性状并能遗传给后代的品种类型作为杂交亲本。杂交的父本首先要求选择花量大、花粉量大、花粉萌发率高，其次，还具有果实大、品质好、抗性强、稳产丰产等优良综合性状，且能弥补母本品种的某一性状缺陷。马庆华等研究结果表明，辣椒枣、临猗梨枣、金丝小枣的花粉量大、萌发率高，适合做杂交父本或授粉品种。杂交母本一般选择综合性状高、自然结实率高、含仁率高、种仁可育率高的品种。由于枣花小，人工去雄易伤害花器官，选择雄性不育的优良枣品种作杂交母本，极低的花粉发芽率可减少去雄的工作量，又可以提高杂交效率。刘平等认为除冬枣花粉萌发率较低外，永城长红、三变红、赞皇大枣的花粉发芽率也很低，而且品质优良，均适于作杂交母本。

（三）倍性育种

根据一定的育种目标，采用人工诱变等方法，使植株染色体倍性增加或减少，从而获得优良变异个体，培育新品种的育种方法。

枣树倍性育种在20世纪80至90年代已开始研究，如山东果树所石荫坪等，1985年通过胚乳培养，获得了金丝小枣、圆铃枣和长红枣的胚乳三倍体植株；天津农学院严仁玲等，1996年在离体条件下获得金丝小枣的茎段四倍体材料；河北农业大学刘孟军等，2002年利用秋水仙素在田间诱变‘临猗梨枣’二倍体茎尖，经2003—2006年高接纯化后，得到首个纯合四倍体枣新品种‘辰光’，平均单果质量比对照增加60%左右，已于2009年12月通过河北省林木品种审定委员会审定。

三、选育新品种的评价与利用

枣新品种评价的内容包括生态适应性、抗病虫特性、生长结果习性、生育期、主要经济性状等，评价方法可采用原产地调查、引种地观察和试验分析相结合。

生态适应性评价：主要评价引入品种在引入地年周期中不同生长阶段最适宜环境条件和对逆境的抗性。

抗病虫害能力评价：通过田间调查和诱发鉴定相结合，根据受害程度对引进品种的抗病虫能力进行综合评价。

结果特性评价：包括早实性、早期丰产性、丰产性和稳产性。丰产性评价一般至少3—5年的产量记录，用平均值表示。稳产性也需要5年或更长时间的观察结果。

品质评价：品质一般可分为外观品质、风味品质、加工品质和储运品质。外观品质评价包括枣果的性状、大小、色泽和整齐度；风味品质评价包括果肉质地、汁液多少以及糖、酸、维生素、芳香物质和特殊营养成分的含量；加工品质评价包括加工适宜成熟度、加工适应性和加工成品评价。储运品质评价包括不同成熟期不同储运条件下耐储、耐运能力评价。

生育期评价：包括各个年龄时期和主要生长发育物候期。生育期的长短除受遗传特性控制外，还要受气象因子的影响。因此，在生育期评价中，必须掌握重要的气象资料。

第五节　枣种质资源信息描述与测定

在种质资源调查、引种和品种选育过程中，对种质资源的各信息的测定，主要涉及基本信息、形态特征和生物学特性、品质特性、抗逆性、抗病虫性等方面。李登科等研究制定出枣种质资源描述规范和数据质量控制规范，主要研究内容总结归纳如下，以便于在生产和实践中对照和应用。

一、基本信息

1. 全国统一编号　全国统一编号是由“ZF”加4位顺序号组成的6位字符串，如“ZF0001”其中“Z”代表枣种质资源，“F”代表国家枣种质圃，后四位为顺序码，从“0001”到“9999”，代表具体枣种质的编号。全国统一编号具有唯一性。

2. 种质圃编号　种质圃编号是由“Z”加4位顺序号组成的5位字符串，如“Z0101”，其中“Z”代表枣，后四位为顺序号，从

“0001”到“9999”，代表具体种质的编号。每份种质具有唯一的种质圃编号。

3. 引种号　引种号是由年份加4位顺序号组成的8位字符串，如“20210055”，前4位表示种质的引进年份，后4位为顺序号，从“0001”到“9999”，每份引进种质具有唯一的引种号。

4. 采集号　枣种质在野外采集时赋予的编号，一般由年份加2位省份代码加4位顺序号组成。如“22021650011”，前4位表示种质的引进年份，后4位为顺序号，从“0001”到“9999”，中间2位为省份代码前两位。

5. 种质名称　国内种质的原始名称和国外引进种质的中文译名，如果有多个名称，可以放在英文括号内用英文逗号分隔，如“种质名称1（种质名称2，种质名称3)”，国外引进种质如果没有中文译名，可直接填写种质的外文名。

6. 种质外文名　国内种质的汉语拼音名和国外引进种质的外文名。每个汉字的汉语拼音之间空一格，每个汉字汉语拼音的首字母大写如“Xin Zheng　Hui Zao”，国外引进种质的外文名应注意大小写和空格。

7. 科名　科名由拉丁名加英文括号内的中文名组成，如“Rhamnaceae（鼠李科)”如没有中文名，直接填写拉丁名。

8. 属名　属名由拉丁名加英文括号内的中文名组成，如“Ziziphus Mill（枣属)”如没有中文名，直接填写拉丁名。

9. 学名　学名由拉丁名加英文括号内的中文名组成，如“Ziziphus jujuba Mill.（枣)”。如没有中文名，直接填写拉丁名。

10. 原产国　种质原产国家名称、地区名称或国际组织名称，国家和地区名称参照ISO3166和GB/T2659。如该国家已不存在，应在原国家名称前加“原”，如“原苏联”；国际组织名称用该组织的外文名缩写，如“IPGRI”。

11. 原产省　国内枣种质原产省份名称，省份名称参照GB/T2260；国外引进种质原产省用原产国家一级行政区的名称。

12. 原产地　国内枣种质的原产县、乡、村名称。县名参照

GB/T2260；不详的注明“不详”。

13. 海拔 枣种质原产地的海拔高度。单位为m。

14. 经度 枣种质原产地的经度，单位为度和分。格式为DDDFF，其中DDD为度，FF为分，东经为正值，西经为负值，例如，“12125”代表东经121°25′；“－10209”代表西经102°9′。

15. 纬度 枣种质原产地的纬度，单位为度和分。格式为DDFF，其中DD为度，FF为分。北纬为正值，南纬为负值，例如，“3208”代表北纬32°8′；“－2542”代表南纬25°42′。

16. 来源地 国内枣种质的来源省、名称；国外引进种质的来源国家、地区名称或国际组织名称。国家、地区和国际组织名称同第10项，省和县名称参照GB/T2260。

17. 保存单位 枣种质保存单位名称。单位名称应写全称，例如“新疆维吾尔自治区巴音郭楞蒙古自治州林业科学技术推广中心”。

18. 保存单位编号 枣种质保存单位赋予的种质编号。保存单位编号在同一保存单位应具有唯一性。

19. 系谱 枣选育品种（系）的亲缘关系。

20. 选育单位 选育品种（系）的单位或个人，单位名称应全称，例如“新疆维吾尔自治区巴音郭楞蒙古自治州林业科学技术推广中心”。

21. 育成年份 枣品种（系）培育成功的年份。例如“1980”“2021”等。

22. 选育方法 枣品种（系）的育种方法。例如“系选”、“杂交”、“辐射”等。

23. 种质类型 保存的枣种质的类型，分为6类：

（1）野生资源。

（2）地方品种。

（3）选育品种。

（4）品系。

（5）遗传材料。

（6）其他。

24. 图像　枣种质的图像文件名，图像格式为 .jpg。图像文件名由统一编号加半连号“—”加序号加“.jpg”组成。如有两个及两个以上图像文件，图像文件名用英文分号分隔。如“ZF0010－1.jpg；ZF0010－2.jpg”。图像对象主要包括植株、花、果实、特异性状等。图像要清晰，对象要突出。

25. 观测地点　枣种质形态特征和生物学特性观测地点的名称，记录到省和县名，如“新疆若羌”。

二、形态特征和生物学特性

1. 树姿　指未整形修剪成年树的自然生长分枝状态。在树体休眠期观察测定，每株树选取树冠靠下部的三个主枝或骨干枝，测定主枝或骨干枝与中央领导干的基角。

依据测定结果，对照树姿模式（图 2.22）和下列标准确定树姿。

1　直立（主枝基角<45°）

2　半开张（45°≤主枝基角<75°）

3　开张（主枝基角≥75°）

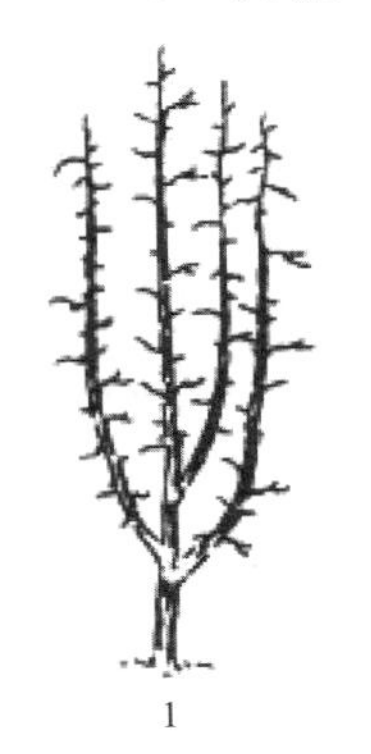

图 2.22　树姿

2. 树形　指未整形修剪成年树自然生长状态的树冠形状。在树体休眠期观察，对照树形模式图 2.23 确定树形。

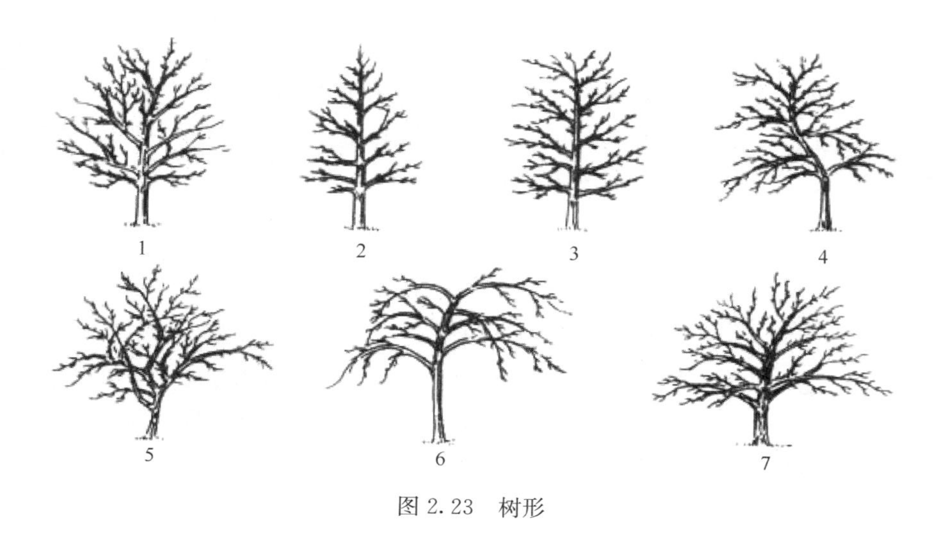

图 2.23　树形

1　圆头形

2　圆锥形

3　圆柱形

4　偏斜形

5　乱头形

6　伞形

7　半圆形

3. 树势　指正常生长成年树体的生长势状况。在生长后期或休眠期均可观察测定，根据树体高度、冠径、干粗和枣头生长量等，综合判断树体的强弱状况，确定树势的强弱。

4. 主干皮裂状况　成年树主干表皮以外干枯死亡组织开裂状况，根据裂片的形状分为以下 2 种。在生长期和休眠期均可观察。以成年树为观察对象，采用目测法观察树体主表皮干枯坏死组织的裂纹以及主干裂块落的难易程度等特征，判断皮裂的状况。

（1）条状（纵向裂纹深而多，且多无横向裂纹切断，纵向裂纹开裂长度远大于宽度）。

（2）块状（纵向和横向裂纹深度、数量相差不明显，纵向裂纹间有一定的宽度）。

5. 枣头长度　指枣头停止生长期后。正常生长和整形修剪的成年树枣头基部至先端的距离。

在枣头停止生长后至休眠期，至少选取 3 株成龄树，每株样本树随机选取树冠外围不同方位的 20 个枣头，选取的枣头要求尽可能处于斜生状态、冬季修剪程度基本一致、夏季未摘心。测定枣头的基部至顶端生长点的长度，取平均值，单位为 cm，精确到 0.1cm。

6. 枣头节间长度　指枣头停止生长期，正常生长和整形修剪的成年树枣头节间的长度。在枣头停止生长后至休眠期，至少观测 3 株树，每株样本树选取 10 个枣头上的 30 个节数。测量枣头（一般从第一个永久性二次技开始至其上的 4～7 节处）的长度，根据下列公式计算节间长度，取平均值。单位为 cm，精确到 0.1cm。

$$LI=l/n$$

式中：LI——节间长度

l——枣头长度

n——节数

7. 枣头粗度　指枣头停止生长期，正常生长和整形修剪的成年树枣头距基部 5cm 处的直径。以第 5 项中选取的枣头为观测对象，测量枣头的基部向上 5cm 处的直径即粗度，取平均值。单位为 cm，精确到 0.01cm。

8. 枣头色泽　指枣头停止生长期，正常生长和整形修剪的成年树枣头距基部 15cm 以下表皮的颜色。

在枣头停止生长后至休眠期，以树冠外围光线直射处的枣头为观测对象，通过目测或比色卡观察枣头距基部 15cm 以下向阳面表皮的色泽。

依据观察结果，确定种质的枣头色泽。

1　浅灰。

2　灰绿。

3　黄褐。

4　红褐。

5　灰褐。

6　紫褐。

上述没有列出的其他枣头色泽，需要另外给予详细的描述和说明。

9. 枣头蜡层　指正常生长的成年树枣头表面蜡层的有无和多少。以第5项中选取的枣头为观测对象，采用目测和用手擦拭相结合的方法，观察枣头表面蜡层状况。

根据观察结果和下列说明，确定种质枣头蜡层的有无和多少。

0　无（无蜡层）

1　少（蜡层不明显，蜡质少）

2　多（蜡层明显，蜡质多）

10. 二次枝长度　指枣头停止生长期，正常生长和整形修剪的成年树枣头上4～7节处生长健壮二次枝的长度。在枣头停止生长后，选取树冠外围不同方位的中下部的枣头4～7节处生长健壮的二次枝，每株样本树选取4个枣头，总计16～20个二次枝。测量每个二次枝的长度，取平均值，并以此作为1次重复，至少观测3株成龄树。单位为cm，精确到0.1cm。

11. 二次枝节数　指枣头停止生长期，正常生长和整形修剪的成年树上枣头二次枝的节数。以第10项中选取的二次枝为观测对象，调查每个二次枝节数，取平均值，单位为节，精确到整数位。

12. 二次枝弯曲度　指枣头停止生长期，正常生长和整形修剪的成年树枣头中部二次枝“之”字形弯曲的程度。以第10项中选取的二次枝为观测对象，观察测定中部2～6节，根据每一节与其相邻节延长线的夹角确定二次枝的弯曲程度。

1　小（弯曲度＜15°）

2　中（15°≤弯曲度＜30°）

3　大（弯曲度≥30°）

13. 成枝率　指枣头停止生长期，正常生长和整形修剪的成年树枣头回缩短截后抽生新枣头的能力。每株样本树随机选取树冠外围生长健壮一致的枣头20个，在休眠期进行冬季修剪，修剪的方法是对枣头留4～6节短截，并短截剪口下第1个二次枝。在当年的生长期和休眠期调查统计剪口下第一个主芽抽生新枣头的数量，并计算抽生枣头的百分率，并以此作为一次重复，至少选取5株成龄树。以%表示，精到0.1%。

另外，二次枝的成枝率高低对幼树树形培养极为重要，其观测计算方法同上述的枣头的成枝率。但其修剪技术有不同要求，主要方法是冬季修剪时选取中央领导干上生长健壮、方位适宜的二次枝3个，留2～3节短截，观察剪口第一个芽抽生枣头的数量。

14. 针刺状况　指正常生长和整形修剪的成年树枣头上的针刺状况。在枣头停止生长后至整个休眠期，观察树冠外围不同方位中下部的枣头上针刺的发达程度。

参照针刺状况模式图（图2.24），确定种质的针刺状况。

0　无

1　不发达

2　发达

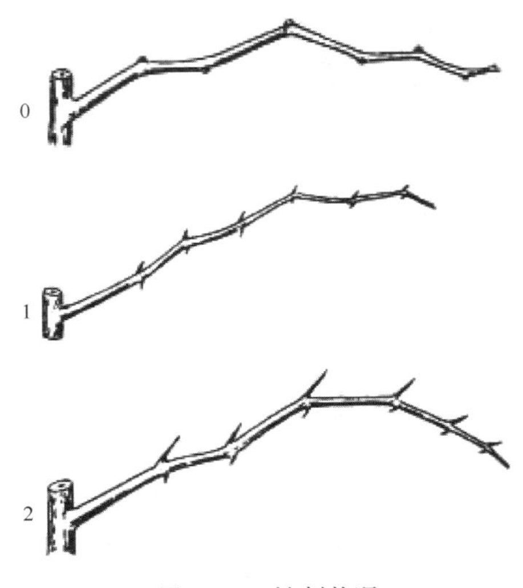

图2.24　针刺状况

针刺由托叶演生而来，有两种生长状态，一为直刺，较长；一为钩刺，较短。应注意观察不同种质针刺的生长状况。另外，随着枝龄的增大，其针刺有脱落退化现象，应注意观察不同种质的变化趋势。

15. 枣吊长度 指枣吊停止生长期，正常生长成年树 3～6 年生枣股上着生的枣吊基部至顶端生长点的长度。在枣吊停止生长期，选树冠外围不同方位 3～6 年生枣股上着生的枣吊，一般每树选取 15～20 个，每枣股调查生长中庸健壮的、较长的枣吊 2～3 个，测量枣吊基部至先端生长点的长度，取平均值。每株样本树的平均值为 1 个观察值，至少重复 3 次。单位为 cm，精确到 0.1cm。

16. 枣吊叶片数 指枣吊停止生长期，正常生长成年树 3～6 年生枣股着生的枣吊上的叶片数。以第 15 项中选取的枣吊为观测对象，调查每个枣吊的叶片数，取平均值。每株样本树的平均值为 1 个观察值，至少重复 3 次。单位为片，精确到整数位。

17. 叶片面积 指枣吊停止生长期，正常生长成年树 3～6 年生枣股着生的枣吊中部成熟叶片的面积。以第 15 项中选取的枣吊为观测对象，每枣吊调查 2～3 片完全成熟叶片，测量叶片最长和最宽处的值，按以下公式计算叶面积。每株样本树的平均值为 1 个观察值，至少重复 3 次。单位为 cm^2，精确到 $0.1cm^2$。

$$S=L\times B\times C$$

式中：S——叶片面积；

L——叶长；

B——叶宽；

C——系数。

也可直接用叶面积仪测定其叶片面积大小。

18. 叶片颜色 指正常生长成年树 3～6 年生枣股上枣吊中部的成熟叶片正面的颜色。以第 15 项中选取的枣吊为观测对象，采用目测或比色卡的方法，确定叶片正面的颜色。

1 浅绿

2　绿

3　浓绿

19. 叶片光泽　指正常生长成年树 3～6 年生枣股上枣吊中部的成熟叶片正面的光泽明暗状况。在全树大部分叶片成熟时期，在正常一致的光照条件下，采用目测的方法观察全树叶片表面的光泽有无和亮度。

根据观测结果和下列说明，确定种质的叶片光泽类型。

1　灰暗（叶面无光泽，暗淡）

2　较光亮（叶面稍显光泽）

3　光亮（叶面有光泽，且鲜亮）

20. 叶片状态　指正常生长成年树 3～6 年生枣股着生的枣吊中部成熟叶片是否平展或卷曲状态以第 15 项中选取的叶片为观测对象，采用目测的方法观察叶片表面是否平展或卷曲状态。

根据观测结果和下列说明，确定种质的叶片状态（图 2.25）。

1　合抱（叶片四周边缘或相对的两边向叶片上表面卷曲）

2　平展（叶片表面基本平直，无明显卷曲）

3　反卷（叶片四周边缘或相对的两边向叶片背面卷曲）

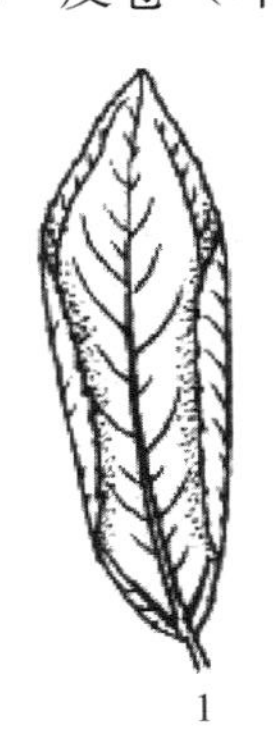

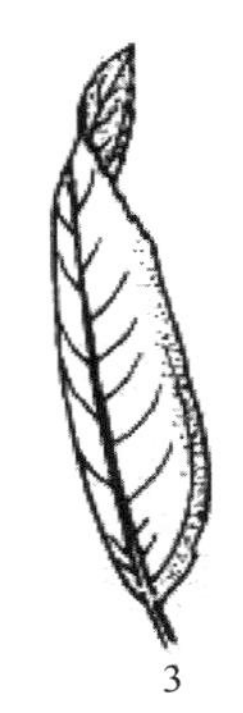

图 2.25　叶片状态

21. 叶片形状　指正常生长成年树 3—6 年生枣股着生的枣吊中部成熟叶片的形状。以第 15 项中选取的枣吊上的叶片为观测对象，采用目测的方法观察发育正常的叶片形状。

根据叶片形状模式图（图 2.26），确定种质的叶片形状。

1　椭圆形

2　卵圆形

3　卵状披针形

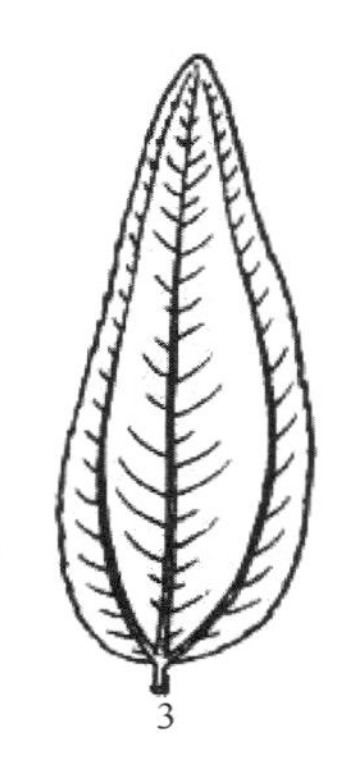

图 2.26　叶片形状

22. 叶尖形状　指枣吊中部成熟叶片的叶尖形状。以第 15 项中选取的枣吊上的叶片为观测对象，采用目测的方法观察发育正常的叶片叶尖的形状。

根据叶尖形状模式图（图 2.27），确定种质的叶尖形状。

1　锐尖

2　急尖

3　钝尖

4　尖凹

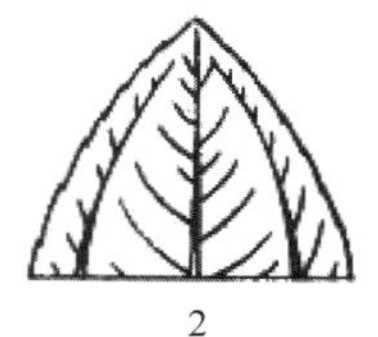
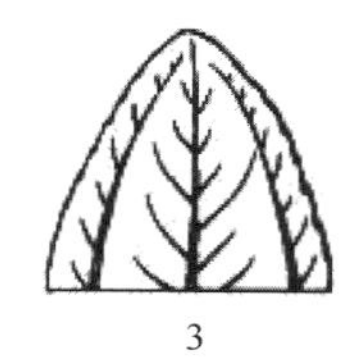

图 2.27　叶尖形状

23. 叶基形状　指枣吊中部成熟叶片基部的形状。以第 15 项中选取的枣吊上的叶片为观测对象，采用目测的方法观察发育正常的叶片叶基的形状。

根据叶基形状模式图（图 2.28），确定叶片基部的形状。

1　圆形

2　心形

3　截形

4　圆形

5　偏斜形

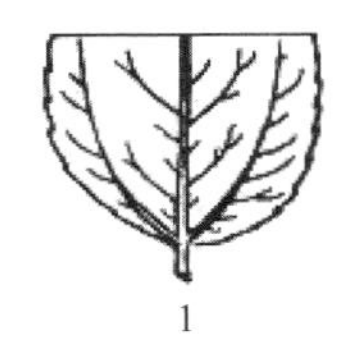

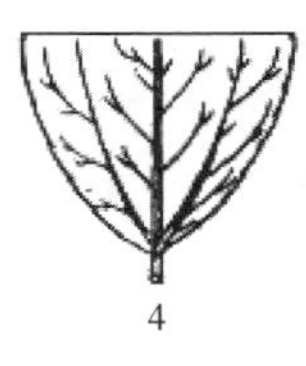

图 2.28　叶基形状

24. 叶缘形状　指枣吊中部成熟叶片的边缘形状。以第 15 项中选取的枣吊上的叶片为观测对象，采用目测的方法观察发育正常的叶片叶缘的形状。

根据叶缘形状模式图（图 2.29），确定种质叶缘的形状。

1　锐锯齿

2　钝齿

图 2.29　叶缘形状

25. 每花序花朵 指盛花期3～6年生枣股着生的枣吊中部4～8节处每个花序的平均花朵数。在盛花期，选取树冠外围3～6年生枣股上着生的生长中庸健壮的枣吊中部4～6节的花序，每株样本树选4～6个枣股进行调查，每个枣股选2个枣吊，每个枣吊选1～2个花序，调查每花序的花朵数，取平均数，以此作为1个重复观察值，至少选取3株树。单位为朵，精确到整数位。

26. 花径大小 指盛花期3～6年生枣股枣吊中部零级花萼片平展期蜜盘的最大直径。在盛花期，选取树冠外围3～6年生枣股上着生的生长中庸健壮的枣吊中部4～6节花序上着生的处于萼片平展期的零级花。每株树选8～10个枣股，每个枣股选2个枣吊，每个吊选2个花序的零级花，测量蜜盘的最大直径。每株样本树的平均值作为1个重复观察值，至少重复3次。单位为cm，精确到0.01cm。

27. 雄蕊 指盛花期正常开放花朵的雄蕊数。以第26项中选取的零级花为观测对象，调查统计每朵花的雄蕊数，每株样本树的平均值作为1个重复观察值，至少重复3次。单位为枚，精确到整数位。

28. 萼片色泽 指盛花期正常开放花朵萼片的颜色。以第26项中选取的零级花为观测对象，采用目测或比色卡的方法观察，对照下列标准确定零级花的萼片色泽。

1 乳白

2 乳黄

3 黄绿

4 粉红

上述未列出的其他萼片色泽，需另外给予详细的描述和说明。

29. 始果年龄 指种质苗木定植后正常生长至开始结果的年限。在开花坐果期，至少选取5株嫁接树作为观测对象。调查从嫁接品种在苗圃中开始生长的当年算起至选取的样本树有50%以上的植株开始结果的年限，至少观测3年。要求一致的环境条件和管理措施，苗木状况也要尽可能相同，还要参考该种质在生产栽培中的实际开始结果年龄。单位为 a，精确到整数位。

30. 股吊率　指 3～6 年生枣股上着生的枣吊数量。在盛花期 1 个月后至落叶期调查。每株样本树选取树冠外 3～6 年生枣股 50 个，调查选取枣股的枣吊总数，按以下公式计算该样本树每个枣股着生枣吊数。以每株样本树的平均值作为 1 个重复观察值，至少重复 3 次。单位为吊，精确到整数位。

$$S=n/N$$

式中：S——股吊率

n——枣吊总数

N——调查枣股总数

31. 吊果率　指 3～6 年生枣股上枣吊坐果的数量。在盛花期后 1 个月，每株样本树选取树冠外 3～6 年生枣股上着生的生长中庸健壮的枣吊，一般每株树选 50 个枣股，每个枣股选 3 个枣吊，调查选取枣吊的坐果总数，按以下公式计算该样本树的吊果率。以每株样本树的平均值作为 1 个重复观察值，至少重复 3 次。以%表示，精确到 0.1%。

$$B=n/N\times 100\%$$

式中：B——吊果率

n——枣吊坐果数

N——调查枣吊总数

不同枣股年龄的吊果率有一定差异。尤其是 1～2 年生枣股的吊果率高低可反映其早期结果性和丰产性，应注意观测。

32. 自花结实率　指同一种质内经授粉或未经授粉结实的能力。在盛花期，至少选取 3 株样本树，每株树选取枣吊中部花序上的中心花，每个枣吊最多留 4 朵花，其余全部疏除，取 100 朵花。选取的花要求处于近乎开放状态但萼片尚未开裂，不去雄套袋，不授粉或授同一种质的花粉，授粉时要选在蜜盘泌液较多时进行。套袋 1 周后除袋，生理落果前调查花朵坐果率。以%表示，确到 0.1%。

33. 采前落果程度　指果实进入完熟期前 1 个月至完熟期落果

的程度。收集称量完熟期前1个月内的落果（不含病虫果）总重量，采收后按以下公式计算落果量占总结果量的百分率。以%表示，精确到整数位。

$$A=W_1/W_1+W_2\times100\%$$

式中：A——采前果程度

W_1——落果重量

W_2——采收产量

依据调查结果，对照下到标准确定采前落果程度。

1　重（采前果程度≥30）

2　中（10%≤采前落果程度<30%）

3　轻（采前落果程度<10%）

34. 单株产量　指果实成熟采收后，单株树所收获正常果的质量。选取3株盛果期正常生长的样本树，在完熟期采收后分别称取正常成熟果实的总质量，连续观测3年，取平均值。单位为kg，精确到0.1kg。

35. 大小年程度　指连续大小年年份间产量变化的程度。在枣果采收期进行田间调查。至少选取3个样本树，连续调查6年，称量统计每年每株样本树的产量，按以下公式计算大小年程度，然后取平均值以1个大小年循环的产量变化幅度为1个观察值，重复3次。以%表示，精确到整数位

$$B=Y-y/Y+y\times100\%$$

式中：B——大小年程度

y——小年产量

Y——大年产量

依据调查结果，对照下列标准确定大小年程度。

1　重（大小年程度≥50%）

2　中（30%≤大小年程度<50%）

3　轻（大小年程度<30%）

36. 萌芽期　指全树3～6年生枣股上的5%以上主芽鳞片膨大开裂，顶部微显绿色的日期，以“年月日”表示，格式

“YYYYMMDD”。4 月中旬进行田间调查，每株样本树选取 1 个大主枝目测或计数 3～6 年生枣股上的 5%以上主芽麟片膨大开裂，顶部微显绿色时的日期。至少观测 3 株样本树，以 3 年的平均值为最终观察值。表示方法为“年月日”，格式“YYYYM - MDD”。如“20030418”，表示 2003 年 4 月 18 日为萌芽期。

37. 初花期　指全树 3～6 年生枣股上枣吊中部 25%的零级花开放的日期，以“年月日”表示，格式“YYYYMMDD”。5～6 月进行田间调查，每株样本树选取 1 个大主枝目测并记录 3～6 年生枣股上着生的枣吊中部 25%的零级花开放的日期。表示方法和格式同第 36 项。

38. 盛花期　指全树 3～6 年生枣股上枣吊中部 50%的零级花开放，并有少数花朵脱落的日期，以“年月日”表示，格式“YYYYMMDD”。6～7 月进行田间调查，每株样本树选取 1 个大主枝，目测并记录 3～6 年生枣股上着生的枣吊中部 50%的零级花开放的日期。至少观测 3 株样本树，以 3 年的平均值为最终观察值。表示方法和格式同 36 项。

39. 终花期　指全树 3～6 年生枣股上枣吊中部 90%的零级花脱落的日期，以“年月日”表示，格式“YYYYMMDD”。7 月份进行田间调查，每株样本树选取 1 个大主枝，目测并记录 3～6 年生枣股上着生的枣吊中部 90%以上的零级花脱落的日期。至少观测 3 株样本树，以 3 年的平均值为最终观察值，表示方法和格式同 36 项。

40. 果实白熟期　指全树 3～6 年生卑股上 90%枣果的果面褪绿变白的日期，以“年月日”表示，格式“YYYYMMDD”。8～9 月进行田间调查，每株样本树选取 1 个大主枝，目测并记录 3～6 生枣股上 90%以上枣果的果皮褪绿变白的时期。至少观测 3 株样本树，以 3 年的平均值为最终观察值。表示方法和格式同 36 项。

41. 果实脆熟期　指全树 3～6 年生枣股上 90%枣果全红的日期，以“年月日”表示，格式“YYYYMMDD”。8～9 月进行田间调查，每株样本树选取 1 个大主枝目测并记录 3～6 年生枣股上

90%以上的枣果的果皮全红的日期。至少观测3株样本树，以3年的平均值为最终观察值。表示方法和格式同36项。

42. 果实完熟期 指全树3～6年生枣股上90%的枣果全红、色泽加深、果肉变软的日期，以“年月日”表示，格式“YYYYMMDD”。9～10月进行田间调查，每株样树选取1个大主枝目测并记录3～6年生枣股上90%以上枣果全红且果皮色泽加深、果肉变软的日期。至少观测3株样本树，以3年的平均值为最终观察值。表示方法和格式同36项。

43. 果实生长期 指从开花至果实成熟的天数。观察记载开花至果实完熟期持续间隔的天数。至少观测3株样本树，以3年的平均值为最终观察值。单位为d，精确到整数位。

44. 落叶期 指全树50%叶片脱落的日期，以“年月日”表示，格式“YYYYMMDD”。10月进行田间调查，每株样本树选取1个大主枝目测并记录全树50%的叶片脱落的日期。至少观测3株样本树，以3年的平均值为最终观察值。表示方法和格式36项。

45. 营养生长期 指树体从萌芽到落叶期的天数。观察记载萌芽期至落叶期持续间隔的天数。至少观测3株样本树，以3年的平均值为最终观察值。单位为d，精确到整数位。

三、品质特性

1. 单果重 指脆熟期单个果实的质量。在果实脆熟期，从每株样本树上随机采集树冠外围不同方位3～6生枣股上发育正常的全红果实30个以上，称量全部样品质量，取平均值。单位为g精确到0.1g。

2. 果实纵径 指脆熟期果实的果顶到果肩部的最大距离。以第1项中采集的样品为观测对象，测量果实的果顶至果肩部的最大距离。单位为cm，精确到0.01cm。

3. 果实横径 脆熟期果实横切面最宽处的长度。以第1项中采集的样品为观测对象，测量果实横切面最宽处的长度，单位为cm，精确到0.01cm。

4. 果实整齐度　指同株树上果实大小差异的程度，根据变异系数分为以下 3 个类型。在果实脆熟期至完熟期，每株样本树选取树冠外围 3～6 年生枣股各 10 个，并选取枣头中部二次枝上的枣吊和枣股着生的中庸健壮的枣吊，分别随机采枣果 25 个，用托盘天平称重，然后按以下公式计算变异系数。以% 表示，精确到 0.1%。

$$V=\overline{X}/S\times 100\%\ [\text{其中}\ S=\sqrt{\frac{\sum(X-\overline{X})^2}{n-1}}\ ]$$

式中：V——变异系数

$\overline{X}$——平均数

S——标准差

x——样本每个果的重量

n——样本果数

根据变异系数和下列标准，确定种质果实整齐度。

1　整齐（变异系数<10.0%）

2　较整齐（10.0%≤变异系数<30.0%）

3　不整齐（变异系数≥30.0%）

5. 果实形状　指脆熟至完熟期果实的形状以第 1 项中采集的样品果为观测对象，采用目测的方法观察发育正常的果实形状（图 2.30）。

根据果实形状模式图，确定种质果实的形状。

1　圆形

2　扁圆形

3　卵圆形

4　长圆形

5　倒卵圆形

6　圆柱形

7　圆锥形

8　磨盘形（带缢痕）

9　扁柱形

10　茶壶形

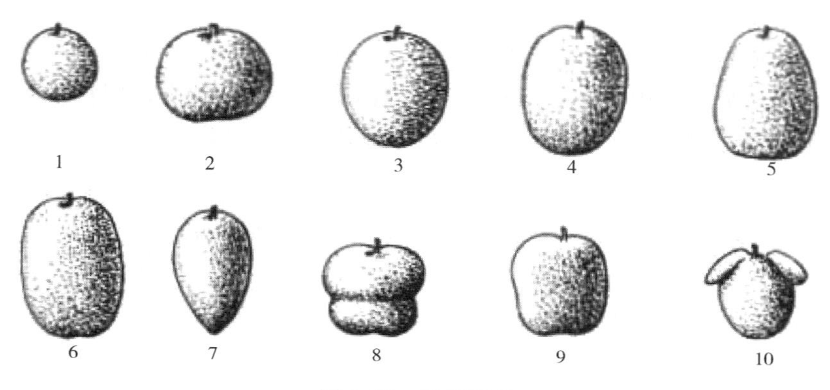

图 2.30　果实形状

6. 果肩形状　指脆熟期果实肩部的形状。在果实脆熟期，每株样本树选 1 个主枝目测下垂状态发育正常的果实肩部的形状（图 2.31）。

根据果肩形状模式图，确定种质果肩的形状。

1　平

2　凸

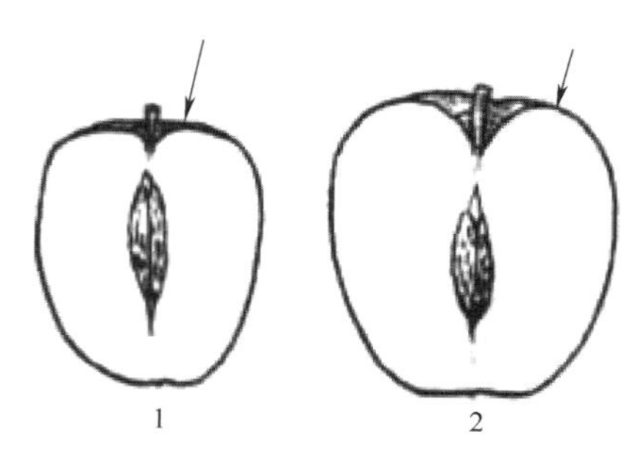

图 2.31　果肩形状

7. 果顶形状　指脆熟期果实顶部的形状。在果实脆熟期，每株样本树选 1 个主枝目测下垂状态发育正常的果实顶部的形状。

根据果顶形状模式图，确定种质果顶的形状。

1　凹

2　平

3　尖

8. 果实颜色　指脆熟期末果实中部阳面果皮的颜色。在果实脆熟期，每株样本树选取树冠外围3～6年生的枣股上光照条件良好的全红果实30个以上，采用目测或用比色卡方法观察比较果实中部阳面果皮的颜色。根据观测结果，确定种质的果实颜色。

1　浅红

2　红

3　紫红

4　赭红

上述未列出的其他果实色泽，需另外给予详细的描述和说明。

9. 果面光滑度　指脆熟期果实表面的光滑程度。以第1项中采集的样品果为观测对象，采用目测和手触摸感觉的方法观测感觉果实表面，并与下列各级对应的对照品种比较，确定种质的果面光滑度。

1　光滑（用手触摸感觉光滑无阻力。对照品种为沾化冬枣）

2　粗糙（用手触摸感觉有阻力。对照品种为哈密大枣）

3　有隆起（目测凹凸不平，用手触摸感觉阻力大。对照品种为临猗梨枣）

10. 果皮厚度　指脆熟期果实阳面果肩部果皮的厚薄程度。以第1项中采集的样品果为观测对象，从中部横切果实，采用目测和口感品尝的方法观测感觉果实表皮，并与下列各级对应的对照品种比较，确定种质果皮厚度的类型。

1　薄（对照品种为沾化冬枣）

2　中（对照品种为赞皇大枣、太谷壶瓶枣）

3　厚（对照品种为哈密大枣）

11. 果点大小　指脆熟期果实中部阳面果点的大小。以第1项中采集的样品果为观测对象，采用目测方法观察果实中部阳面果点的大小。与下列各级对应的对照品种比较，确定种质果点大小的类型。

1　小（对照品为陕西蜂蜜罐、新郑灰枣）

2　中（对照品种为临猗梨枣）

3　大（对照品种为哈密大枣）

12. 果点密度　指脆熟期果实中部阳面果点的疏密程度。以第1项中采集的样品果为观测对象，采用目测方法观察果实中部阳面果点的疏密状况，与下列各级对应的对照品种比较，确定种质果点的密度类型。

1　疏（对照品种为运城相枣）

2　中（对照品种为临猗梨枣）

3　密（对照品种为太谷壶瓶枣）

13. 果柄长度　指脆熟期果实梗洼基部至花序梗分义处的距离。以第1项中采集的样品果为观测对象，测量梗洼基部至花序梗分叉处的距离，取平均值。单位为cm，精确到0.01cm。

14. 梗洼深度　指脆熟期果实纵切面梗洼的深浅程度。以第1项中采集的样品果为观测对象，纵切果实，采用目测的方法观察果实梗洼的深浅状况。

根据梗洼深度模式图，确定种质梗洼深度的类型。

1　浅

2　中

3　深

15. 梗洼广度　指脆熟期果实纵切面梗洼的广狭状况。以第1项中采集的样品果为观测对象，纵切果实，采用目测的方法观察果实梗洼的狭窄状况图2.32。

根据梗洼广度模式图，确定种质梗洼广度的类型。

1　狭

2　中

3　广

16. 萼片状态　指脆熟期果实萼片的存在状态。以第1项中采

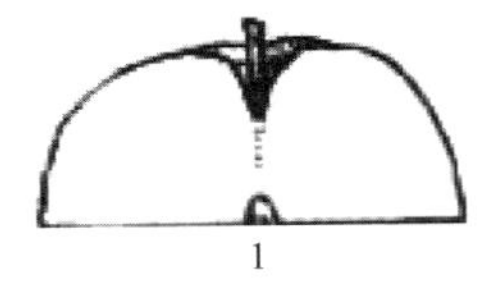

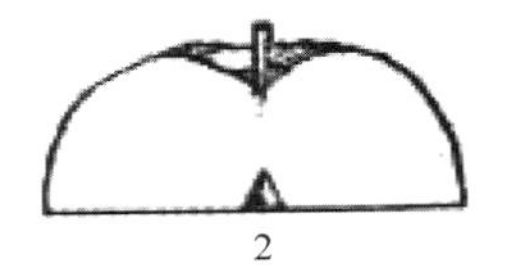

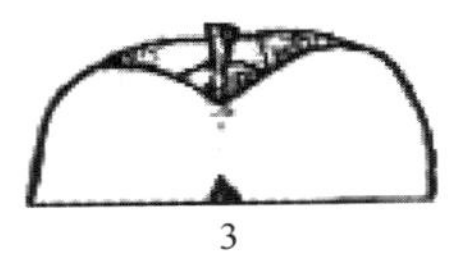

图 2.32　梗洼广度

集的样品果为观测对象，采用目测的方法观察果实萼片的状态。

根据粤片状态模式图，确定种质專片状态的类型。

1　宿存

2　残存

3　脱落

17. 柱头状态　指脆熟期果实柱头的存在状态。以第 1 项中采集的样品果为观测对象，采用目测的方法，观察果实柱头的存在状态。

1　宿存

2　残存

3　脱落

18. 果实外观评价　根据果实大小、形状、整齐度、色泽等状况综合判定。以第 1 项中采集的样品果为观测对象，按照 GB/T 10220—1988 感官分析方法总论中有关部分进行评尝员的选择、样品的准备以及感官评价的误差控制。依据果实的大小、形状、整齐度及颜色的表现对果实进行综合评价。按 10 分评定，其中果实大小 3 分、形状 3 分、整齐度 2 分、颜色 2 分，计算总分值。最后计算品尝员的平均值作为该种质果实外观的分值。精确到 0.1。

按照下列标准，综合评价果实外观级别。

1　极差（分值＜5.0）

2　差（5.0≤分值＜6.0）

3　中（6.0≤分值＜8.0）

4　好（8.0≤分值＜9.0）

5　极好（分值≥9.0）

19. 核重 指果肉削除干净后枣核的质量。在果实脆熟期至完熟期，从每株样本树上随机采集树冠外围不同方位3～6年生枣股上发育正常的果实30个以上，将枣果果肉削除干净后称重，取平均值。单位为g，精确到0.01g。

20. 核形 指果肉削除干净后枣核的形状。以第19项中采集的样品果为观测对象，将枣果的果肉削除干净后，采用目测的方法观察枣核的形状。

根据核形模式图，确定种质枣核的形状。

1 圆形

2 椭圆形

3 纺锤形

4 倒纺锤形

21. 核壳有无 指脆熟期至完熟期3～6年生枣股上着生的正常生长发育果实核壳的有无。脆熟期至完熟期，以3～6年生枣股上发育正常的果实为观测对象，用目测和咀嚼感觉的方法判断果实内核壳的状态。

根据观测结果和下列描述，确定种质核壳的有无。

0 无核（目测无核，用牙咬切时无阻力）

1 残存（目测有核，用牙咬切时稍有阻力）

2 有核（目测有核，用牙咬切时难以开裂）

22. 种仁饱满程度 指白熟期至完熟期横切果实，观察种仁的有无及与核壳心室紧贴的程度。在果实白熟期至完熟期，选取树冠外围不同方位3～6年生的枣股上枣吊中部发育正常的果实30个以上，将枣果从中部横切，目测观察种仁与核壳心室紫贴的程度。

根据观测结果和下列说明，确定种质的种仁饱满程度。

0 无（核壳心室内为空腔）

1 瘪（种仁与核壳心室间有较大空隙，种皮凹陷，种仁发黄或干枯）

2 不饱满（种仁组织较致密，但不能完全充满心室）

3 饱满（种仁组织致密，充满心室）

23. 含仁率　指白熟期至脆熟期，含仁果实数占果实总数的百分率。以第 22 项中采集的样品果为观测对象，将枣核从中部横切，统计种仁饱满的果实数，按以下公式计算含仁率。以%表示，精确到 0.1%。如 1 个果含 1 个以上种仁应备注记载。

$$Pk=n/N\times100\%$$

式中：Pk——含仁率

n——含仁果数

N——总果数

枣树存在严重的早期种胚败育及发育不完全现象，而且与品种、枣果发育期密切相关，需要在枣果不同发育时期分别观察，以了解其种胚发育状况的动态变化。

24. 果肉颜色　指脆熟期果实近表皮处的果肉颜色。以第 1 项中采集的样品果为观测对象，采用目测或用比色卡方法观测果实中部近表皮处果肉的颜色。

根据观测结果，确定种质果肉的颜色。

1　白

2　浅绿

3　绿

以上未列出的其他果肉颜色，需另外给予详细的描述和说明。

25. 果肉质地　指脆熟期果肉的疏密程度。在果实脆熟期，从每株样本树上随机采集树冠外围不同方位 3～6 年生枣股上发育正常、有代表性的半红至全红果实 100 个以上，清洗干净后切成大小厚度一致的果片，混匀后取 100g 样品。

按照 GB/T 10220—1988 感官分析方法总论中有关部分进行评尝员的选择、样品的准备以及感官评价的误差控制。

参照 GB/T 12316—1990 感官分析方法“A”-非“A”检验方法，请 10～15 名评尝员对每一份种质的样品进行尝评，通过与以下 4 类果肉质地的对照品种进行比较，给出“与对照同”或“与对照不同”的回答。按照评尝员对每份种质和对照果肉质地的评判结果，汇总对每份种质和对照的各种回答数，并对种质样品和对照的

差异显著性进行 x^2 测验，如果某样品与对照 1 无差异，即可判断该种质的果肉质地类型；如果某样品与对照 1 差异显著，则需与对照 2 进行比较，依此类推。

1　疏松（对照品种为赞皇大枣）

2　酥脆（对照品种为宁阳六月鲜、孔府酥脆枣）

3　较致密（对照品种为襄汾圆枣、彬县晋枣）

4　致密（对照品种为沾化冬枣）

26. 果肉粗细　指脆熟期果肉的粗细程度。参照第 25 项中的方法进行取样和样品的准备。

按照 GB/T 10220—1988 感官分析方法总论中有关部分进行评尝员的选择、样品的准备以及感官评价的误差控制。

参照 GB/T 12316—1990 感官分析方法“A”-非“A”检验方法，请 10～15 名评尝员对每一份种质的样品进行尝评，通过与以下 3 类果肉粗细的对照品种进行比较，给出“与对照同”或“与对照不同”的回答。按照评尝员对每份种质和对照果肉粗细的评判结果，汇总对每份种质和对照的各种回答数，并对种质样品和对照的差异显著性进行 x^2 测验，如果某样品与对照 1 无差异，即可判断该种质的果肉粗细类型；如果某样品与对照 1 差异显著，则需与对照 2 进行比较，依此类推。

1　细（对照品种为陕西蜂蜜罐）

2　中（对照品种为临猗梨枣、太谷壶瓶枣）

3　粗（对照品种为薛城冬枣、山东圆铃枣）

27. 果肉汁液　指脆熟期果实汁液的多少。参照第 25 项中的方法进行取样和样品的准备。

按照 GB/T 10220—1988 感官分析方法总论中有关部分进行评尝员的选择、样品的准备以及感官评价的误差控制。

参照 GB/T 12316—1990 感官分析方法“A”-非“A”检验方法，请 10～15 名评尝员对每一份种质的样品进行尝评，通过与以下 3 类果肉汁液的对照品种进行比较，给出“与对照同”或“与对照不同”的回答。按照评尝员对每份种质和对照果肉汁液的评判结果，汇总对每份种质和对照的各种回答数，并对种质样品和对照的差异显著性进行 x^2 测验，如果某样品与对照 1 无差异，即可判断该种质的果肉汁液类型，如果某样品与对照 1 差异显著，则需与对照 2 进行比较，依此类推。

1　少（对照品种为运城相枣、吕梁木枣）

2　中（对照品种为太谷壶瓶枣、新郑灰枣）

3　多（对照品种为山东大白铃、沾化冬枣）

果肉汁液与气候条件尤其是降雨状况以及采样时期密切相关，要充分考虑和注意观察。

28. 果实风味　指脆熟期果实的酸甜状况。参照第 25 项中的方法进行取样和样品的准备。

按照 GB/T 10220—1988 感官分析方法总论中有关部分进行评尝员的选择、样品的准备以及感官评价的误差控制。

参照 GB/T 12316—1990 感官分析方法“A”-非“A”检验方法，请 10～15 名评尝员对每一份种质的样品进行尝评，通过与以下 5 类果实风味的对照品种进行比较，给出“与对照同”或“与对照不同”的回答。按照评尝员对每份种质和对照果实风味的评判结果，汇总对每份种质和对照的各种回答数，并对种质样品和对照的差异显著性进行 x^2 测验，如果某样品与对照 1 无差异，即可判断该种质的果实风味类型；如果某样品与对照 1 差异显著，则需与对照 2 进行比较，依此类推。

1　酸（对照品种为普通酸枣）

2　甜酸（对照品种为赞皇大枣）

3　酸甜（对照品种为太谷壶瓶枣）

4　甜（对照品种为陕西蜂蜜罐）

5　极甜（对照品种为沾化冬枣）

果实风味与气候条件尤其是降雨状况密切相关，因此要充分考虑降雨的影响。

29. 果实异味　指脆熟后期至完熟期果实异味的有无。参照第 25 项中的方法进行取样和样品的准备。

按照 GB/T 10220—1988 感官分析方法总论中有关部分进行评尝员的选择、样品的准备以及感官评价的误差控制。

根据异味（主要是苦味和青草味）的有无，确定种质果实异味的类型。

0　无

1　有

30. 口感综合评价　根据果肉质地、粗细、风味、汁液、有无异味等状况综合判定。参照第 25 项中的方法进行取样和样品的准备。

按照 GB/T 10220—1988 感官分析方法总论中有关部分进行评尝员的选择。样品的准备以及感官评价的误差控制。对该种质的果肉质地、粗细、风味、汁液，异味等特性进行综合评价，按 10 分评定，其中果肉质地 3 分、粗细 1 分、汁液 2 分，风味 3 分，有无异味 1 分，计算总分值。最后计算品尝员的平均值作为该种质口感的分值，精确到 0.1。

按照下列标准，进行种质的果实口感品质综合评价。

1　极差（分值<5.0）

2　差（5.0≤分值<6.0）

3　中（6.0≤分值<8.0）

4　好（8.0≤分值<9.0）

5　极好（分值≥9.0）

31. 鲜枣可溶性固形物含量　指脆熟期末 100g 鲜枣果肉含可溶性固形物的克数。以第 1 项中采集的样品为观测对象。将果肉切碎、混匀后，称取 250g，精确到 0.1g，放入加适量蒸馏水的高速组织捣碎机或匀浆机捣碎，用两层纱布挤出匀浆汁液测定。具体测定方法依据中华人民共和国国家标准：GB/T 12295—1990 水果、蔬菜制品可溶性固形物含量的测定——折射仪法。至少重复 3 次，取平均值。以%表示，精确到 0.01%。

32. 鲜枣可溶性糖含量　指脆熟期末 100g 鲜枣果肉含可溶性糖的克数。以第 1 项中采集的样品为观测对象。样品前处理及具体测定方法依据中华人民共和国国家标准 GB/T 6194—1986 水果、蔬菜的可溶性糖测定法。以%表示，精确到 0.01%。

33. 鲜枣可滴定酸含量　指脆熟期末 100g 鲜枣果肉含可滴定酸的克数。以第 1 项中采集的样品为观测对象。样品前处理及具体测定方法依据中华人民共和国国家标准 GB/T 12293—1990 水果、蔬菜制品的可滴定酸测定。以%表示，精确到 0.01%。

34. 鲜枣维生素 C 含量　指脆熟期末 100g 鲜枣果肉含维生素 C 的毫克数。以第 1 项中采集的样品为观测对象。样品前处理及具体测定方法依据中华人民共和国国家标准 GB/T 6195—J986 水果、蔬菜维生素 C 含量测定法（2，6-二氯靛酚滴定法）进行枣果维生素 C 含量的测定。单位为 10^2 mg/g，保留小数点后两位数字。

35. 鲜枣可食率　指脆熟期末 100g 鲜枣果实所含果肉的克数。以第 1 项中采集的样品为观测对象。先称量 30～50 个枣果的全部重量，然后削除果肉部分，再称枣核重量，最后按以下公式计算鲜枣可食率。至少重复 3 次，取平均值。以%表示，精确到 0.01%。

$$E=W_1-W_2/W_1\times100\%$$

式中：E——可食率

W_1——果实重量

W_2——核重量

36. 干枣可溶性糖含量　指 100g 干枣果肉所含可溶性糖的克数。完熟期鲜枣经过自然晒干，果皮表现明显失水、呈微皱状时，随机选取干枣 1kg，将果肉切碎、混匀后，称取 250g，精确到 0.1g，放入加适量蒸馏水的高速组织捣碎机或匀浆机捣碎，用两层纱布挤出匀浆汁液测定。具体测定方法同第 32 项。以%表示，精确到 0.01%。

37. 干枣可滴定酸含量　指 100g 干枣果肉所含可滴定酸的克数。参照第 36 项中的方法进行取样和样品的准备，具体测定方法同第 33 项。以%表示，精确到 0.01%。

38. 干枣维生素 C 含量　指 100g 干枣果肉所含维生素 C 的毫

克数。参照第36项中的方法进行取样和样品的准备，具体测定方法同第34项。单位为10^2mg/g，保留小数点后两位数字。

39. 制干率 指完熟期100g鲜枣制干后的克数。在完熟后期，每株样本树采集2kg以上鲜枣，枣果已开始糖化，以果顶塌陷、发亮为标志，称重后自然晒干（勿置于阳光直射处）至果实表面表现为明显失水，果皮呈微皱（含水量25%左右）时称重，按以下公式计算干枣占原鲜枣重量的百分率。以%表示，精确到0.1%。

$$DR = W_4 / W_j \times 100\%$$

式中：DR——鲜枣制干率

W_4——制干枣重

W_j——鲜枣重

40. 干枣可食率 指100g干枣果实所含果肉的克数。参照第36项中方法取样和制干处理，称量枣果全部重量，然后削除果肉部分，再称枣核重量，最后按第35项中公式计算干枣可食率，取平均值。以%表示，精确到0.01%。

41. 鲜枣耐贮性 指鲜枣在一定贮藏条件下和一定期限内保持新鲜状态及原有品质不发生明显劣变的特性。鲜枣耐贮性适宜鲜食或干鲜兼用品种的观察测定。不同品种、不同贮藏条件对鲜枣耐贮性有明显影响，有条件时，要分项、分次地测定其耐贮性能。另外，气候、土壤等环境条件、栽培技术及肥水状况等对鲜枣耐贮性也有一定影响。

鲜枣耐贮性可以通过以下贮藏试验来评价。

贮藏条件：温度保持－1～0℃的普通冷库。

贮藏方法：在果实脆熟期，采集半红果实，带果梗，不可有机械损伤，轻采轻放。入冷库贮存前先经预冷阶段，再装入打孔的保鲜用塑膜袋内。每个塑膜袋装2kg左右鲜枣，设3个以上重复。

数据采集：贮藏后观察枣果的褐变、霉烂状况，统计好果数量。好果的标准为无褐变、霉烂，果梗微绿无明显皱缩现象，枣果口感品尝新鲜、酥脆、无酒精、异味产生，贮后30d左右开始调查统计好果率，当好果率降到 90%时，记录已贮存的天数。按以下公式计算好果率。

$$R=W/W_0\times100\%$$

式中：R——好果率

W_0——入库时鲜枣重量

W——贮后鲜枣的好果重量

根据好果率降到 90%时的贮存天数，按照下列标准评价种质鲜枣的耐贮性。

3　不耐贮（好果率 90%时的贮存天数<60d）

5　较耐贮（60d≤好果率 90%时的贮存天数<90d）

7　耐贮（好果率 90%时的贮存天数≥90d）

四、抗逆性

1. 抗裂果性　指枣果遇雨时忍耐或抵抗裂果的能力。在果实脆熟期。以处于半红至全红的枣果为观测对象。以田间自然裂果状况为主要鉴定方法。在 8～9 月果实脆熟期连续降雨后 1～2d 进行。随机选取半红至全红状态的枣果 100 个以上，调查统计裂果果数，计算裂果率。

根据观测结果和下列标准，确定种质的抗裂果性能。

1　极抗裂（裂果率<30）

3　抗裂（30≤裂果率<50）

5　中等（50≤裂果率<70）

7　易裂（70≤裂果率<90）

9　极易裂（裂果率≥90）

同时要结合试验室清水诱裂鉴定方法综合判定种质的抗裂果性能。试验室清水诱裂鉴定方法为：选取处于半红至全红状态的枣果 100 个以上，立即放入盛清水的玻璃容器内，然后在室温条件下放置 48h，然后调查其裂口和裂果果数，确定裂果级别，计算裂果指数。

按照下列标准确定其裂果级别。

裂果级别（i）	裂口数（Ti，条）
0	0
1	1
2	2
3	3
4	4
5	≥5

根据裂果级别，按以下公式计算裂果指数。

$$CI = (\sum Ti \times i)/5n$$

式中：CI——裂果指数

i——裂果级别

Ti——表示裂果级别为 i 的果数

n——为调查总果数。

根据试验室清水诱裂鉴定结果确定种质的抗裂果性能。按照下列标准，种质的抗裂果性能分 5 个等级。

1　极抗裂（裂果指数＜0.20）

3　抗裂（0.20≤裂果指数＜0.40）

5　中等（0.40≤裂果指数＜0.60）

7　易裂（0.60≤裂果指数＜0.80）

9　极易裂（裂果指数≥0.80）

由于裂果受多种因素的影响，更为准确的做法是尝试诸如枣果果皮的细胞组织学鉴定及压力室法鉴定等多种技术方法进行抗裂性能鉴定，以相互验证其结果的可靠性，以便准确判断枣果抗裂性。

2. 耐旱性（参考方法）　指枣树忍耐或抵抗干旱的能力。枣树的耐旱性通过以下模拟试验来评价。

试验时期：春季枣树萌芽前开始。

试验方法：将上年假植在钵物内已度过缓苗期的苗木带土移栽到有防雨设施的网室内，在水泥苗床里进行正常的栽培管理，苗木数量在 50 株以上。当苗木萌芽生长到 20cm 左右的枣头时停止浇水，使枣苗的根际部位处于干旱缺水状态。

数据采集：停止浇水后 1 个月时调查枣树叶片萎蔫状况，并测定同期水泥池内枣树根际部位的土壤相对含水量，以反映土壤的干旱程度，并根据叶片萎蔫状况进行分级。

级别	萎蔫状况
0	全部叶片正常生长
1	20%的叶片受害
2	20%～30%的叶片受害
3	30%～40%的叶片受害
4	40%～50%的叶片受害
5	50%以上的叶片受害

按以下公式计算受害指数。

$$PI = \sum (x_i n_i)/XN \times 100$$

式中：PI——受害指数

x_i——代表级值

n_i——该级值受害株数

X——最高级值

N——总株数

按照下列标准，种质的耐旱性划分 5 个等级。

1　强（受害指数<15.0）

3　较强（15.0≤受害指数<30.0）

5　中等（30.0≤受害指数<60.0）

7　较弱（60.0≤受害指数<80.0）

9　弱（受害指数≥80.0）

耐旱性的鉴定方法尚有束缚水含量、脯氨酸含量测定及蒸腾速率、气孔阻力等生理指标鉴定方法。应多种方法测定，以相互验证结果的可靠性和实用性。

五、抗病虫性

1. 枣疯病抗性　指枣树植株对枣疯病的抗性强弱。枣疯病是我国北方枣区最主要的病害，对生产威胁极大。不同种质抗枣疯病的能力有一定差异。因此，鉴定种质资源的抗枣疯病性能有重要的意义。

枣树的抗枣疯病能力可以通过以下接种试验来评价。

接种时间：6 月下旬。

试验方法：选择正常生长的枣树苗木隔离栽植，每个品种资源至少选取 20 株，取当年发病树的树皮嫁接在正常供试品种的植株上。另一种方法是将正常生长发育的供试品种接穗，于 4～5 月嫁接于枣疯病株上。

数据采集：在嫁接第二年的 6、7 月调查其发病株数，以发病株率表示其抗枣疯病的能力。发病症状表现为花叶、花变叶、丛枝等 3 种类型。

发病率计算公式为：

$$D=n/N\times 100\%$$

式中：D——发病率

n——发病株数

N——调查总株数

按照下列标准，种质的抗枣疯病能力分为 5 个等级。

1　高抗（HR）（发病率＜20.0%）

3　抗病（R）（20.0%≤发病率＜40.0%）

5　中抗（MR）（40.0%≤发病率＜60.0%）

7　感病（S）（60.0%≤发病率＜80.0%）

9　高感（HS）（发病率≥80.0%）

2. 缩果病抗性（参考方法）　指枣果对缩果病的抗性强弱。枣缩果病又名铁皮病、褐腐病、黑腐病，是目前枣树上最主要的果实病害。该病在我国传统红枣主产区均有大面积发生，对红枣生产造成了极大影响。

枣树抗缩果病能力可以通过以下接种试验来评价。

病原菌的培养制备：取已在培养基上培养 7～10d 的菌丝、分生孢子，用蒸馏水稀释成水悬浮液后备用。

选取材料的接种：7 月上旬枣果生理落果期后选取生长势一致

的结果树 3 株，每株树选树冠外围正常生长发育的枣果 50 个以上，至少设 3 次重复。然后用装有孢子悬浮液的喷雾器喷布选取的枣果，进行接种，喷至果面湿润滴液为止。接种后套袋。

调查结果及数据处理：在 8 月中旬至 9 月上旬发病期调查枣果的发病状况，同时要观察田间自然发病状况。发病症状为：初期在果肩部或腰部出现淡黄色斑点，进而呈淡黄色水渍状斑块，后期病斑呈暗红色失去光泽，病果果肉由淡绿转为土黄色，果肉组织萎缩松软，呈海绵状坏死，最后枣果的果柄处形成离层而脱落，病果萎缩、味苦。根据发病状况进行分级，具体分级标准如下。

分级	发病状况
0	无病成
1	1 块病斑
2	2 块病斑
3	3 块病斑
4	3 块以上病斑

感病指数的计算公式为：

$$DI = \sum (x_i 5_i) / XS \times 100$$

式中：DI——感病指数

x_i——发病果数

5_i——代表级数

X——总果数

S——最高级代表数值

i——病情级别

按照下列标准，种质抗缩果病能力分 5 个级别。

1　高抗（HR）（感病指数＜5）

3　抗病（R）（5≤感病指数＜10）

5　中抗（MR）（10≤感病指数＜30）

7　感病（S）（30≤感病指数＜50）

9　高感（HS）（感病指数≥50）

六、其他特征特性

1. 根蘖萌发率 指种质根系上的隐芽萌发直接形成幼苗或植株的能力。枣树根蘖萌发形成植株的能力非常强，在生产中利用根蘖是一种古老而传统的苗木繁育方式，枣根蘖萌发能力是枣树根系的重要特点。

枣树根蘖萌发能力通过萌发率试验进行评价鉴定。在4～5月采集种质根系30根，粗度1cm，长度20cm。植入营养钵或露地条件下埋入土中，要求土质沙壤、肥力中等、保持适宜的土壤水分。2个月后调查根蘖萌发形成幼苗的数量，然后按下列公式计算根蘖萌发率。以%表示，精确到0.1%。

$$P=n/N\times100\%$$

式中：P——萌发率

n——幼苗数

N——根蘖数

同时结合生产中枣树根蘖发生状况综合判断根蘖萌发能力的强弱。

2. 果实用途 指能够发挥枣果最大商业价值和食用价值的利用方式。通过感观分析、市场调查和文献查阅相结合，了解相应种质的利用价值和食用方式。

枣果实用途分5类。

1 鲜食

2 制干

3 鲜食制干兼用

4 蜜枣

5 观赏

上述没有列出的其他果实用途类型，需要给予具体的描述和说明。

3. 花粉形态 指枣种质花粉的形状、极面观、外壁纹饰、孔沟、萌发孔、萌发沟等特征表现。采用细胞学方法对枣种质花粉的形状、极面观、外壁纹饰、孔沟、萌发孔、萌发沟等特征进行鉴定。如近圆形，凸三角形，中央区饱满，萌发孔凸出、有沟桥，脊不流畅、粗糙、小沟、小穴，极面观长球形等。

4. 核型　指表示染色体的数目、大小、形态和结构特征的公式。采用细胞学、遗传学方法对染色体的数目、大小、形态和结构进行鉴定。以核型公式表示。

5. 指纹图谱与分子标记　指枣种质指纹图谱和重要性状的分子标记类型及其特征参数。对进行过指纹图谱分析或重要性状分子标记的枣种质，记录指纹图谱或分子标记的方法，并注明所用引物、特征带的分子大小或序列以及所标记的性状和连锁距离。

6. 备注　枣种质特殊描述符或特殊代码的具体说明。

第三章　枣的良种繁育技术

第一节　嫁接苗的繁育技术

一、苗圃地的选择与规划

（一）苗圃地的选择

苗圃地的选择应根据当地具体情况，因地制宜。在选择苗圃地时，应注意以下事项。

1. 位置选择　一是苗圃地最好选在苗木需求量多的地方，以减少苗木运输费用和运输途中的损失，同时所生产苗木对当地环境条件适应性强，栽植成活率高，生长发育良好。二是要选择在交通便利的地方，便于运输苗木和生产物资。三是应选择在有电力保障的地方。四是选择在靠近村镇的地方，以便解决劳动力。五是苗圃尽可能靠近相关的科研单位和院校，获得先进的技术指导和获取健康纯正的优良品种和砧木种源，有利于信息收集和苗木销售。六是苗圃要远离污染源，附近不能有排放大量煤烟、有毒气体和废料的工厂等。

2. 地势要求　应选择在排水良好，地势较高，地形平坦的开阔地，既宜灌水又宜排水。平地苗圃地下水位宜在1.0～1.5m以下，一年中水位升降变化不大。地下水位较高（在1.0m以上）的低地、低洼盆地、苗木易受冻害的冷空气汇集地（风口、峡谷等）均不宜用作苗圃地。

3. 土壤要求　土壤条件的优劣直接影响苗木的产量和质量。

选择圃地土壤前应事先进行土壤调查，土壤调查的内容主要有土壤的理化性质、肥力、酸碱度等，详尽的土壤调查有助于选择最适宜的土壤。

圃地对土壤要求较严，一般以理化性质好的沙壤土、壤土为好，有利于土壤微生物的活动和根系的生长，而且起苗省工，伤根少。黏重土、沙土、盐碱土都必须先进行土壤改良，分别掺沙、掺土，再施用适量有机肥，然后育苗。

苗圃地应选择肥力中等的土壤，所生产的苗木健壮、抗逆性强、苗木生产量高。若肥力过高，易造成苗木晚长、徒长，新梢停止生长晚，组织不充实，容易遭受冻害。因此在苗木生长后期应注意促进枝梢生长充实，以提高栽植成活率。土壤的酸碱度对苗木的生长有明显的影响，pH 过高或过低均不利于苗木生长。枣抗盐碱的能力强，对土壤中 pH 适应性广。据研究表明，枣在地表 20cm 内全盐含量为 1.0%左右的土壤上，枣生长发育受到严重影响，新栽苗木成活率低，树势弱，新稍枝条少且有死亡现象。在地表 20cm 以内全盐含量达 0.3%左右的土壤上，新栽苗木成活率高，树势旺。因此作为培育苗木的圃地应选择地表 20cm 以内全盐含量达 0.3%以下的土壤。

4. 水源要求　苗圃必须具备灌溉条件，在土壤水分适宜的条件下，才能培育出生长健壮、根系发达的苗木，苗圃如果没有足够水源，不仅不能培育健康的苗木，而且还会延长育苗年限，因此要将苗圃设在水源充足、灌溉方便、排水良好的地方。此外，还应注意水质，勿用危害苗木生长的污水灌溉。

5. 其他条件　苗圃地应选在无病虫害和鸟兽害的地方，曾发生过苗木病虫害的土地应尽量避开。尽量避免选用重茬地以及各种老果园、林地、苗圃地等。苗圃地还应避开可能传染病害的树木及病虫害的中间寄主树木。

（二）苗圃的规划

培育和生产品种纯正、砧木适宜生长健壮、无检疫对象或病毒病的优质苗木，应规划并建立不同级别的专业苗圃。

苗圃地规划应依照以下条件进行。

1. 苗圃地包括优种采穗圃和苗木繁殖圃，面积比例为1∶10。

2. 非生产用地一般占苗圃总面积的15%～20%。科学设置道路，房舍，排灌系统等设施，要求便于操作管理和使用，节省开支，节约圃地。

（1）道路要结合苗圃划区进行设置。干路为苗圃与外部联系的主要通道，大型苗圃干路宽约6m。支路可结合大区划分进行设置，一般路宽4m。大区内可根据需要分成若干小区，小区间可设小路。

（2）排灌系统结合地形及道路统一规划设置，以节约用地。苗圃的排灌系统应做到旱能灌、涝能排。常用的灌溉有地面灌溉（包括漫灌、畦灌、沟灌）、喷灌、滴灌等。常见的排水方法有明沟排水、暗沟排水等。沟渠比降不宜过大，以减少冲刷，通常不超过0.1%。

（3）苗圃地周围还要设置防护林，防护林占地面积要不小于园地面积的14%，应采用紧密不透风林带结构，主林带宽5～10m，栽植5～10行树，林带间距一般为15～20倍树高。主林带应与当地主风方向垂直，为了增加防护效果，还可与主林带方向垂直设置副林带。低洼盐碱区苗圃，林带可采用疏透结构或紧密结构，宽4～8m，栽4～6行树。防护林带树种的配置要选择对当地环境条件适应性强，树体高大，生长迅速，与枣树无共同病虫害的树种或乡土树种，如：胡杨、新疆杨、沙枣树等树种。

（4）应选择位置适中，交通便利的地方建设办公室、宿舍、食堂、农具室、种子储藏室、化肥农药室、车库等。

3. 对按规划设计出的小区、苗床进行统一编号，对小区内、苗床内的品种进行登记建档，使各类苗木准确无误。

二、砧木苗的培育

（一）砧木苗的类型

1. 野生酸枣砧木　酸枣砧木就是利用酸枣种仁育成的作嫁接砧木用的实生苗。采取酸枣实生苗作砧木，嫁接成的枣苗木，生长健壮、主根发达、抗逆性好，但存在须根少，栽植时相对成活率低，栽植结果后枣果品质、产量逐年下降的缺陷。由于利用酸枣种仁培育砧木出苗整齐，繁育容易、成本低、方法简便、好掌握。因此，生产繁育嫁接苗，普遍采用酸枣实生苗作砧木。

2. 栽培枣砧木　又叫本砧，是利用成龄枣树根系分生出来的根蘖苗，通过归圃培育而成的根蘖归圃苗，作为嫁接用砧木。采用归圃苗作砧木嫁接成的枣苗木，根系发达、移栽时成活率高，栽植结果后能保持枣的优良性状，但由于根蘖苗资源有限、收集成本高、投资大、外地调运根蘖归圃育苗成活率低。归圃砧木苗生产上受地域限制。

（二）酸枣种仁的选择与活力鉴定

1. 酸枣种仁的选择　播种的种仁应选择当年的新鲜种子，若选用隔年的种仁或从外地调入的种子，应在播种前进行种仁的活力鉴定。

2. 酸枣种仁的活力鉴定　酸枣种仁的活力鉴定主要是为了探明酸枣种仁的质量，了解酸枣种仁发芽率，确定适宜的播种量。目前，在生产上常用的鉴定方法有两种：直观判定法、发芽试验法。

（1）直观判定法。根据酸枣种仁的选择标准和经验，直接观察种子的外部形态，从而判断种仁的活力，推断种子的发芽率。质量好的种仁，纯净无杂质、无破损、种皮新鲜有光泽，籽粒饱满、大小均匀、千粒重大、无霉味、无病虫害；质量不好的种仁，种仁发黄破缩、颜色发暗无光泽、缺乏弹性，受压易碎。

（2）发芽试验法。生产中最常用的方法，就是随机从种仁间抽一定量的种子，放在盛沙的花盆内，用塑料布将盆口封严，保持20℃以上温度，并注意及时补充水分，保持一定的湿度，促其萌发。然后根据实际发芽数量，计算发芽百分率。有条件的可取一定的种仁，放入培养皿内，置于25℃左右的恒温箱中，使萌发发芽，并根据种子实际发芽数量，计算发芽百分率，从而判断酸枣种仁的生活力。一般生产上用的酸枣种仁要求发芽率在85%以上。此法多用于大批量购买种子者，方法简便易行，保险可靠。

（三）酸枣种仁的处理

1. 冷水处理 播种前，将种仁放在冷水浸泡24h，使其充分吸水，中间换水一次，并用木棍或手进行搅拌，去掉浮在水面上的不饱满的种仁，取出沉于水底的饱满的种仁即可播种。

2. 温水处理 播种时，先将种仁放入60～70℃的热水中浸泡12h，然后换水用冷水再浸泡12h，并进行搅拌，去除杂质和不饱满的种仁，取出沉于水底的饱满的种仁，晾干后即可播种。

（四）种子的播种

1. 播种时间 地温上升到10℃以上时开始播种，即4月中旬至5月上旬。

2. 播种方法 覆膜机播或人工点播。播种深度种仁1～2cm，播后均匀覆土。

3. 播种量 播种密度若是人工播种，则宜采用宽窄行，宽行行距70cm，窄行行距30cm，株距8～12cm，酸枣仁播种量6kg/hm^2，每穴2～3粒。育苗量160 000～200 000株/hm^2；若是采取机播，使窄行距为15～20cm，宽行距40cm，垄行60cm，株距8～10cm，播种量15～20kg/hm^2，亩播穴数约2万个。每穴种子数1～3粒。施用薄膜宽度为140cm，单垄作业4行，育苗量200 000～300 000株/hm^2。

（五）砧木苗的管理

1. 防治杂草 播种前，地面喷施芽前除草剂，如二甲戊灵等，喷洒要均匀，喷后立即播种覆膜，可有效控制杂草。

2. 检查出苗 播种1周后，要及时检查出苗情况，并随时破膜放苗。

3. 间苗补苗 苗高长到10cm时定苗，每穴保留1株壮苗，间除其余幼苗，若有缺苗，应就近将间除的壮苗带土移栽补苗，及时补浇移苗水，并采取遮阴措施，移苗1周后第2次检查补苗。

4. 幼苗断根 苗高20cm时，用利铲从幼苗一侧距苗干基部10cm处向下斜插，切断地面下10～15cm处的直根，促进侧根生长。

5. 及时压（除）草　幼苗生长期，在长草部位的地膜上及时压土，可有效防治杂草为害，对行间（畦间）或埂上杂草进行人工清除。

6. 追肥灌水　当砧木苗长到15～20cm（7月中旬）开始追肥。在砧木苗的整个生长期，一般追肥1～2次，每次追肥量以300kg/hm^{2}尿素为宜，间隔10～15d追施1次。同时结合害虫防治进行叶面喷肥，一般喷施0.2%～0.3%的尿素与磷酸二氢钾的混合液。此外，在砧木苗生长期，根据苗圃墒情及时浇水，浇水要与追肥相结合。在实际生产上。常采用膜下滴管，水肥一体施用。

7. 摘心　苗高30cm时，清除砧木苗基部分枝；苗高40～50cm时，对砧木苗摘心，以促进砧木加粗生长，以利于嫁接。

8. 其他管理　在砧木苗生长期，要依据虫情测报，做好害虫的防治。虫害主要有红蜘蛛、枣壁虱、枣瘿蚊等。同时要加强苗木的越冬管理，以防苗木发生冻害。

三、接穗的准备与处理

（一）嫁接枣品种的接穗采集

1. 接穗的选择　嫁接枣品种的接穗要在生长健壮，无病虫危害的植株上采集，接穗要选择在1年生枣头中上部生长充实、芽眼饱满的枝条上采集。如果穗源充足，可全部选用枣头一次枝作接穗，如果穗源不充足，也可选择生长充实的二次枝作接穗。

2. 接穗的采集时间　枝接所用接穗，在落叶后到封冻前或解冻后至发芽前两个时段均可采集。若在新疆枣区，采集时间以3月下旬至4月中旬为宜，若在疆外枣区采集接穗应在11月上旬至12月上旬或3月上旬至4月两个时段为佳。

接穗枝条采集后要及时进行剪截，不宜在露天久放，以防蒸发失水。接穗宜采用单芽，一般长4～6cm，接穗枝径应在0.5～1.0cm、在接穗芽眼以上1.0cm处剪断，剪口要力求平滑，接穗要求边剪边处理，以防脱水，影响成活。

3. 采集接穗注意事项　一是品种纯度问题。采集接穗前要考察采集接穗的枣林，并对非采集接穗的品种枣树进行标记，避免采错，以保证采集接穗的纯度。二是接穗质量问题。要采集当年新生枝条的一次枝作为接穗，枝条要健壮，芽眼要饱满。三是接穗无病虫危害。接穗禁止在发病的枣树上采集，尤其是枣疯病病株更不能采集接穗，病虫危害的枝条也不宜作为接穗。四是接穗采集的时间问题。新疆枣区冬季气温较低，枣树易发生冻害，采集接穗多与冬剪结合进行。在南疆，一般在 3 月下旬至 4 月中旬为好，如果接穗采集过早，树液未开始流动，枝条大多受到不同程度的冻害，影响嫁接成活率。

（二）接穗采集后的处理

1. 接穗的蜡封处理 为使接穗贮藏期间和嫁接成活前不失水，需对接穗作蜡封处理。蜡封前将接穗剪成单芽茎段，把石蜡或将石蜡与猪油按 1：（0.05～0.1）的比例放入铁锅或铝锅内加热融化，使蜡温保持在 100～120℃。接穗蜡封时，首先将接穗均匀放入木笊篱中，然后在加热融化的石蜡液里速蘸一下，迅速倒在地上冷却。冷却一般需 24～48h，才能装袋存放。

2. 接穗的贮存 蜡封的接穗待完全冷却后，可分品种每 50～100 枝一捆或散装放入透气的编织袋中，并存放入地窖内贮存备用。一般可保存 2～3 个月，如果有条件的地方，可放入冷库，效果更好，冷库最适宜温度为 0～5℃。

3. 接穗蜡封时要注意 一是蜡的温度。接穗蜡封时一般温度控制在 100～120℃，若温度过高，接穗易烫伤；温度过低，蜡封时蜡层易厚，冷却后蜡层容易脱落，造成接穗失水，从而影响嫁接成活率。二是蘸蜡时间。接穗在热蜡中的停留时间为 1～2s，要速蘸速出，不易停留时间过长，以免造成接穗烫伤。三是冷却时间：接穗蜡封后，应及时摊到地上冷却散热，接穗的厚度以接穗不堆压为准，散热时间不低于 24h，待接穗完全冷却后方可装袋贮存。

四、砧木苗的嫁接

从树液流动时开始，是枣树嫁接的时期，一般在 4 月初至 5 月中旬进行，长达 50d 左右。砧木苗的嫁接易早不易晚，及早进行嫁接，当年嫁接苗生育期长，苗木生长壮，质量好。嫁接期晚，虽然对成活没有影响，但当年嫁接苗生育期短，木质化程度低，质量差，冬季抗冻能力低。

嫁接砧木要求地径 0.4～1.0cm 为宜，以 0.8～1.0cm 为最好。砧木地径在 0.4cm 以下的嫁接部位应下移，多在地面以下根颈部位嫁接。嫁接前，园地要先浇水，并清除地面的地膜、杂草、枯叶等。将砧木保留 5～7cm 后剪去砧梢。嫁接时，接穗的粗细要与砧木的粗细相适应，粗砧木选用粗接穗，细砧木选用细接穗。嫁接部位应靠近地面，一般以在离地面 2～3cm 左右为宜。

苗木的嫁接，在生产上常用嫁接方法有劈接、插皮接和舌接三种。插皮接又称皮下接。

劈接。嫁接最常用的方法。劈接工具有嫁接刀和修枝剪。在实际操作中，常常用修枝剪替代嫁接刀削接穗（图 3.1）。

嫁接时，首先把接穗下端削成长 3cm 左右的楔形，削面要平整，然后在砧木地上部位 3～4cm 左右处，选平直部位剪截，剪口削平，再从剪口的半部，用剪刀顺纹向下劈一长 3～4cm 的裂缝，接着把剪好的接穗，快速插入砧木裂缝内。要求使砧木和接穗的形成层对齐，接穗的削面露出 0.3～0.4cm，以利伤口愈合，最后用长 10～15cm、宽 2.0～2.5cm 的拉力较好的塑料布条把接口绑紧，嫁接即完成。

图 3.1　劈接

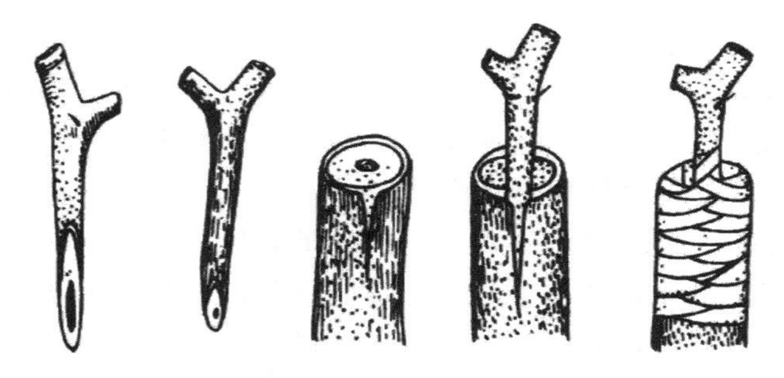

图 3.2　插皮接

插皮接。嫁接时，在接穗下端主芽的背面，用剪刀剪一长 3～4cm 的马耳形直切面，在切面背面削 0.4cm 长的小切面，并将大切面两侧宽 0.1cm 左右的表皮削去。接穗削好后，在砧木平直光滑部位剪截，削平剪口，在迎风面从切口向下用力切一长 3cm 裂缝，深达木质部。用剪刀尖挑开切缝两面皮层，把接穗大切面慢慢插入砧木裂缝中，使接穗削面外露 0.3cm 左右，以利愈合，最后将接口用塑料布条捆紧即可（图 3.2）。

舌接。嫁接时先将砧木剪断，然后用刀削一个马耳形的斜面，斜面长 5～6cm。在斜面上端 1/3 处垂直向下切一刀，深约 2cm。尔后切削接穗，将接穗在下端削一个和砧木相同的马耳形斜面，斜面长也为 5～6cm 再在斜面上端 1/3 处垂直向下切一刀，深约2cm。然后将砧木和接穗斜面对齐，由上往下移动，使砧木的舌状部分插人接穗中，同时接穗的舌状部分插入砧木中，由 1/3 处移动到 1/2 处，使双方削面互相贴合，而双方小舌互相插入，加大了接触面。最后用宽约 2cm、长 30～40cm 的塑料条将砧木和接穗捆紧，即完成嫁接（图 3.3）。

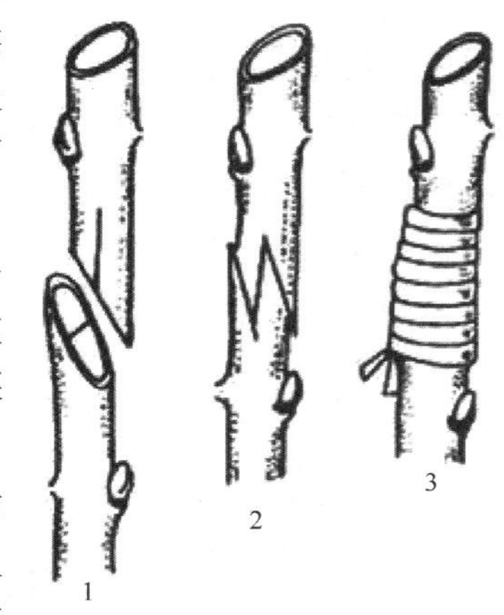

图 3.3　舌接

苗木嫁接时注意事项：一是注意接穗和砧木的粗度要基本一致，粗砧木选用粗接穗，细砧木选用细接穗。二是嫁接时做到“四要”，即嫁接刀要锋利，削接面要平滑，操作要快，绑扎要细致、严密。三是注意形成层对齐形成层，即接穗的形成层要与砧木形成层对齐。

五、嫁接苗的管理

抹芽：枣苗嫁接7～10d后，砧木将首先萌发，此时，应及时做好砧木的抹芽，也就是将砧木上萌发的枣芽不定期的除去，以利于砧木养分的集中供应，促进接口愈合和接穗的生长。一般抹芽3～4次，要抹早、抹小、抹净。同时，抹芽时注意不要碰动接穗，以免影响成活。

补接：嫁接后15～20d或芽眼破裂或枣芽刚刚萌动时，检查验收嫁接的成活率，对于嫁接成活率低于80%的地块或条田中没有接活的苗木要及时重新补接。

浇水：当嫁接苗长到5～10cm左右时，可根据园地的墒情及时浇水。

施肥：当苗高达到20～30cm左右时，（6月中下旬至7月上旬）开始追肥，前期追肥以氮肥为主，每亩可追施尿素20～30kg，分1～2次追施。后期追施P、K肥，每次每亩10～15kg左右，追施1～2次。注意施肥要与浇水相结合。

除草：苗木嫁接后要及时中耕除草，一般园地除草多采用化学除草和人工除草相结合的办法来控制杂草危害。若采用化学除草必须要先进行小面积的药效试验或在技术人员的指导下进行，以免发生药害。同时，也可结合松土铲除杂草，松土时要做到细致、全面、不伤苗、不压苗。

摘心：当嫁接苗长到80～100cm左右时，要及时摘心，也就是将嫁接苗的头（生长点）抹净，以促使枣苗的加粗生长和提高其成熟度。

病虫害防治：枣苗病虫害较少，主要是红蜘蛛、枣瘿蚊和介壳虫等害虫危害。在防治上，可结合虫情测报，及时做好防治工作。

一般采用阿维螺螨酯或阿维乙螨唑防治螨类害虫；噻嗪酮或啶虫毒死婢防治介壳虫；吡虫啉或噻虫嗪防治枣瘿蚊，即可控制害虫的发生。

其他管理：苗木落叶后，要加强枣苗的保护，及时浇好越冬水，以防冻害。同时，注意防兔啃咬，以保证苗木安全越冬。

枣树苗木嫁接成活率国家或地方没有统一的标准，在实际操作中多由嫁接双方协商确定，一般枣树嫁接成活率达到80%以上，即可认定嫁接成功。

第二节　扦插苗的繁育

扦插育苗又称自身繁殖，是利用植物根、茎、芽插入基质、土、沙或者水中进行繁殖，生根后移栽，形成独立的新植株。扦插育苗过程中扦插苗床的选址，插穗的选择、处理，以及幼苗的后期管理都会影响成活率、投入成本及繁育苗的质量。

枣树扦插为分硬枝扦插和嫩枝扦插。硬枝扦插成活率低，很少在生产上应用。嫩枝扦插又称绿枝扦插，其特点是繁殖系数高，苗根发达，种苗纯度高，并保持原有品种的特性，近年来发展很快。

一、大棚的建造

近年来，小拱棚嫩枝扦插在枣树上应用的效果很好。从试验结果看，利用小拱棚嫩枝扦插，大棚不如小棚，高棚不如低棚，揭棚喷水不如封闭喷水。

设施建造凡院内背风向阳、排水良好、水源充足的空闲地均可设棚。棚高30～40cm，棚内设床，床宽1.2～2.4m，深25～30cm，床长根据需要而定。床底铺干净的河沙，厚15～20cm，床面横插拱形钢筋架若干根，其间隔30～40cm，架上盖以塑料薄膜，两侧用砖压紧。棚与棚之间的距离为80～100cm，棚间设宽30cm，略低于路面的排水沟1条，以便排水。

每个棚内通入直径2～4cm的塑料管1～2条，并悬挂在拱形架上，管上每隔 30cm 装喷水嘴 1 个，用自来水或动力水泵的压力喷水，喷水时不需揭膜。

二、插条的选取与处理

（一）插床准备

5 月下旬至 8 月下旬都可进行扦插，只要插床基质维持在日均温 19～30℃均能成功。插床建在保湿、散热性能好的温室、塑料大棚或小拱棚内，（苗床应选择背风、排灌方便、地势平坦、光照充足的地方。床面应铺上经过消毒处理的扦插基质）。要求排水良好、土壤和水质呈中性或微酸性，床面用 800 倍多菌灵和 0.2%辛硫磷杀菌灭虫，上面铺 15cm 厚的细沙和煤渣灰（按 1∶1 的比例掺和），用 0.2%高锰酸钾水溶液喷淋消毒，堆置 2h 后再用水淋洗 1 遍。

（二）插穗处理

选取当年生分生能力强的半木质化枣头的一次枝、二次枝均可，上端平剪，下端斜剪。将采集的优质半木质化嫩枝剪成长 15～20cm 的插穗，每插穗保留 3～4 个叶片，保护好上部存留的叶片，插穗以中、基部的半木质枝条为好，将插穗每 50 根捆成一捆备用。然后，把剪好的插穗在营养液中浸泡 3h，再用100mg/kg 的生根粉 ABT6 浸 12h，以备扦插。

（三）扦插

一般在 6 月中旬至 8 月上旬扦插育苗。按 6cm×8cm 的株行距，深 2～3cm 打孔直插，插后压紧插穗周围的基质，并用喷壶淋透水，将湿度控制在 85%以上，气温控制在 35℃以下，基质温度以 30℃为宜。插后一个月，当多数插穗形成 5～10 条长 3～5cm 以上的发达幼根时，经过炼苗，在阴天或傍晚进行移栽，第二年即可培育出健壮枣苗。

三、扦插苗的管理

小拱棚扦插育苗：及时喷水是控温保湿的有效措施。扦插生根期间保持基质湿润，使空气相对湿度保持在 90%以上，最高气温在32℃以下，同时注意病虫害的防治。温度可适当降温：一是用苇帘铺在棚上，降低温度；二是封闭喷水降温，增加喷水次数和喷水量；三是小拱棚膜外喷淋水降温。晴天、温度过高或风天多喷，阴雨天少喷或不喷。插条插入苗床后一般每天喷3～4次水，生根后酌减喷水次数，但要增加喷水量。一般情况下，只要保证枣叶片不萎蔫即可。插穗生根期间应遮阴，以透光20%～30%为宜，阴雨天可适当增加光照，9月下旬以后天气转凉可将遮阴帘去掉，使之处于全光条件下。一般一次枝生根率90%，二次枝生根率70%。成活并经过一段时间的炼苗后，可选择在阴天或傍晚移栽，继而培育出健壮枣苗。扦插育苗具有插穗来源广、可保持枣树原有优良性状、繁育周期短、管理方便等优点。

第三节　组培苗的繁育

采用植物体的器官、组织或细胞，通过无菌操作接种于人工配制的培养基上，在一定的温度和光照条件下，使之生长发育成完整的方法，成为组织培养。

一、外植体材料的采集

枣树组织培养所用外植体包括冬季、春季休眠芽、春季室外萌发的嫩枝及培养室内根蘖培芽等。

二、启动培养

将枣树水培芽在0.1%的氯化汞溶液中灭菌2～3min，接种到MS+BA0.5mg/L+NAA0.1mg/L（单位下同）的培养基上进行初始培养，诱导不定芽的萌发。初始培养每升培养基加糖30g，pH 6.2，培养温度（25±2)℃，光强1 500～2 000lx。新芽萌发之后，将其转接到MS+BA4+KT2+NAA0.1+IBA0.05+LH100的培养基中进行培养，7～8周后出现分化，进行正常的继代繁殖。

三、继代培养

将已分化的苗木每4周左右转接1次进行继代繁殖，继代繁殖培养基MS＋BA4＋KT2＋NAA0.1＋IBA0.05＋LH100＋糖30g，pH 6.2，培养温度（25±2）℃，光强1 500～2 000lx，光照时间10～12h。

四、生根

剪取继代生长30d左右，苗基部半木质化的枣树试管苗，长3～4cm，转接1/2MS＋IBA0.5＋IAA1＋NAA1＋糖25g的生根培养基中，pH6.2，培养温度26～28℃，光强1 200～1 300lx，光照时间10～12h。

五、移栽

1. 试管炼苗　将已生根的试管苗拿出培养室在18℃以上的常温下（前4d封口，后3d敞口）炼苗7d，7d后移栽。

2. 试管苗移栽　将炼好苗的已生根试管苗移栽到营养杯中，基质以腐叶土、细河沙、蛭石为基本成分，按3∶1∶1的比例混合装杯，浇透水后放温室中正常管理。

3. 温湿度控制　控制温度最低不低于18℃，最高不高于35℃。湿度前1周控制在85%～95%，1周后正常管理。

4. 营养杯炼苗　将在营养杯中生长30d的试管苗移出温室进行全光照炼苗7d，及时浇水，然后移栽大田。

第四节　苗木的出圃与贮运

一、苗木的出圃

苗木的出圃是育苗的最后一步。出圃准备工作和出圃技术直接影响苗木的质量、定植成活率及幼树的生长。

（一）起苗前准备

1. 苗木调查 为了掌握苗木的种类、数量和质量，对苗木种类、品种、各级苗木数量等进行核对和调查。一般在苗木出圃前进行。

（1）划分调查区。根据培育的树种、苗龄、育苗方式、繁殖方法、密度和生长情况划分不同的调查区。在同一调查区内，树种、育苗方式、繁殖方法、繁殖密度、生长情况等应基本一致。

（2）测量面积。在同一调查区域内，测量各苗床面积，计算调查区总面积。

（3）确定样地的大小。取决于苗木密度，一般每个样地应包含20～50株苗木。样地数目确定后，用随机抽取的方法确定要调查的苗床或垄，然后在抽中的苗床或垄上确定样地位置，注意样地分布要均匀。

（4）苗木调查。先统计样地内苗木株数，得到总株数，再确定需测株数，一般需测60～200株，通常苗木生长整齐，株数可少些，60株即可，生长不太整齐的要测100株以上。抽中测量的苗木，再根据事先制定的调查指标进行测量。

（5）统计分析。将所测的数据汇总，分别根据株数和质量进行统计计算。

（6）做出结论。将上述抽样调查与统计分析结果汇总，根据苗木产量和质量数据与本地区的苗木标准对照比较，评价苗木生产情况。

在苗木调查时，除了按要求调查苗木的质量外，还要调查、核对苗木种类、品种、砧木类型、繁殖方法等。田间调查完成后，对调查资料进行整理并填写苗木情况调查表。

2. 制定苗木出圃计划 根据调查结果及订购枣树苗木情况，制定出圃计划。确定供应单数量、运输方法、装运时间，并与购苗和运输单位联系，及时分级、包装、装运，缩短起运时间，保证苗木质量。

(二) 起苗

在春季或秋季均可进行，秋季起苗于秋季落叶后至土壤封冻前，春季起苗于土壤解冻后至萌芽前进行（3 月中下旬至 4 月上旬）。若条件允许最好是春季起苗，随起随栽，既可减少假植工序，又有较高的栽植成活率。

起苗前一周灌水，使苗木吸收足够的水分，土壤松软，以利于起苗时少伤根系。起苗时要深挖 25cm 以上，铲除主根，尽可能保全侧根，切忌损坏根系。地上部二次枝留 1～2 个芽以后减掉，既便于栽植运输，又有利于成活。要避开大风天气，使用的工具一定要刀刃锋利，要随起随假植，尽量减少苗木根系在外裸露时间，以防风吹日晒损失水分。

二、苗木的分级与检验

(一) 苗木的分级

苗木起出后，要及时拣除有检疫对象的病虫株和没有嫁接成活的砧木苗。并按地径和根系状况进行分级打捆，每捆 50 株或 100 株。分处假植，以备起运。

枣苗的分级标准有国家级标准和省级标准之分。一般省级标准三级以上苗木可进行造林，三级以下苗木不宜用于造林，应重新归圃。但实际栽植时，苗木标准多根据栽植方的实际需求而定。中华人民共和国林专业标准《枣树丰产林》苗木分级标准见下表。

表 3-1　枣树丰产林苗木分级标准

级别	苗高（m）	地径（cm）	根系
一级苗	1.2～1.5	1.2 以上	根系发达，具直径 2mm 以上、长 20cm 以上、侧根 6 条以上
二级苗	1.0～1.2	1.0～1.2	根系较发达，具直径 2mm 以上、长 15cm 以上、侧根 5 条以上

(二) 苗木的检验

苗木质量对枣树进入结果期的早晚影响很大。目前，枣树生产用的苗木多为嫁接苗，在苗木的选择上，一定要把好检疫、检测质量关。检疫的目的是杜绝检疫性病虫害的扩散。

合格苗木应满足以下条件：嫁接部位愈合良好、牢固，苗木通直、充分木质化，根系完整，枝条无冻害抽干，无严重机械损伤，无病虫害。优质枣苗应达到茎干通直，枝条生长充实，苗高100cm以上，粗度1cm以上，主根长度20cm以上，有6条以上长15cm左右的侧根。

三、苗木的包装与运输

苗木挖出后，其根系如果暴露于阳光之下或被风长时间吹袭，会大大降低苗木的质量，不仅降低苗木栽植的成活率，还影响苗木栽植后的生长。为了防止苗木根系在运输期间大量失水，同时也避免碰伤树体，不降低苗木质量，所以在苗木运输时要包装，使枣苗保持新鲜状态，提高栽植成活率，包装整齐的苗木也便于搬运和装卸，包装前应对枣苗根系进行打泥浆处理。包装好后放上标签，标明苗木品种、等级、砧木、数量、苗木质量检验证书编号、产地、单位、出圃日期、收货地点及单位等。包装方式，应视运程远近而定。一般短距离运输苗木只进行简单包装保湿。苗木根部蘸泥浆，装车后用一层草帘等湿润物覆盖，再用塑料布和苫布密封保湿即可。

长距离调运苗木应进行细致包装。包装材料可就地取材，一般以价廉、质轻、坚韧并能吸水保湿，而又不致迅速霉烂、发热、破散者为好，如草帘、草袋等，绑缚材料可用草绳、麻绳等。包装前先将苗木打捆截干、根部沾泥浆，然后再用草帘包根，包裹之后用湿草绳或麻绳捆绑。运输途中要勤检查包装内的温度和湿度，如发现温度过高，要把外包装打开通风，如发现湿度不够，可适当喷水。为了缩短运输时间，最好选用速度快的运输工具。苗木运到目的地后，要立即进行假植，假植后及时浇透水；如因运输时间长，苗木过分失水时，应先将苗木根部在清水中浸泡一昼夜后再行假植，灌透水，待苗子失水恢复后，根部木栓层组织鲜白，苗干皮层组织鲜绿时，即可定植造林。

四、苗木的假植

假植的目的是保持苗木根系和茎干的水分。苗木出圃后不能及时栽植，需要进行假植，以防根系失水，干燥或遭受其他损害，失去生活力。假植就是将苗木根系用湿润的土壤进行临时性的埋植。假植的种类分为临时假植和长期假植。临时假植是起苗后或栽植前进行的假植，也称短期假植；如果秋季起苗，春季栽植，需要越冬的假植，称为越冬假植或长期假植。苗木的假植要遵循挖假植坑、埋苗、浇水、检查四个程序进行。

挖假植坑：假植坑的大小要依据地块的大小和苗木的多少而定，坑深一般在80～100cm深，假植坑不可过浅或过深，过浅苗木无法封埋，埋后也不便浇水。过深起苗时不方便。

埋苗：首先应选在背风、背阴、地势高排水良好的地方，沿假植坑的一边挖沟，沟宽35～40cm，深40cm，然后将苗木成捆斜放于沟内，挖第二道沟时，将第二道沟的沙土放在第一道沟的苗木根部，踏实即可。这样循序渐进，挖沟，放苗，埋土，再放苗，再埋土，一排一排假植。如假植坑内的土过干，应先浇水，待水渗后再假植。

浇水：苗木埋完后，立即浇透水，浇水量以把苗木全部淹没为止。

检查：待水渗完后，及时检查苗木根系是否裸露，如果有裸露的苗木，要重新填土掩埋。

在实际假植时，挖好假植坑后，将苗木沿一边斜放于坑内，待苗木放完后，用水洗沙（不带盐碱的沙土）将苗木全部埋严，然后浇透水，待水渗完后，检查苗木根系是否有裸露，如果有裸露的苗木，要重新填沙土掩埋。一般苗木露出地面10cm左右为宜。以后要根据情况及时浇水。假植的技术要求是要做到“疏排、深埋、实踩”，使土根密接。

第四章　枣园的规划与建立

第一节　园地的选择

一、整地与改良

枣树对土壤的适应能力很强，不论是沙土，壤土或黏土均可栽植。但要实现优质、丰产栽培，通常以沙壤或黏壤土为最好。一般要求土层厚度 80cm 以上、pH 5.5～8.5、氯化盐低于 0.1%、总盐量低于 0.3%的土壤条件。对在沙荒地、盐地或旱薄地上建设枣园时，应先进行土壤整地和改良，再建园。

（一）园地平整

建园前，对于有一定坡度、不平坦的土地，要先进行整地。整地后要求地势平坦，漫灌后受水均匀，坡度差小于 3%。整地多采用机械作业，如：激光平地仪。不仅整地快，且效果好。整地时要依地势将其分割成若干条田。若枣园的灌溉方式计划采取滴灌，且土壤为沙地，无盐碱的枣园，也可有一定的坡度，不必事先进行整地。

（二）盐碱地改良

枣树是较耐盐碱的树种，但是其抗盐碱能力不是没有上限的。在盐渍化土壤上栽植枣树，一方面由于土壤溶液浓度高、透压大，易使枣树根系吸水难，造成生理干旱；另一方面由于盐分对枣树的直接毒害作用，使枣树成活率低、生长发育不良、易冻害、产量低。因此，栽枣树前必须进行改良。盐碱地改良要根据当地自然条件和盐碱土种类及盐碱化程度制定相应措施。

1. 冲洗改良　设置盐碱地排灌系统，以水洗盐，降低地下水位是改良盐碱地的主要措施之一。一般含盐达1%的，经洗盐后可降低到0.13%。园地进行冲洗改良时要按照以下流程实施：

第一步：整地做好小条田。冲洗前要依地势低洼程度，分别做成小条田，一般条田长60～100m，宽30～50m，埂高30～40cm。要求各小条田内土地平整，灌水后条田内受水均匀，土壤脱盐一致，不出现盐斑地。

第二步：修排碱渠。对于水位高于2m，总含盐量高于0.3%的园地要修建排碱渠，便于将冲洗出来的盐分顺排碱渠排出。排碱渠的修建要依据立地条件而定，一般修在地势低洼的地方，深度要低于当地地下水位，宽度和长度要依据园地的面积而定。

第三步：深翻：土地平整后，要进行深翻，深翻深度要求40～50cm，以提高土壤的通透性，加速盐分溶解，提高洗盐效果。

第四步：冲洗压盐。洗盐多在蒸发量小、田间工作量不大，劳动力充裕，用水不紧张的冬季进行。冲洗脱盐标准要求一般为降低到枣树耐盐能力以下，即土壤总盐量低于0.3%，且脱盐土层达50～80cm。

第五步：冲洗后的管理。冲洗后的园地管理首先是防止返盐，在枣树生长季要进行耕翻，切断土壤毛细管。其次是增施农家肥，恢复和提高土壤肥力，改良土壤结构。

2. 农业技术改良　对于土壤含盐量较低的枣园，可通过深施有机肥，营造防护林降低风速、减少地面蒸发，种植绿肥、地面覆盖以及中耕除草等措施均可以缓冲碱的为害，并逐渐达到改良的目的。

（1）深施有机肥。有机肥料除含有枣树所需要的营养物质外，还含有机酸，对碱地有中和作用，同时有机质还可改良土填的理化性状，促进团粒结构的形成，提高土壤肥力，减少蒸发，防止返盐。据试验，土壤有机质每增加0.1%，含盐量就约降低0.2%。

（2）中耕除草。灌水后，及时中耕除草，可切断土壤毛细管，减少土壤蒸发，防止土壤盐分上升。据调查，经中耕后 0～5cm 的土层内，主要盐分可由 0.34％降低到 0.23％。

（3）种植绿肥。种植绿肥作物可增加土壤有机质。同时，种植绿作物还可覆盖地面，减少地面蒸发，抑制盐碱上升。试验证明，通过种植绿肥，在 0～30cm 的土层内，盐分可由 0.65％降低到 0.36％

（4）其他。地面铺沙或覆盖杂草和其他物质，可减少蒸发，防止盐上升。此外，近年来运用土壤结构改良剂，改变土壤理化性质及生物活性，能保护根层，防止水土流失，提高土壤的透水性，减少地表径流，起到调节酸碱度的作用。

（三）沙荒地改良

枣树是抗旱、耐瘠薄的树种，但建在沙荒地或戈壁地的枣园，常因风蚀流沙严重、土壤缺乏有机质，保水保肥能力差等，造成树势衰弱，产量低而不稳。因此，沙荒地枣园要想实现优质、丰产，必须设法改善土壤结构，提高土壤的保肥保水能力，增加土壤有机质，提高地力。

1. 深翻改良　适用于有底沙土，即沙荒地在沙层以下有土层或黏土层。对这类沙地可以通过深翻、把底层的黄土或黏土翻上来与表层沙土混合，达到改良的目的。深翻分两步进行。第一步进行“大翻”，把沙层以下的黄土或黏土通过挖沟，将其翻到土壤表层，将表层土回填沟底，黄土或黏土铺于表层。第二步进行“小翻”，等到表层的土壤充分风化后，通过中耕使黄土或黏土与沙子充分混合，形成表层土。一般深翻过程持 2～3 年。

2. 压土改良　适用于在沙层下部无土层的沙荒地。一般采用以土压沙和增施有机肥相结合的方法，即压土 5～10cm 厚，同时施入大量农家肥、然后进行翻耕，使土、肥与沙充分混合，达到改良的目的。

3. 间作　在枣树行间种植豆类、油菜或绿肥，可增强土壤固氮能力，改良土壤。此外，通过营造防风林也可起到改良沙荒地的作用。

4. 科学施肥 根据土壤养分状况、肥料种类及枣树需肥特性，确定合理的施肥量或施肥方式，做到配方施肥，以施用有机肥为主，合理配施氮磷钾肥，化学肥料做基肥时要深施并与有机肥混合，作追肥要“少量多次”，并避免长期施用同一种肥料，特别是含氮肥料。另外，提倡根外追肥，慎施微肥。根外追肥不会造成土壤破坏。微量元素一般情况下由有机肥来提供，施用微肥一定要注意用量，精准施用，不宜过量。

二、园地的选择

在进行园地选择时，重点要考虑枣品种特性、社会条件、立地条件等因素。

1. 品种特性 栽植的枣树品种要与当地的环境条件相适应，建园前要对当地的气象、土壤、光照、雨水、自然灾害以及当地枣树的生长发育情况进行调查研究，做到适地适树。一般在枣树栽培区栽植，主要考察所栽品种在当地的适应性及品种要求的环境条件是否适于当地发展。枣树栽培次适宜区或不适宜区要想发展枣树，应主要考虑园地所处环境是否能满足枣树生长发育的基本条件，在小环境小气候适宜的条件下也可建园。

2. 社会条件 包括生产资料等物质条件、技术条件、交通条件、贮藏条件及市场环境条件等。这是商品经济条件下必须考虑的内容之一。建园地点的社会基础条件越好，栽培成功可能性就越高。因为有些枣树品种对社会基础条件要求十分苛刻，例如鲜食品种冬枣，不但要求集约化管理的条件，而且贮藏、交通、市场等条件都要具备。

3. 环境条件 作为食品生产，枣树建园要求在无环境污染的地方。工业废气及污水中含有多种有害物质如氟、氯、汞、酸、碱等，都会直接对枣树产生影响，不但生长发育不良，而且对果实造成一定的毒害，对人体健康也可能造成一定的危害。

第二节　园地的规划

枣树园地规划的内容主要包括道路、灌溉系统、防护林、栽植模式及枣园建筑物的规划等。

一、道路的规划

在规划枣园各级道路时，应统筹考虑与枣园面积、防护林、排灌系统、输电线路及机械管理间的相互配合。一般道路占园地总面积的5%～6%，10hm^2 以上的枣园要设主路、支路和小路；5～10hm^2 的枣园要设主路和支路；5hm^2 以下枣园应设支路和小路，一般主路宽 6m 左右；支路宽 4m 左右，并与主路垂直；小路宽1～2m，为人行作业道。

二、灌溉系统规划

灌溉系统的规划枣园灌溉系统的规划要依据灌溉方法而定。常用的灌溉方法有漫灌、沟灌和滴灌。具体采用哪种方式要根据实际情况如水源、经济状况等而定。

（一）地面灌溉系统的规划

枣树地面灌溉的方式有分区灌水（漫灌）、沟灌等。地面灌溉优点是简单易行，投资少；缺点是浪费水资源，灌溉后土壤易板结，费工费时，不利于枣园的机械化作业。

灌溉水源多来自井水、渠水、河水等。地面灌溉系统主要是把水从水源引入枣园地面。

1. 灌溉系统构成　主要由干渠、支渠和园内灌水沟三级组成。干渠将水从水源处引入果园，纵贯全园。支渠把水从干渠引入作业区。灌水沟将支渠的水引至枣树行间。

2. 设计　各级渠道的规划布置应充分考虑枣园的地形情况和水源位置，结合道路、防护林进行设计。在满足灌溉条件的前提下，各级渠道应相互垂直，尽量缩短渠道的长度以节约资源。干渠应尽量布置在枣园最高地带。平地枣园可随区间主路设计，坡地可把干渠建在坡面上方。支渠可布置在支路的一侧。

3. 设计要求　干渠纵坡比降的设计，当水源泥沙大时，取（1：2 000）～（1：5 000），无泥沙时取低于1：5 000标准。渠道采取半挖半填形式，边坡系数（横距：竖距）黏土渠道取1～1.25；沙石渠道取1.25～1.5；沙壤土取1.5～1.75；沙土取1.75～2.25。

（二）滴灌系统

滴灌系统具有节水量大，自动化程度高，易实现水肥一体化的特点。滴灌系统的规划布置主要是水源位置、干管、支管和毛管三级管道及滴头的规划。

1. 水源规划布置　滴灌的水源多为机井，机井、泵站最好设在灌区中心。有条件的也可在灌区上部修建水库或蓄水池，采取自压滴灌。

2. 管道系统的设计　应根据实际情况提出设计若干方案，然后进行技术比较，择优选定。管道设计一般应遵循以下原则：一是主管应沿主坡方向布置，在地形较平坦的地区，支管应与干管垂直，并尽量沿等高线方向布置。二是平坦地区支管的布置应尽量与枣树的行向垂直，每根一级支管上都应设有阀门。三是毛管沿树行布设，滴头设在树与树中间。

（三）排水系统规划

1. 排水系统构成　排水系统由小区集水沟、作业区内的排水支沟和排水灌沟组成。集水沟的作用是将小区内的积水或地下水排支沟中去。排水支沟的作用是承接集水沟排放的水，再将其排水至干沟中。排水沟的作用是把枣园集水通过支沟汇集后排放到枣园以外的地方。在盐碱地区排碱渠可作为排水沟。

2. 排水沟规格　各级排水沟纵坡比降标准：干沟（1：3 000）～（1：10 000）支沟通（1：1 000～1：3 000）；集水沟（1：300～1：1 000）。各级排水沟互相垂直，相交处应与水流方向成钝角（120°～135°）相交，以便出水。

三、防护林规划

防护林对枣园十分重要，它可以调节枣园的温度，减少灾害，还能保持水土。

建园时要规划防护林，防护林占园地面积的14%以上。防护林设主林带和副林带，主林带与主风向垂直或基本垂直。主林带宽10～15m，副林带宽4～6m，林带株行距1.5m×2m。防护林带树种的配制要选择对当地环境条件适应性强、树体高度大、生长迅速，与枣树无共同病虫害的树种。如新疆有胡杨、新疆杨、沙枣树等。

四、栽植模式规划

（一）品种的选择

1. 市场优先　要对市场进入深入细致的调查研究，把握市场需求什么样的品种，需求量有多大，发展潜力和市场走向如何。只有这样才能有的放矢地确定发展规模和适宜发展的品种，做到适销对路。

2. 适地适树　由于品种对环境条件的适应性不同，因此在品种的选择上一定要考虑品种对当地环境条件的适应能力，要有引种的试验数据或有品种的详细资料做依据，真正做到适地适栽。

3. 品种优良　品种优良化是指选择市场需求的丰产、优质品种，并且具有较强的适应性和抗病虫能力。最好选择近几年科研部门选育的枣树新品种。

（二）定植模式设计

枣树定植模式的确定主要依据园地地形、地势、土壤条件、耕作条件和管理水平而定。一般在土壤肥沃、管理水平相对高的地区，密度适当大些；在土壤贫瘠，管理水平相对较低，密度可适当减小。

1. 计划密植　株行距为（1.5～2.0）m×4.0m，实行计划密植，栽培上利用结果数年后可整行、整株移栽、间伐，恢复正常的栽植形式和密度。优点是单位面积产量效益高，前期效益好，可充分利用土地资源。缺点是要求管理水平高，枣园易郁闭，易造成“只长树，不结果”的后果。

2. 纯园式栽培　一般株行距为（3.0～4.0）m×（6.0～8.0）m。优点：投资小，经济效益高，生态效益好，改变农田小气候，减轻自然灾害，可实现枣树与农作物双赢，是理想的立体农业种植模式。缺点：前期效益低，见效时间慢。

第三节　枣园的建立

一、植苗建园

（一）栽植时期

枣树的栽植时期，有秋季和春季栽培之分。秋季栽植在落叶后至土壤封冻前进行（10 月下旬至 11 月中下旬），以落叶后适当早栽为宜。春季栽植在土壤解冻后至枣树萌发前进行（3 月中旬至 4 月中旬）。在生产实践中，常常是在枣树发芽前后（3 月下旬至 4 月中旬）栽植，此时栽植成活率高，生长好。在新疆部分枣区秋栽易造成枣树冻死，因此提倡春栽为主。

（二）苗木选择与处理

1. 苗木选择　苗木质量是建园能否成功的关键。要优选壮苗，生产上常使用的苗木是二级以上的嫁接苗、归圃苗和扦插苗三种，且苗木生长健壮，根系完好，无损伤，无病害。一般嫁接苗要求地径 0.8cm 以上，苗高 100cm 以上；归圃苗和扦插苗要求地径 0.5cm 以上，苗高 60cm 以上。

2. 苗木处理　对随起随栽的苗木，一般不进行处理，对经过长途运输、假植的苗木，在栽植前对苗木进行 ABT 浸根处理，即用 20 000 倍（50mg/kg）ABT 生根粉溶液浸根 1h 取出栽植，可有效提高栽植成活率。

（三）栽植方法

1. 挖栽植坑或栽植沟　按规划的株行距，用测绳标出栽植穴或沟的位置，然后开挖。在沙土地或熟耕地建园可直接挖穴栽植，一般要求栽植坑深 60～80cm，长宽各 80～100cm；栽植沟沟宽 80～100cm、深 50～60cm。在荒地或盐碱地建园则采用开沟、挖穴相结合的栽植方法，一般开沟后（沟宽 80～100cm、深 40～60cm，长度依地块的长短而定）在沟底或沟的阳面半坡，挖长、宽各 50～60cm，深 40～50cm 的定植穴。挖定植坑或定植沟的方法有人工和机械两种。人工挖坑或沟时要注意表土和心土分放。

2. 施入基肥 栽植穴或沟坑挖好后，要往坑或穴内施入腐熟的圈肥，一般每坑或穴施腐熟的有机肥 5～10kg，施肥时要把肥料与表层土充分混合后填入坑或穴中，填到距地面 25cm 左右时，上层填 5cm 表土，然后灌水沉实后栽植。

3. 栽植

（1）栽植深度。枣栽植深度以保持苗木在苗圃地的原有的深度为宜，若栽植过深则缓苗期长，长势不旺；若栽植过浅，则不耐旱，影响成活，固定性差。

（2）填土。栽植时一定要使苗木保持舒展，自然分开。要分层填土，及时踏实，注意提苗，填土时切记要先填表土后填心土。采用栽植坑栽植的要顺行作沟，以利浇水，一般沟宽 1.0～1.5m。

（3）浇水扶苗。苗木栽植后要及时浇水，顺沟浇水，浇水后对栽植坑或穴凹陷的，要及时填土扶苗。

（4）覆盖地膜。枣树栽植浇水后，待土壤稍干及时平整营养带或树盘、清理栽植沟并覆盖地膜。一般矮化密植栽培，顺树行将整个营养带或栽植沟覆盖，一般地膜宽 60～80cm 左右。枣粮间作或稀植栽植，可覆盖 1～1.5m^2 的树盘。注意覆盖地膜要将苗木出口处用土封好不留缝隙，以免高温灼伤枣树。枣树地膜覆盖栽植不仅可以提高地温，保持湿度，而且还可以抑制杂草，缩短缓苗，提高苗木栽植成活率。

（四）栽后缓苗期的管理

1. 除萌 枣树萌芽后，要及时检查苗木萌芽情况，要选择 1 个合理部位的壮芽，培养中心领导干，其余的全部抹除。

2. 检查成活及补栽　枣树栽植后，到7月检查苗木成活率，对未发芽的枣树视情况进行补救。秋后（9至10月）不发芽、不干枯、不皱皮的是枣树假死，到第二年才能发芽，对苗木已干枯、变色的要及时挖出补栽。

3. 追肥浇水　枣树栽植后，要定时检查园地墒情，并根据情况及时浇水。当新抽生的枝条长到20～30cm左右（7月上旬），要结合浇水追施以氮肥为主的速效肥料，每次株施50g左右，连续追施2～3次，每次间隔7～10d。

4. 防治病虫草害　第一年栽植的枣树幼树，主要应做好枣瘿蚊、红蜘蛛、枣壁虱等害虫的防治工作，防治时要注意合理用药，同时还应注意防除杂草的危害。除草采用人工铲除与化学除草剂防治相结合的办法。喷施除草剂前应注意使用事项，以免枣树发生药害。

5. 摘心　当新生枣头长到8～10个二次枝时，要及时摘心，以促进枣头、二次枝的加粗生长和木质化，提高树体的抗风、寒能力。

6. 防冻及其他管理　当年新栽枣树易发冻害，要注意培土防冻，也可用塑料布或作物秸秆包扎树体，或涂白防寒。同时，在个别野兔多的地方，树干要涂抹防啃剂，防止兔害。

二、直播建园

直播建园技术也叫以育代植建园技术，就是整好地后，按规划的株行距将种仁直接点播或顺行直播到定植行内，第二年利用嫁接改造成所需品种的技术。直播建园具有节省种子、节省投资、不用移植、不伤根系、没有缓苗期、苗木生长快的优点。

（一）园地选择

直播建园的园地要求土壤肥沃，无盐碱，有较好的灌溉设施，最好铺设有滴灌系统。有较完整的防风林带。

（二）播种时间

在新疆枣区播种时间一般从4月中旬到5月中旬。若遇特殊情况（如出苗率较低；刮风、下雨苗木受害等）需重播的，对于6月中旬前播种的，只要加强水肥管理，第二年就可达到嫁接要求。对于7月份播种第二年嫁接率较低，需再生长一年，待第三年嫁接。

（三）播种方法

1. 点播 按规定的株行距人工点播，点播时每个点播种3～4粒种子，出苗后，选留其中生长势好的保留1～2株加以培养，而将其余苗间除。

2. 机播 按规划的行距采用机械播种，目前多采用精播机每穴播种1～2粒种子，出苗后，按规定的株距定苗即可。

（四）播种模式和播种量

直播建园栽培主要是追求前期（1～3年）产量，一般有高密植和超高密植栽培模式。

1. 高密植 一般要求株行距（0.5～1.0）m×（3.0～4.0）m，每亩定苗170～450株。每亩播种量200～300g。行间可以间作棉花1～3年。

2. 超高密植 一般要求株行距（0.5～1.0）m×（1.5～2.0）m，每亩定苗330～900株。每亩播种量300～400g。

（五）播后管理

1. 定苗摘心 当苗高10～15cm左右定苗，按株行距每穴保留一株壮、强、健苗；当苗高30～40cm左右时，要及时对苗木摘心，以促进苗木加粗生长。

2. 水肥管理 苗木出土后，要根据墒情及时浇水，施肥。施肥以N肥为主，P、K肥为辅，每株年施肥150～200g左右，分3～4次施入，也可进行叶面喷肥。9月要及时控水控肥，促进苗木木质化。11中旬前浇越冬水，以利于安全越冬。

3. 病虫防治 7至8月要根据虫情测报，防治枣树螨类害虫。

（六）嫁接

1. 品种确定 超高密植栽培品种原则上选择丰产性比较好，效益比较高的树种，如：骏枣；高密植栽培品种原则上选择以效益比较高的树种为主，丰产性比较好的树种为辅，如：灰枣。

2. 嫁接时间与方法　直播建园嫁接时间原则上宜早不宜晚。一般在 4 月上旬开始嫁接。嫁接方法多采用劈接法，嫁接部位尽可能的低，一般嫁接部位距到地面 2.0～3.0cm。

3. 接后管理　在加强水肥管理，病虫防治的同时，重点注意树形的控制和防冻。一般苗高长到 70～80cm，二次枝达到 8～10 个时摘心，摘心早，结果早。可实现当年嫁接当年收益。土壤封冻前（11 底前）对苗木要进行培土防冻，一般培土高度 30～40cm。

（七）注意事项

1. 密度问题　直播建园要走出密度越高效益越高的误区，密度越高要求管理水平越高，如果管理跟不上，导致树体旺长，树形郁闭，可能造成密度越高效益越差。直播建园在行距规划上要特别注意便于机械化操作，不宜过窄。

2. 品种问题　不是所有枣树品种都适宜矮化密植，虽大多枣品种都能实现当年嫁接当年结果，但结果性差，果实品质低。因此，在品种选择上要考虑主栽品种配置次要品种，长期（保留）品种与短期（保留）品种相互搭配。如：灰枣和骏枣隔行配置，灰枣作为长期保留品种，骏枣作为短期结果品种，待灰枣树形培养完成后，骏枣要进行移植或间伐。

3. 管理问题　尤其在树形培养上，不可死搬硬套，千篇一律。超高密度栽培树形要选择多主枝圆柱形，高密度栽培的树形长期保留品种可选择小冠疏层形，多主枝圆头形等相对大冠树形，短期保留品种的树形可选择多主枝圆柱形、“Y”字形等。

三、盐碱地枣树栽植技术

枣树较抗盐碱，一般在 pH 5.5～8.5 都能正常生长，而树龄不同抗盐碱的能力也不同。成龄大枣树，抗盐碱能力强，但新栽的苗木抗盐碱能力相对较弱。在盐碱地建园，栽植苗木采取以下方法，可减轻盐碱的毒害，提高苗木的成活率。

1. 选择抗盐碱的品种苗木　选择抗盐碱的枣品种苗木是建园成功的关键。据有关研究资料显示，枣北方生态型的耐盐性普遍强于南方生态型；在北方枣生态中西部枣区的主栽品种的耐盐性明显强于中东部枣区主栽品种。在枣类中小枣类耐盐性强于大枣类，酸枣的耐盐性强于栽培品种。但在生产上，小枣类嫁接枣品种，多年后易死亡，其死亡原因有待进一步研究。因此，选择栽培苗木应选择北方中西部枣区的枣品种，如：灰枣、扁核酸等。

2. 开沟、换土铺沙 盐碱地土壤剖面中的盐分分布是上多下少，呈T形分布。如：在春季0～5cm土层的盐分比下层土壤高2～3倍，因此盐碱地枣树种植要开沟，在沟底挖穴栽植。一般沟宽80～100cm、深40～60cm，定植穴宽60～70cm、深40～50cm。坑底要换上好土，再在其上铺5～10cm厚的河沙，然后再栽植苗木，以利提高成活率。随着枣树的生长，抗盐碱的能力也逐渐增强，虽然几年后坑内所换的好土又逐渐盐碱化，但因枣树的抗盐碱能力也已大大提高，所以不受其影响，能正常生长发育。

3. 施有机肥降盐 在盐碱地栽植枣树，要重视有机肥的施用。多施有机肥不但可有效改变土壤的理化性状、改善土壤结构，而且能有效降低土壤的含盐量，提高枣树成活率。栽植时，栽植坑内放置5～10kg腐熟的农家肥，可有效减轻盐碱的毒害。

4. 坑底铺渣和坑壁铺膜隔盐 在中度以上（含盐量0.5%以上）的盐碱地栽植枣树时，在栽植坑下部铺垫15～20cm的灰渣、秸秆等生物隔离物。两个月后，栽植坑内0～15cm处的土壤含盐量下降0.24%，15～45cm的土层内的土壤含盐量下降到0.15%；在坑底放置生物隔盐层，再在坑的四壁铺贴一层塑料薄膜，在相当长的时间内，可阻挡坑外盐分向坑内横向移动，使坑内的土壤在相当长的时间内保持低盐量状态，以利枣树成活和生长发育。

第五章　枣园土壤管理技术

第一节　新疆土壤的特性与分布

一、新疆土壤的特点

1. 土壤养分含量低，潜在肥力不足　土壤养分状况是土壤肥力四大因素（水、肥、气、热）之一。除水之外，肥也是阻碍农业生产发展的主要因素。据自治区第二次土壤普查结果表明，新疆土壤肥力都偏低，新疆耕地有机质含量平均为10.9g/kg（1.09%），远远低于国际耕地有机质含量（3%）的要求。如果按全国土壤肥力六级划分，新疆属于第五级，几乎接近土壤有机质含量的最低平均值。全疆有37.2%的耕地有机质含量在1%以下，其中南疆占56.34%，新疆土壤基础肥力差，潜在肥力不足。全疆有55.63%的耕地缺氮，其中南疆缺氮面积达70.57%，北疆达36.3%，东疆达42.32%。土壤中全磷的80%被石灰固定，全疆有71.23%的耕地面积速效磷低于5mg/kg，南疆为81.8%，北疆为63.1%，东疆为55.49%。

2. 土壤盐渍化比较普遍　盐渍土也叫盐碱土，是各种盐化土壤、碱化土壤、盐土、碱土的通称。根据土壤中易溶性盐含量、碱化度的高低，又将盐渍化土分为以下几种。

土壤表层易溶盐的含量达2～6g/kg（或20g/kg）时，就会影响植物正常生长发育，这种土壤称为盐化土壤；当表层易溶性盐含量超过6g/kg（氯化物）或20g/kg（硫酸盐），对氧化物—硫酸盐或硫酸盐—氯化物超过10g/kg，会严重危害大多数植物的生长发育，这种土壤称为盐土；当表层易溶性盐含量较少（一般不超过5g/kg）但以碱性盐为主，土壤呈碱性反应，pH≥8.5，碱化度5%～20%，称为碱化土壤；碱化度≥20%，pH≥9，称为碱土。盐碱土是新疆耕地中分布面积大，危害农业生产最为严重的一类土壤。这类土壤由于盐分的抑制和毒害作用，使农作物不能正常吸收水分和养分，严重的地方导导致植株死亡，较轻的地方植株生长受到抑制。盐碱灾害也是枣树生产产量低、成本高的重要原因之一。

3. 土壤结构复杂，各种土壤类型并存　新疆土壤结构复杂，有沙土，壤土和黏土，而且不同的土壤互相并存，沙土下面有黏土，黏土下层是沙土。即使在同一地块不同的条田也有不同类型的土壤存在，枣树适宜砂土和壤土，但是对于砂土下面有黏土的地块更有利于枣树的生长发育。

二、南疆主要土壤类型的分布

新疆南疆地区的阿克苏、喀什、和田、巴州是新疆枣的主栽区，东疆的吐鲁番、哈密及北疆也有部分的红枣栽植。

1. 棕漠土　棕漠土即棕色荒漠土。广泛分布于南疆的平原和山地，西起帕米尔，东到噶顺戈壁和哈密盆地以东，南面包括中、西段昆仑山、阿尔金山和藏北高原边缘部分。东面和甘肃省河西走廊最西部的同一地带（嘉峪关以西包括安西、敦煌、玉门一带）相连，是南疆的地带性土壤。棕漠土的成土母质为砂砾质洪积物或洪积—冲积物，以及石质残积或坡积—残积物。土壤发育厚度很小，不到50cm，但剖面分化还较明显，具有显著的发育层次。地表通常有砾幂覆盖，表层有发育不太明显的孔试形溴结皮。由于棕漠土分布地区植被稀疏，覆盖度一般小于1%，气候干燥炎热，有机质分解块积累少，其有机质含量一般在5g/kg以下，全氮含量为0.1～0.3g/kg，全磷含量为0.35～0.89g/kg，速效磷为2.6～6.0mg/kg，碱解氮15～30mg/kg。盐分含量多在0.5～20g/kg，pH在8～9之间。

2. 草甸土　草甸土分布比较广泛，南至昆仑山北麓，北至两河流域。其分布部位主要是河滩地、河阶地（或老河滩地）、三角洲和扇缘地下水溢出带。草甸土的地下水位都较高，多为1～3m（荒漠化草甸土在4～5m以下），地下水矿化度为1～3g/L。植被主要是比较茂密的芦苇和芨芨草，并多伴生滨草、苦豆子、甘草等植物，盐分重者则常伴生红柳、骆驼刺等。

南疆草甸土的腐殖质层一般较薄，多不到20cm，甚或只有几厘米。表层有机质含量一般多为5～20g/kg。由于气候干旱，草甸土多具有盐渍化特征，0～30cm土层平均含盐量多为0.5%～1.5%（0.5%～1.5%为弱盐化，1.0%～2.0%为强盐化），非盐渍化草甸土为数不多。盐分一般多集中于表层，常有厚0.5～1cm的薄盐结皮；土壤多呈弱碱性至碱性反应，石膏含量一般都很少，大多小于1%，沙土、沙壤、轻壤居多，少量重壤及黏土夹层存在天山南麓。

3. 灌淤土　灌淤土是经过灌溉淤积，耕作施肥而形成的土壤，分布于塔里木盆地、喀什等地的洪积冲积扇的中下部。具有深厚的淤积层，耕种历史短的淤积层较薄，一般为50～80cm，耕种时间长的淤积层较厚。

灌溉淤积层的颜色较为均一，颗粒组成比较一致，但常可见到碎砖瓦片，炭屑等侵入体。耕层有机质含量较高，可达10～20g/kg。灌淤土中的易溶性盐分的含量较低，一般不超过4g/kg。

4. 潮土　潮土是南疆的主要耕种土壤之一，广泛分布于南疆各地。潮土是由草甸土、林灌草甸土、沼泽土及盐土等土壤受地下水浸润和人为的耕种、熟化、脱盐等主要成土过程发育而成。主要分布于冲积扇下部和干三角洲的中下部以及冲积平原的沿河阶地和地下水溢出带的上部。主要特点是地势平坦低洼，地下水位高，埋藏深度为1～3m，土性潮，地温低。尤其在春秋两季地下水位剧烈上升时，返潮现象严重，土壤的干湿交替频繁，在土壤剖面中下部土层产生明显的绣纹、锈斑层。有些地区，剖面下部有石灰器核和白色晶状石膏，次生盐渍化现象较普遍。耕层土壤有机质累积较明显，其含量多在10g/kg以上。

5. 盐土 盐土广泛分布南疆平原地区。南疆气候干燥，蒸发量大，降水少，大部分地区四周被高山环绕形成封闭内陆地形，致使地下水矿化度高，地下径流和盐分缺乏出路，而地下水又以上升水流为主，在强烈的蒸发作用下，水散盐留形成了南疆的内陆盐土。主要特点是土壤盐分含量高，0～30cm土层含盐量50～300g/kg，地表盐壳的含盐量最高达600～800g/kg；地下水埋藏深度1～2m，矿化度一般为3～30g/L，高的可达60～80g/L，部分地区可高达90～120g/L；盐分组成以氯化物和硫酸盐—氯化物为主，并且还含有较高的硝酸盐；土壤反应一般都呈碱性，pH在7.5～8.5之间；除沼泽盐土和草甸盐土外，一般盐土的有机质含量均低于9g/kg全氮、全磷含量也较低，但钾的含量较高。

6. 水稻土 水稻土主要分布在乌什、温宿、阿克苏、库车、新和、沙雅、和田、墨玉、泽普等县市。是经水耕熟化而形成的一类农业耕作土壤。水稻土的地下水位都较高，在0.5～2m之间，且常有一定程度的盐渍化，有的地方地表有盐霜或较薄的盐结皮；耕作年代较长，熟化程度较高的水稻土，有机质含量较多，潜在养分含量较高。

第二节　土壤养分对枣树的生理效应

枣树在整个生长期内所必需的营养元素有碳（C）氢（H）氧（O）氮（N）磷（P）钾（K）钙（Ga）镁（Mm）硫（S）铁（Fe）锰（Mn）锌（Zn）铜（Cu）钼（Mo）硼（B）氯（Cl）等16种元素，其中大量元素有碳（C）氢（H）氧（O）氮（N）磷（P）钾（K）;中量元素有钙（Ga）镁（Mm）硫（S）；微量元素有铁（Fe）锰（Mn）锌（Zn）铜（Cu）钼（Mo）硼（B）氯（Cl）等。枣的必需营养元素之中，碳和氧是作物从空气里的二氧化碳中取得的，氢来自水和空气，而其他的营养元素都是来自土壤。土壤不仅是枣生长的场所，而且还是枣生长过程中所需养分的供给者。

在枣必需的16种营养元素中，N、P、K三种是枣树生育需要和从土壤中带走较多的营养元素，而它们通过根的形式归还给土壤的数量却不多，往往表现为土壤提供给枣树的有效态含量较少，因此在养分供求之间不能协调，常常必须通过施肥手段加以调节。N、P、K称为“肥料三要素”或“作物营养三要素”。

一、大量元素对枣树的生理效应

1. 碳（C）氢（H）氧（O）　碳（C）氢（H）氧（O）占枣干重的90%以上，枣树在光能的参与下进行光合作用时，利用光合作用产生的C、H、O制造碳水化合物——糖。糖进一步形成复杂的淀粉、纤维素、半纤维素、木质纤维素和果胶等高分子化合物，这些化合物可转化为各种形式的机械组织。C、H、O也是糖类、脂肪、蛋白质和枣树体会活性物质、激素的构成元素，这些物质在枣树生命过程中提供能量，参与代谢活动，调节枣树整个生命周期的生长发育。

2. 氮（N）　氮是枣树营养中重要的和不可缺少的元素之一，主要以蛋白质形态存在，蛋白质中氮含量约16%～18%。在枣树生长发育过程中，体内细胞的增长和新细胞的形成都必须有蛋白质，否则，枣树体内新细胞的形成将受到抑制，生长发育缓慢或停滞。

氮是核酸的组成成分，核酸是枣树生长发育和生命活动的基础物质，大量存在于细胞核和作物顶端的分生组织中，是携带遗传特性的重要物质。

氮也是枣树体内许多酶的组成成分。酶是生物催化剂，本身就是蛋白质，参与枣树体内的各种代谢过程，对枣树生长代谢起间接的重要影响。

氮还是叶绿素的组成元素之一，叶绿素a和叶绿素b都是含氮化合物，氮不足则叶绿素含量减少，叶色呈浅绿或黄色，叶片的光合作用就会减弱，碳水化合物含量降低。此外，氮还是一些维生素和生物碱的成分，如维生素B_1、B_2、B_6、烟碱、茶碱等。它们参与枣树的新陈代谢，对促进枣树的生长发育过程有重要作用。

3. 磷（P） 磷以多种方式参与枣树的生命活动。枣树体内许多重要有机化合物中都含有磷。在枣树的生长初期，磷有促进根系发育、幼树生长和新器官形成等作用。磷脂是类似脂肪的物质，是原生质的重要成分，对细胞的渗透性和缓冲性有一定的增强作用。磷酸腺甙是枣树代谢过程中能量转移的中转站，在枣树体内起着特殊的能量调节作用。磷还存在于许多酶中，参与呼吸作用、光合作用和蛋白质、糖、脂肪的合成和分解过程。此外，磷还可以提高枣树的抗旱，抗寒、抗病能力。

4. 钾（K） 钾在枣树体内主要以离子状态存在，移动性很强，有较大的再利用性。钾是作物体内 60 多种酶的活化剂，能促进碳、氮代谢，有利于糖和淀粉的合成。有充足的钾素营养时，可提高枣果中的淀粉和糖的含量。

钾还能增强作物的抗逆性能。钾能提高原生质胶体的亲水性，减少水分蒸发，使枣树不易受旱、受冻害。

二、中量元素对枣树的生理效应

1. 钙（Ca） 钙是构成细胞壁的重要元素。枣树体中大部分钙与果胶酸结合成果胶酸钙而被固定，存在于相邻两个细胞壁之间，可以增强细胞之间的黏结作用，把细胞联结起来，保持细胞的稳定性，对增强器官或个体的机械强度有着重要作用。钙能与作为膜组成成分的磷脂分子形成钙盐，对维持膜的结构、调节膜的功能起着重要作用。钙可防止细胞壁松弛、膜孔扩大，抑制细胞内物质外渗，防止过早腐败和衰老。钙还可以活化多种酶，对作物的代谢调节起重要作用。

钙在作物体内的移动性极小，因此，一旦钙在老叶中沉淀下来，就不能被活化向生长点移动。枣树缺钙症状常表现在新生的叶片和贮藏器官上。

2. 镁（Mg） 镁是叶绿素的组成成分，叶绿素的含镁量约 2.7%，也是许多酶的活化剂，与碳水化合物的代谢、磷酸化作用、脱氧作用关系密切。缺镁主要表现在老叶上，首先叶尖和叶缘由绿变黄进而变紫，随后向叶基和叶脉处蔓延，形成网格状脉纹，严重时叶片枯萎、脱落。

3. 硫（S）　硫（S）是构成蛋白质和酶的不可缺少的成分，含硫有机物参与枣树的呼吸过程中的氧化还原作用，影响叶绿素的形成。缺硫造成枣树叶片变黄，细小，变硬易碎，开花迟，结果少。

三、微量元素对枣树的生理效应

1. 铁（Fe）　铁（Fe）是形成叶绿素所必需的，缺铁时枣树将发生缺绿症，叶片呈淡黄色。铁还参加细胞的呼吸作用，在细胞呼吸过程中，是一些酶的成分。因此，铁对呼吸作用和代谢过程有重要作用。缺铁可导致枣树失绿症。

2. 锰（Mn）　许多酶的活化剂，影响呼吸过程，适当浓度的锰能促进种子萌发和幼苗生长。锰也是吲哚乙酸氧化酶的辅基成分，大多数与酶结合的锰和镁有同样作用。锰直接参与光合作用，是叶绿素的组成物质，在叶绿素合成中起催化作用。锰促进氮素代谢，促进果树生长发育，提高树体抗病性。锰对果树体内的氧化还原有重要作用。缺锰可导致幼叶叶脉间黄化。

3. 锌（Zn）　锌是枣树某种酶的组成元素，锌也可促进一些代谢作用，锌对于叶绿素的生成和碳水化合物的合成是必不可少的。缺锌时可造成枣树叶片失绿或发生“小叶病”。

4. 铜（Cu）　铜是枣树体内氧化酶的组成成分，在催化氧化还原反应方面起着重要作用，影响呼吸作用。铜与蛋白质合成有关，铜对叶绿素有稳定作用，并可以防止叶绿素破坏；含铜黄素蛋白在脂肪代谢中起催化作用，还能提高对真菌性病害的抵抗能力，对防治果树病害有一定作用。

5. 钼（Mo）　钼（Mo）是植物催化剂的组成部分，对自生固氮菌有重要作用，钼（Mo）对枣树的生理作用主要是对氮素代谢方面。钼（Mo）还能促进光合作用的强度，消除酸性土壤中活性铝在枣树体内累积而产生的毒害作用。缺钼的主要表现是枣树生长受到抑制，植株矮小。

6. 硼（B）　硼不是树体内含物的结构成分，但硼对枣树根、枝条等器官的生长、幼小分生组织的发育及枣树开花结实均有重要作用。硼影响细胞壁果胶物质的形成，加速树体内碳水化合物的运输，促进树体分生组织细胞的分化，促进蛋白质和脂肪的合成，增强光合作用，改善树体内有机物的供应和分配，提高枣树抗寒、抗旱、抗病能力，防止枣树发生生理病害。硼素在树体组织中不能贮存，也不能由老组织转入新生组织中去。缺硼可造成枣树坐果率低，枣果畸形，果肉栓化等现象。

7. 氯（Cl）　氯（Cl）是枣树生长发育所必需的营养元素。枣树对氯（Cl）的需求量比其他元素需求量要大，光合作用中水的光解需要氯离子的参加，同时，氯（Cl）有助于钾钙镁离子的运输，并帮助调节气孔，保卫细胞活动，控制膨压，以防失水。枣树可从雨水或灌溉水中获得需要的氯（Cl），枣树缺氯（Cl）较难发生。

第三节　土壤管理技术

一、土壤管理制度

枣园土壤管理制度是指对枣树株间和行间的地表进行管理的方式。合理的土壤管理制度应该达到的目标是：维持良好的土壤养分和水分供给状态、促进土壤结构的团粒化和有机质含量的提高，防止土壤和水分的流失、保持适宜的土壤湿度。目前枣园常见的土壤管理制度如下。

1. 清耕法　又叫清耕休闲法。即在枣园内除枣树外不种植任何其他作物，利用人工除草的方法清除地表的杂草、保持土地表面的疏松和裸露状态的一种土壤管理制度。

优点：可以改善土壤的通气性和透水性，促进土壤有机物的分解，增加土壤速效养分的含量；经常切断土壤毛细管、防止土壤水分蒸发减少杂草对养分和水分的竞争。

缺点：长期清耕，会破坏土壤结构；使土壤有机质迅速分解而含量下降，导致土壤理化性状恶化；地表温度变化剧烈，加重水土和养分的流失。

2. 生草法　生草法是在枣园内除树盘外，在行间种植禾本科、豆科等草种（如百脉根、扁茎黄芪等）的土壤管理方法。分永久性生草和短期生草 2 类。永久性生草是指在枣树苗木定植的同时在行间播种多年生牧草，定期刈割，不加深翻；短期生草指选择二年生的豆科或禾本科的草类，逐年或隔年播于行间，在枣树花前或秋后刈割。

优点：保持和改良土壤理化性状，增加土壤有机质和有效养分的含量；防止水土和养分流失；改善枣园地表小气候；促进果实成熟和枝条充实；降低土壤管理成本，有利于机械化作业。

缺点：易造成与枣树的养分水分竞争；长期生草易使表层土板结，影响通气；草根系密度大，截取下渗水，消耗表层氮，导致枣树根系上浮。

3. 覆盖法　覆盖法是利用各种材料，如作物、杂草、薄膜、秸秆等对树盘、株间，甚至整个行间进行覆盖的方法。

优点：覆盖可以防止土壤水土流失和侵蚀；改善土壤结构和物理性质；控制水分的蒸发，调节地表温度，缩小地温的日变化和季节变化幅度；抑制杂草生长；防止返碱、积雪保墒、增加有机质含量和有效态养分；促进枣树的吸收和生长。

缺点：容易招致鼠害和虫害；长期覆盖还容易使根系上浮在土壤表层，水分急速减少时容易引起干旱。

4. 免耕法　免耕法又叫最少耕作法。即土壤不进行耕作，主要利用除草剂防止杂草。

优点：地表容易形成一层硬壳，保持土壤的自然结构，土壤透性、保水力、通气性较好；无杂草，减少养分、水分消耗；有利于枣园机械化管理；节省劳力和成本。适用于土层深厚，土质较好的园。

5. 清耕覆盖法 即在枣树最需要肥水的前期保持清耕，而在雨水多的季节间作或生草覆盖地面，以吸收过剩的水分和养分、防止水土流失，并在雨期过后、旱季到来之前刈割覆盖物，或制肥料。清耕覆盖法结合了清耕、生草、覆盖三者的优点，在一定程度上弥补了三者各自的不足。

二、土壤管理措施

土壤管理的目的是改善土壤的理化性状，调节好土壤水、肥、气、热的关系，为枣树根系的生长发育，创造良好的环境条件。

（一）枣园翻耕

枣园深翻简单地说就是表土与深层的土互换，也就是将土壤深层土翻上来，表层土翻下去。

1. 枣园翻耕的好处

（1）截断表层部分根系，促发新根，增加吸收根的数量，诱导根系向下延伸，吸收深层水分，提高抗旱能力。

（2）改善深层土壤的理化性状，促进土壤中微生物数量的增加和活动增强，提高土壤有机质含量和矿物质营养水平，改善根系生长和吸收的环境。

（3）破坏部分病菌和虫害越冬场所，减轻病原菌和害虫来年的侵染与危害。

2. 枣园翻耕时期 枣园翻耕主要结合枣树和各类农作物的间作开展，枣棉间作一年开展两次，即春翻和秋翻，枣粮间作一年翻耕三次，间作其他作物，视收获时期实时翻耕。春季深翻在土壤解冻后枣树萌发前进行，秋季深翻在枣果采收至土壤封冻前进行，一般结合秋季施基肥和灌越冬水进行深翻。

（二）枣园覆盖

1. 枣园覆盖的好处

（1）枣园覆盖主要使用农作物秸秆和杂草，腐烂后，可丰富土壤有机质含量，提高土壤肥力。

（2）保持土壤湿度，调节地温。枣园覆盖，可有效减少地表水分蒸发。据试验，枣树行间覆盖比裸露园的土壤含水量高3.3%～6.4%。在夏季高温季节，沙枣园地表层土温有时高达40℃以上，而盖草的枣园地表温度不超过30℃。

（3）抑制土壤盐渍化和控制杂草生长。

2. 覆盖方法　枣园覆盖主要采取间作模式，即在枣园间作油菜、绿肥等矮秆作物，并定期粉碎翻压，采用这一模式，不仅起到覆盖的作用，而且提高了土地肥力和经济效益。

（三）中耕除草

在枣树生长期，要根据杂草的生长情况，及时中耕除草。一般全年中耕除草3～4次，可使土壤保持疏松和无杂草状态。中耕除草以人工除草和机械除草为主。不提倡化学除草，以免造成土壤污染和枣树药害。

（四）枣园间作

1. 枣粮（棉）间作的科学依据

（1）枣树与间作物的生长发育对肥水需求存在时间差。利用枣树与间作物生长的时间差，充分利用肥水资源。枣树是发芽晚、落叶早、年生长期比较短的果树。一般在4月中旬发芽，10月下旬落叶，而小麦则是9月下旬播种，翌年6月上旬收获，枣树与小麦的共生期约80～90d左右，且大多天数为枣树的休眠期。5月中旬至6月上旬是小麦扬花、灌浆至成熟期，以吸收磷、钾肥为主，氮肥为辅。而枣树正是长叶、分化花芽和生长新枣头的时期，以吸收氮肥为主，磷、钾肥为辅。因此，枣树与小麦间作，争肥争水的矛盾不大。6月上旬枣树进入开花坐果期，需肥处于高峰期，小麦则开始收获。而刚刚播种的谷子、花生等作物，尚处于出苗期，需肥量较小，一般不影响枣树的开花坐果。9月中、下旬枣树采收后，为储备营养物质，枣叶需磷、钾肥数量上升，但小麦尚处在出苗期，对磷、钾肥吸收量较小，故此枣树与小麦争肥的矛盾不大。

（2）枣树与间作物的根系在土壤的分布存在层次差。利用枣树根系与间作物根系在土壤中的分布差，充分利用肥水资源。枣树根系的分布以水平为主，集中分布在树冠内30～70cm土层内，占根系总量的65%～75%，树冠外围根系分布稀疏，密度小，而间作物的根系则集中分布在0～20cm的耕层内。枣树主要是吸收30cm下土层的肥水，且以树冠内为主。而间作物主要吸收20cm内耕层的肥水，以树冠外为主。因此，枣粮间作比大田可提高肥水利用率。

(3) 枣树与间作物的生长发育对光照需求存在时间差。枣树冠较矮，枝疏、叶小、遮光程度小，透光率较大，基本上不太影响间作物对光照强度和采光量的要求。

①枣麦间作。小麦从返青到拔节期，要求一定的光照强度、采光量，而此时枣树刚刚萌发不久，基本上不影响小麦的光照。5月上旬至6月初，小麦进入抽穗、扬花、灌浆成熟期，要求光照强度和采光量，仅为全光照的25%～30%，此时枣树枝叶进入速长期，枣叶展开后，单叶面平均在7.4～9.8cm^2，随风摆动，形不成固定的阴影区，基本上可满足小麦各生育阶段对光照的要求。

②枣与豆类间作。豆类是光饱和点较低的耐阴作物，因此，间作可满足作物对光照的要求。

③枣与玉米（低秆）间作。小麦收获后可复播矮秆玉米，矮秆玉米的光饱和点较高，是喜温作物。但是，光的补偿点较低，它具有短日照、高光效的特点。而且夏玉米又是C4植物，在较弱的光照条件下，仍可积累一定的干物质，所以枣树与矮秆玉米间作，也能满足对光照的要求，并且可以获得较高的产量。

2. 枣粮（棉）间作技术 枣粮间作的关键技术，就是调节好枣树与间作物之间争肥、争水、争光的矛盾，以达到枣粮的互惠、互利，实现枣粮双丰产。

(1) 掌握适当的栽植密度。行距大小对大气温度、湿度、光照和风速都有明显的影响，也是影响枣粮产量的重要因素。因此，要根据栽培目的，因地制宜，统筹安排。以枣为主的行距5～6m为好，枣粮兼顾的行距 8m 为好。

（2）适当控制枣树高度。树体高度与接受直射光量多少有一定关系。为了提高光能利用率和经济效益，树体高度应控制在 3.0m 以下，所以定干高度应在 0.8～1.0m 为宜。

（3）合理修剪，控制树形。据考察，树冠形状对枣树和间作物的生长及产量有不同程度的影响。树冠郁闭、枝条拥挤、通风透光不良，结果部位外移，坐果率下降，并且加重了对间作物的影响。因此，树冠形状以疏散开心形或分层形为宜。

（4）间作物的选择配植。选择适宜间作物进行合理的配植，是调节枣树与间作物“三争”矛盾的重点技术之一。选择的间作物应具备物候期与枣树物候期相互错开，植株矮小、耐阴性强、生长期短、成熟期早的特点。根据实践经验，以下几种作物比较适合间作：

①麦类。包括冬小麦、春小麦等，这类粮食作物植株小，根系分布浅，且物候期与枣树物候期相互交错，是枣粮间作理想的作物。

②豆类。包括大豆、豌豆、绿豆等，这类作物植株矮小，耐阴性强，生长期短，成熟又早。而且有自行固氮作用，是与枣树实行间作较好的作物。

③经济作物类。包括花生和棉花等，都可和枣树间作。但必须搞好合理布局和配植，因为这些作物都是喜光作物，但光饱和点和补偿点存有较大差异。与枣树间作时，在枣树行间要保留足够的营养带既有利于通风透光，满足间作物对光照强度、采光量的要求，又有利于缓解枣树与间作物争肥、争水的矛盾，还有利于防治病虫害及便于树下管理。

④绿肥类。适宜间作的绿肥种类有黑豆、黄豆、百脉根、扁茎黄芪、白三叶等。间作绿肥可在地面形成绿色覆盖层，能有效的调节枣园土壤温度和湿度，改善枣园生态环境，提高土壤含水量和有机质含量，改善土壤结构，提高土壤肥力，绿肥不但可作为家畜的饲料，而且也为枣树提供了有机肥料。

⑤蔬菜类。适宜间作的蔬菜类有菠菜、韭菜、大蒜、小葱、洋葱、油菜、水萝卜、地豆角、辣椒、芫荽等，不宜间作大白菜、芥菜、白萝卜、胡萝卜等晚秋收获的蔬菜。其中以大蒜、小葱、水萝卜、地豆角和菠菜等春、夏收获的蔬菜为宜。这些蔬菜，株型矮、根系浅、生长期短，与枣树共生期较短。二者对肥、水、光照需求的矛盾较小，对枣树生长、结果影响不大，而且通过对蔬菜的肥水管理，也有利于枣树的生长和结果。

第四节　土壤肥力测定技术

土壤肥力是反映土壤肥沃性的一个重要指标，它是衡量土壤能够提供作物生长所需的各种养分的能力。土壤肥力是土壤的基本属性和本质特征，是土壤为植物生长供应和协调养分、水分、空气和热量的能力，是土壤物理、化学和生物学性质的综合反应。因此，土壤肥力的高低是决定枣树优质稳产的基础条件，土壤肥力测定技术，可以清楚知道土壤中缺少什么，从而有针对性地进行施肥，以最小的投入成本，收获最多的优质红枣，提升枣树种植的经济效益。

一、土壤肥力指标

土壤肥力指标，是指表述土壤肥力性质、特征的定量标准。土壤肥力指标是对土壤肥力水平评定等级的依据。一般包括土壤环境指标（土壤 pH、地形、坡度、地下水深度）、土壤物理性状指标（容重、质地、土层厚度、耕层厚度、土壤含水量、孔隙度）、土壤营养（化学）指标（全氮、全磷、全钾、碱解氮、有效磷、速效钾、缓效钾及其他微量元素）、土壤生物学指标（有机质、土壤酶活性、土壤微生物量）等。

二、土壤肥力分级指标

根据全国第二次土壤普查推荐的肥力分级及有关标准，将土壤有关养分含量分为以下级别。

表 5-1　大量元素

分级	有机质 (g/kg)	全氮 (g/kg)	有效磷 (mg/kg)	速效钾 (mg/kg)	缓效钾 (mg/kg)	速效氮 (mg/kg)
一级	>40	>2	>40	>200	>500	>150
二级	30～40	1.5～2	20～40	150～200	400～500	120～150
三级	20～30	1～1.5	10～20	100～150	300～400	90～120
四级	10～20	0.75～1	5～10	50～100	200～300	60～90
五级	6～10	0.5～0.75	3～5	30～50	100～200	30～60
六级	<6	<0.5	<3	<30	<100	<30

表 5-2　微量元素

分级	有效硅 (mg/kg)	有效硫 (mg/kg)	有效钙 (mg/kg)	有效镁 (mg/kg)	有效硼 (mg/kg)
一级	>230	>30	>1 000	>300	<0.2
二级	115～230	16～30	700～1 000	200～300	0.2～0.5
三级	70～115	<16	500～700	100～200	0.5～1.0
四级	25～70		300～500	50～100	1.0～2.0
五级	<25		<300	<50	>2.0

分级	有效铜 (mg/kg)	有效锌 (mg/kg)	有效锰 (mg/kg)	有效钼 (mg/kg)	有效铁 (mg/kg)
一级	>1.8	>3.0	>30	>0.3	>20
二级	1.0～1.8	1.0～3.0	15～30	0.2～0.3	10～20
三级	0.2～1.0	0.5～1.0	5.0～15	0.15～0.2	4.5～10
四级	0.1～0.2	0.3～0.5	1.0～5.0	0.1～0.15	2.5～4.5
五级	<0.1	<0.3	<1.0	<0.1	<2.5

表 5-3　土壤 pH、容重和 CEC

酸碱度		容重		CEC	阳离子交换量
分级	pH	分级	容重（g/cm^3）	分级	CEC（cmol/kg）
强酸	<4.5	过松	<1.00	一级	>20.0
酸性	4.5～5.5	适宜	1.00～1.25	二级	15.4～20.0
微酸	5.5～6.5	偏紧	1.25～1.35	三级	10.5～15.4
中性	6.5～7.5	紧实	1.35～1.45	四级	6.2～10.5
碱性	>7.5	过紧实	1.45～1.55	五级	<6.2

三、主要土壤肥力的检测

土壤样品的采集是土壤分析工作中的一个重要环节，是直接影响着分析结果和结论是否正确的一个先决条件。由于土壤特别是农业土壤本身的差异很大，采样误差要比分析误差大得多，因此必须重视采集有代表性的样品。为获取有代表性的土壤样品，土壤采样布点必须遵循随机和等量的原则。样品是由总体中随机采集的一些个体所组成，个体之间存在变异。因此样品与总体之间，既存在同质的“亲缘”关系，样品可作为总体的代表，但同时也存在着一定程度的异质性，差异愈小，样品的代表性愈好；反之亦然。为了使采集的监测样品具有好的代表性，必须避免一切主观因素，使组成总体的个体有同样的机会被选入样品，即组成样品的个体应当是随机地取自总体。另一方面，一组需要相互之间进行比较的样品应当有同样的个体组成，否则样本大的个体所组成的样品，其代表性会大于样本少的个体组成的样品。所以“随机”和“等量”是决定样品具有同等代表性的重要条件。

（一）土壤采样点的布设原则

土壤检测点位的布设方法和布设数量是根据其目的和要求，并结合现场勘查结果确定该区域内土壤检测点位。同时必须遵循如下五个原则。

1. 全面性原则　布设的点位要全面覆盖不同类型调查监测单

元区域。

2. 代表性原则　针对不同调查监测单元区域土壤的污染状况和污染空间分布特征采用不同布点方法，布设的点位要能够代表调查监测区域内土壤环境质量状况。

3. 客观性原则　具体采样点选取应遵循“随机”和“等量”原则，避免一切主观因素，使组成总体的个体有同样的机会被选入样品，同级别样品应当有相似的等量个体组成，保证相同的代表性。

4. 可行性原则　布点应兼顾采样现场的实际情况，考虑交通、安全等方面情况，保证样品代表性最大化、最大限度节约人力和实验室资源。

5. 连续性原则　布点在满足本次调查监测要求的基础上，应兼顾以往土壤调查监测布设的点位情况，并考虑长期连续调查监测的要求。

（二）土壤采样点的布设方法和数量

1. 土壤采样点的布设方法

（1）对角线取样法。适用于面积不大，地势平坦，肥力均匀的地块。

（2）棋盘式取样法。适用于中等面积，地势平坦、地形完整，但地力不均匀的地块。

（3）S字形取样法。适用于面积较大，地势不平坦，地形多变的地块。

2. 土壤采样点的布设的数量

采样点的布设数量选择一般可根据土壤、作物、地形、灌溉条件等划分采样单位。在同一采样单位里地形、土壤、生产条件应基本相同。土壤的混合样品由多点混合而成。一般采样区的面积小于10亩时，可取5个点的土壤混合。面积10～40亩时，可取5～15个点的土壤混合；面积大于40亩时，可取15～20点的土壤混合。在平原地区，一般30～50可采一个混合样品。

（三）土壤样品的采集与处理

1. 土壤样品的采集

（1）土样的采集时间和工具。土壤中有效养分的含量因季节的不同而有很大的差异。分析土壤养分供应的情况时，一般都在晚秋或早春采样。分析土壤养分供应情况对枣树生长发育的影响时，一般都在枣树生长季进行。采样时要特别注意时间因素，同一时间内采集的土样分析结果才能相互比较。

常用的采样工具有铁锹、管形土结和螺旋土钻等。

（2）土壤样品采集的方法和采样的方法因分析目的不同而不同。

①土壤剖面样品。研究土壤基本理化性质，必须按土壤发生层次采样，一般每层采样 1kg，分别装入袋中并做好标记。

②土壤物理性质样品。如果是进行土壤物理性质的测定，必须采集原状土壤样品。在取样过程中，须保持土块不受挤压，样品不变形，并要去除土块外而直接与土铲接触而变形部分。

③土壤盐分动态样品。研究盐分在土壤剖面中的分布和变动时，不必按发生层次采样，可从地表起每 10cm 或 20cm 采集一个样品。

④耕作层土壤混合样品。为了评定土壤耕作层肥力或研究枣树生长期内土壤耕作层中养分供求情况，采用只取耕作层 20cm 深度的土样或 0～60cm 深度的土样，对根系较深的枣品种适当增加采样深度。

如果采集的土壤样品数量太多，可用四分法将多余的土壤除去，一般保留 1kg 左右的土壤即可。

四分法的方法是：将采集的土样品弄碎混合并铺成四方形，然后画对角线分成四等份，取其对角的两份，其余两份弃去、如果所得的样品仍然多，可再用四分法处理，直到所需数量为止，取样 1kg 装袋，袋内外各放一标签，上而用铅笔写明编号、采集地点、地形、土壤名称、时间、深度、采集人等，采完后将坑或钻眼填平。

2. 土壤样品的处理　土样品的处理包括风干、去杂、磨细、过筛、混匀、装瓶保存和登记等操作过程。

（1）风干和去杂。从田间采回的土样，除特殊要求鲜样外，一般要及时风干。其方法是将土壤样品放在阴凉干燥通风、又无特殊的气体（如氯气、氨气、二氧化硫等）、无灰污染的室内，把样品弄碎后平铺在牛皮纸上，摊成薄薄的一层，并且经常翻动，加速干燥。切忌阳光直接曝晒或烘烤。在土样稍干后，要将大土块捏碎（尤其是黏性土壤），以免结成硬块后难以磨细。样品风干后，应拣出枯枝落叶、植物根、残茬、虫体以及土壤中的铁锰结核、石灰结核或石子等，若石子过多，将其拣出并称重，记下所占的百分数。

（2）磨细、过筛和保存。物理分析时，取风干土样 100～200g，放在牛皮纸上，用木块碾碎，放在有盖底的 18 号筛（孔径 1mm）中，使之通过 1mm 的筛子，留在筛上的土块再倒在牛皮纸上重新碾碎。如此反复多次，直到全部通过为止。不得抛弃或遗漏。但石砾切勿压碎。筛子上的石砾应拣出称重并保存，以备石砾称重计算之用。同时将过筛的土样称重，以计算石砾重量白分数，然后将过筛后的土壤样品充分混合均匀后盛入广口瓶中，作为土壤颗粒分析以及其他物理性质测定之用。

化学分析时，取风干好的土样如以上方法将其研碎，并使其全部通过 18 号筛（孔径 1mm）所得的土壤样品，可用以测定速效性养分、pH 等。测定全磷、全氮和有机质含量时，可将通过 18 号的土样品，进一步研磨，使其全部通过 60 号筛（孔径 0.25mm）。测定全钾时，应将全部通过 100 号筛（孔径 0.149mm）的土壤样品，作为其分析用。研磨过筛后的土壤样品混匀后，装入广口瓶中。样品装入广口瓶后，应贴上标签，并注明其样号、土类名称、采样地点、采样深度、采样日期、筛孔径、采集人等。一般样品在广口瓶内可保存半年至一年。瓶内的样品应保存在样品架上，尽量避免日光、高温、潮湿或酸碱气体等的影响，否则影响分析结果的准确性。

主要仪器土壤筛、土钻、牛皮纸、木块、广口瓶、米尺、铁锹、土壤袋、标签、铅笔。

（四）土壤营养成分的测定

将土壤样品送到具有资质的第三方检测机构进行测定。

第六章　枣园灌溉与保墒技术

第一节　枣园灌溉

一、枣园灌溉时期

据枣树生长发育规律和需水特点，枣园全年灌溉关键时期分别是萌芽前、盛花期、果实膨大期、越冬前4个时期。

催芽水：一般在4月上中旬枣树萌芽前灌水，此时浇水不仅有利于枣树萌芽、枣吊和枣头的生长，而且还有利于枣树的花芽分化和开花结果。

花期水：一般在6月上旬枣树盛花期进行，枣花期对水分比较敏感，水分不足则授粉受精不足、坐果率明显降低，此期灌水不但能提高坐果率，而且能促进果实的发育。一般根据墒情每15～20d浇灌1次。

促果水：一般在幼果迅速生长期（7月上旬）结合追肥进行灌水。此期若水分不足，可使果实生长受阻，严重的可造成落果、产量减产、品质下降。

越冬水：在土壤结冰前灌水，一般应于11月上中旬前及早完成，以免发生冻害。盐碱地枣园或黏土地枣园不宜冬灌。

二、枣园灌溉的次数

枣园全年灌溉几次没有绝对的标准，一般根据土质、枣树生长情况，除萌芽前的催芽水、花前的助花水、落花后的保果水、幼果期的膨大水和封冻前的越冬水等五个关键时期灌溉外，枣树花期正处于高温干旱时期，易造成焦花现象，另外枣树开花结果要求一定湿度，因此，枣树花期灌溉是保证枣树坐果率的关键措施之一，一般花期5月下旬至8月上旬每隔15～20d枣园要灌溉1次。

三、灌溉方法

随着科学的发展，灌水方法也越来越科学化、集约化，不但能节约用水，而且效果更好。目前，生产上常用的方法有：地面灌溉、滴灌、膜下灌等。地面灌溉又分为漫灌、沟注、畦注等。

漫灌：是新疆枣区传统的浇水方法，就是一个栽植条田整体进行大水浇灌。

畦注和沟注：枣树沟浇适宜于顺枣树栽植时挖的栽植沟浇灌。畦浇就是沿树行作畦，畦宽视树冠大小而定，一般1.5～2.0m，引水入园后，顺畦浇灌。

滴灌和膜下灌：是当前节水灌溉的重要方式，将具有一定压力的水，通过地下管道输送到田间，通过滴头均匀而缓慢地滴入枣树根部附近土壤，使根系活动区域保持湿润状态。

四、灌溉量

枣园灌水量根据枣园立地条件、天气情况、物候期等综合因素决定。一般沙质土保水性差，浇水次数宜多，灌水量宜少。黏质土与此相反，灌水次数宜少。由于枣树毛细根系主要分布在20～30cm土层，枣园的土壤湿润深度以达到30cm左右为宜。适宜的灌水量可按下列公式计算：灌水量（m^3）＝灌溉面积（m^3）×浸湿土壤深度（m）×土壤容重×（田间持水量—土壤含水量）。

五、枣园灌溉注意的问题

1. 注意枣园灌溉的关键时期　主要包括萌芽前的催芽水、开花前的助花水、落花后的保果水、幼果期的膨大水和封冻前的越冬水，其他时期可视枣园墒情酌情灌溉。

2. 注意枣园灌溉的轮灌周期 枣园的轮灌周期与枣园的土壤性质、气温高低、树龄大小关系密切，漫灌枣园正常年份每20～30d灌溉1次，每次每亩灌水100～120m^3；滴灌枣园正常年份每7～10d滴灌1次，每次滴灌8～10h，每次每亩滴灌水30～40m^3左右。

3. 注意运用现代节水灌溉技术 枣园灌溉要有计划引导枣农改变传统的大水漫灌变滴灌或管灌，不但能节约水资源，而且省工省时，有利于实施水肥一体化。

4. 盐碱地灌溉注意的问题 盐碱地枣园灌溉重点要注意土壤返盐问题。对于灌溉条件为盐碱地枣园，采用大水漫灌的方式，利于压碱洗盐，改良土壤，如果水利条件不许可，则可采用漫灌加滴灌相结合的方式灌溉，也就是萌芽前水和越冬水采用大水漫灌，其他时期滴灌。一般全年漫灌2～3次，即可防止土壤返盐。

5. 戈壁枣园灌溉注意问题 戈壁枣园漏水漏肥严重，灌溉时要采用节水灌溉技术，不可进行大水漫灌，注意一次也不可灌水太多或滴水时间过长，要少浇勤浇，一般滴灌可滴8～10h，即可满足枣树生长发育需要，也可采用顺行沟灌。

第二节　枣园保墒

枣园保墒技术是枣园管理的一项重要措施，不仅有利于节水省电，降本增效，而且有利于改善枣园小气候，降温增湿，提高枣树坐果。枣园保墒的措施主要有枣园生草、枣园覆盖和保水剂的应用。

一、枣园生草

枣园生草是指全园或除树盘外，在枣树行间自然生草或人工播种禾本科、豆科等草种的土壤管理办法。

（一）枣园生草的依据

在枣园生草可改善果园小气候、改良土壤环境、增加果园生态多样性、利于枣树病虫害的综合防治，冬天枯草对防止极端低温对枣树的冻害有一定作用。

（二）枣园生草的栽培模式

生草栽培模式有两种类型，一是人工生草，二是自然生草，每种类型又可以细分为全园生草、行间生草、株间生草等模式。在新疆枣区，无灌溉条件的枣园不适合生草栽培；高密度枣园不宜生草；有灌溉条件的枣园挂果后不能间作其他作物时可进行行间生草。无论采取哪种方式，都应该掌握一个原则，也就是枣园生草不可影响枣树的健康生长和开花结果；枣园生草不仅对枣树肥、水、光等竞争相对较小，又对土壤生态效应较佳，而且有利于提高土地的利用率。

1. 人工种草　由于新疆地区降水量很少，年均降水量为150mm，新疆枣区人工生草的枣园要具备较好的灌水的条件。具体模式的选择主要取决于枣园的立地条件、种植管理状况。在土层深厚、肥沃、根系分布较深的枣园，可全园生草，反之，土壤贫瘠、土层浅薄的枣园可采用行间生草、株间生草的模式。

2. 自然生草　自然生草适应性强、土壤水分能合理分配利用，并具有丰富的植被，是枣园生草的优先选择。

（三）草种的选择和要求

1. 人工生草　人工种草的草种主要以豆科为主，如：三叶草、紫花苜蓿、红豆草、草木樨等，其次以禾本科为绿肥，如黑麦草、早熟禾、油菜、果园牧草等。

（1）草种的要求。一是耐阴性、耐践踏性强，对当地气候和土壤条件适应性广。二是根系浅，须根发达，固地性强，根系集中分布于地表 20cm 以内，不与枣树竞争肥水。三是植株高度不超过40cm，不具有缠绕茎或攀缘茎，不影响园内耕作。四是产量高，生长快，易繁殖，再生能力强，易增加土壤腐殖质。五是抗病性强，且与果树没有相同的病虫害。

（2）播种技术要求。播种时间以春秋两季为宜，春季在 3—4 月土壤解冻后进行，秋季在 9—10 月。播前撒施氮肥和磷肥，每亩约 20～30kg，翻耕 20cm。土地整平，为草种出苗和苗期生长创造良好条件。春季适宜条播，秋季适宜撒播。若采用条播，行距约 30cm。覆土厚度小粒种子或黏土枣园约 2cm，大粒草种或沙土枣园约 5cm。

（3）中耕除草要求。控制杂草生长，干旱时及时灌水并可补施少量氮肥。生草最初的几个月不要刈割，当草长到 40～50cm 高度，留茬 10～15cm 才开始刈割，刈割后覆盖在树盘下作绿肥使用，每个生长季节可以刈割 2～3 次，或在每年秋季将绿肥翻压在土壤中。

（4）刈割技术要求。无灌溉条件的多年生草，宜雨后刈割，刈割后撒施少量氮肥，促进草再生；有灌溉条件的多年生草，每次刈割后撒施少量氮肥和灌水。

（5）草的更新要求。生草 5～7 年后，草逐渐老化，应及时将草翻压，休闲 1～2 年后再重新播种。

2. 自然生草 自然生草可选择果园常见的杂草资源，最好选用植株矮小，生草量大，有利于天敌和微生物活动的杂草，保留自然野草如车前草、紫花地丁、荠菜、鸭跖草、马齿苋、蒲公英、扁蓄、夏至草、斑种草、独行菜、马塘等。自然生草投资少、适应性强、易于维护。

（1）枣园生草不宜生长多年生杂草，如苦菜、田旋花、芦苇等多年生杂草为根生，根系发达，与枣树争水争肥矛盾突出。自然生草时，要剔除过高、根系过深、茎干木质化、有攀缘习性等恶性杂草。

（2）枣园生草杂草的高度要严格控制，不宜过高，一般控制在 20～30cm 以下范围之内，若杂草高于树干，则影响枣树的生长和结果。

（3）枣园生草不宜寄生枣树害虫，在枣园中有一部分杂草易滋生害虫，是害虫的寄生源，如红蜘蛛。在枣园干旱时杂草很易滋生红蜘蛛，进而通过杂草上升到枣树上，危害枣树。

(四) 枣园生草的好处与不足

1. 枣园生草的好处

保持水土：枣园生草可减少水分的蒸发，能显著地保持水肥不流失，尤其在沙地、戈壁地效果更突出。

增加有机质：枣园生草遗留在土壤中的根部和每年割草，覆于地面，可有效地补充土壤有机质，改善土壤结构，提高土壤肥力。

恒定地温：枣园生草可较好地缓和土壤表层温度的季节变化与昼夜变化，有利于枣树根系的生长和吸收，土壤生草夏季可明显降低地温，冬季减少冻土层深度。

改善枣园生态：生草的枣园害虫天敌的种群多、数量大，可减少人工控制病虫害的劳力和物力，减少农药对枣园环境的污染。

2. 枣园生草的不足　草在土壤上层分布密度大，通过截取渗透水分，消耗表土层营养，与枣树表层根系争夺水肥；枣果采收前，要机械旋耕掩埋杂草或人工清理杂草，保持枣园土地干净，便于收枣，一定程度增加了枣园管理成本。

二、枣园覆盖

枣园覆盖是指在果园地表人工覆盖天然有机物或化学合成物的栽培管理方法。

(一) 枣园覆盖的方式和方法

1. 枣园覆盖的方式和材料　枣园覆盖的方式有全园覆盖、枣树行覆盖和树盘覆盖三种。枣园覆盖的材料可分为有机覆盖和地膜覆盖。有机覆盖的材料包括秸秆、杂草和其他植物残体；地膜覆盖的材料包括聚乙烯农用地膜、可降解地膜、有色膜、反光膜等合成材料，生产上采用白色地膜或无纺布黑色地膜。

2. 枣园的覆盖方法　有机覆盖：枣园覆盖多在夏或春季灌溉后进行。有条件的枣园覆盖前深翻改土、施足土杂肥并加入适量氮肥后灌水，然后进行树盘覆盖，一般覆盖厚度 10～15cm，覆盖要均匀、严密，以后每年补充，保持厚度不变，覆盖有机物后压少量的土，以防风吹和火灾。注意行间要留够机械作业道，以便灌水和进行其他管理。覆盖物经 3～4 年风吹雨淋日晒，大部分分解腐烂后可一次深入翻土，然后再重新覆盖，继续下一个周期。

地膜覆盖：早春土壤解冻后，先将需要覆盖的树行内的杂草清除干净，将地面整平，若土壤干旱应先浇透水。然后在枣树两侧各铺设一定宽度的地膜，并将地膜紧贴地面，并用湿土将地膜中间的接缝和四周压实，隔一定距离要在膜上压土，以防风刮。树冠较小时可单独覆盖树盘。

根据不同目的选用不同的地膜材料，如幼树定植后，宜选用白色地膜，提高早春低温和防止水分蒸发；保湿和防草可以选用黑色地膜；增加果实着色均匀，可以铺银色反光膜。

（二）枣园覆盖的好处与不足

1. 枣园覆盖的好处 枣园覆盖是枣园土壤管理的一项先进技术措施，它具有保湿、增温、抑草、压盐等好处。

增加有机质含量，提高土壤肥力：采用秸秆或杂草覆盖枣园，在秸秆腐烂后，可丰富土壤有机质含量，提高土壤肥力。

保持土壤湿度，调节地温：枣园覆盖，可有效减少地表水分蒸发。据试验，枣树行间营养带覆膜园比裸露园的土壤含水量高 3.3%～6.4%。在夏季高温季节，沙土壤枣园地表层土温有时高达 60～70℃，而盖草的枣园地表温度不超过 30℃。

抑制土壤盐渍化和控制杂草生长：在盐碱土枣园覆草可减缓水分蒸发，起到抑盐作用。此外，枣园覆盖除草膜或地膜，可有效控制杂草，起到除草作用。

2. 枣园覆盖的不足 地膜覆盖不仅不能为土壤增加有机质；而且覆膜后地温高，土壤有机质矿化分解速度加快，养分易流失。同时也容易引起白色污染。

三、保水剂

保水剂在枣园中应用的较少，主要用于降水量 450～500mm 以上的地区，新疆枣区普遍降雨量较少，但为了保持土壤水分，也可在降雨快结束后或枣园灌溉后使用保水剂，吸收保存土壤中水分。

（一）保水剂的应用

保水剂又称高吸水剂、保湿剂、高吸水性树脂、有机高分子化合物。它是利用强吸水性树脂制成的一种具有超强吸水保水能力的高分子聚合物。它能迅速吸收比自身重数百倍甚至上千倍的纯水，具有反复吸水功能，吸水后膨胀为水凝胶，可缓慢释放水分供作物吸收利用，从而增强土壤保水性，改良土壤结构，减少水的深层渗漏和土壤养分流失，提高水分利用率。

（二）保水剂保墒作用

1. 保水剂能调节土壤水、热、气状况，改善土壤结构，提高土壤肥力。枣园在无灌溉条件下，对降水在时间和空间上进行再分配。

2. 保水剂是一种具有高吸水性和高保水性的高分子网状化合物，吸水后在土壤中形成若干小水库，在干旱时缓慢释放水分，改善土壤水分条件。

3. 保水剂改善了枣园土壤水分条件，不同程度地提高了土壤中肥料的活性，有利于提高枣树营养水平，促进树体的生殖生长和营养生长。

第三节　枣园灌溉与保墒新技术

一、枣园节水灌溉技术

枣园节水灌溉技术包括枣园节水输水技术和枣园节水灌水技术两个方面：

（一）枣园节水输水技术

渠道衬砌与防渗技术：传统的土渠在灌溉过程中由于渗漏会造成大量的水分流失，其渗漏损失约占总灌溉引水量的40%～60%。渠道衬砌与防渗技术是目前应用最广泛的节水灌溉措施。

低压管道灌溉：它是通过机泵和管道系统直接将低压水流引入果园灌溉的新技术，是以管道代替明渠输水灌溉的一种工程节水新形式，通常由地下埋设管道、给水栓和地面移动管道组成。管道输水大大减少输水过程中水的渗漏、蒸发损失，水的有效利用率达95%以上；减少渠道占地1%～5%；提高输水速度，加快浇水速度，缩短轮灌周期。

塑料软管灌溉：塑料软管灌溉是用抗老化、高强度、轻质的塑料软管套在水泵出口处，将水输送到需要灌溉的枣园。软管灌溉与渠灌比较，节水35%，每公顷省时5h；与喷灌比较，节水3%～5%，每公顷材料费减少95%以上，节油50%左右。

（二）枣园节水灌水技术

滴灌：滴灌是利用一套专门设备，把有压水（可由水泵加压或利用地形落差所产生的压力）经过滤后，通过各级输水管网（包括干管主管、支管、毛管和闸阀等）到滴头，水自滴头以点滴方式直接缓慢地滴入枣树根际土壤。水滴入土后，借助垂力入渗，在滴头下方形成很小的饱和区，再向四周逐渐扩散至枣树根系发达区。滴灌技术最基本的原理是在一个十分有限的土壤区域内尽可能多次地供给在枣树所必需的水分。滴灌技术利用一系列口径不同的塑料管道，将水和溶于水的肥料自水源通过压力管道直接输送到枣树根部，水、肥均按需定时、定量供应，避免了传统灌溉技术存在的渠系渗漏、水面蒸发、深层渗漏等方面的水量损失。由于滴灌仅局部湿润枣树根部土壤，滴水速度小于土壤渗吸速度，因而不破坏土壤结构，灌溉后土壤不板结，能保持疏松状态，从而提高了土壤保水能力，也减少了无效的株间蒸发。应用滴灌技术不仅可以节水、节能，同时具有省工、省水、促进作物根系发育、不利于病虫和杂草繁衍、适于复杂地形使用等优点。使用滴灌时应注意净化水质，防止滴头堵塞，用聚氯乙烯制成的80～100目尼龙筛滤水器过滤，滴头要经常清洗和检修。

小管出流灌溉技术：小管出流灌溉技术是利用管网把压力水输送分配到枣园，用塑料小管与末级输配水管道连接，使灌溉水流入环绕每株枣树的环沟或树行浅沟，浸润沿沟土壤，适时适量提供枣树所需的水分。它主要有以下优点：不易堵塞，水质净化处理简单，施肥方便节水效果显著，适应性强，对各种地形均适用。

二、定穴式免耕、高效水肥一体化节水灌溉

在枣树周围开挖水肥穴，在水肥穴内填充农作物秸秆、有机肥等保水材料，用抗老化地布进行不同模式的地面覆盖，并利用灌溉系统将水、肥、药输送至水肥穴内，将节水灌溉、免耕栽培、水肥一体化及农业生产废弃物利用等多种技术结合，达到节水、节肥、免耕和高效管理的效果。同时，也可增加枣园有机质含量，改善土壤结构，提高枣果品质，为枣园生产健康提供技术保障。

三、多种灌溉保墒措施相结合

枣园覆盖＋保水剂、枣园灌溉技术＋枣园生草或枣园覆盖等灌溉保墒技术相结合的措施，加以试验研究也可作为当前枣园生产中运用推广的技术。

第七章　枣树施肥技术

第一节　枣树特征与施肥

一、根系

枣树的根系按繁殖方法不同分为实生根系和径源根系，径源根系包括分株、扦插和组培繁殖枣树的根系。枣树的实生根系由主根（垂直根），侧根（水平根）和须根（毛细根）组成。主根由种子胚根发育而成，在主根上产生的各级较大的分枝，统称侧根，在侧根上形成的较细根系称为须根，须根是根系最活跃部位。枣树实生根系的主根和侧根均很强大；垂直根较水平根发达，能固定树体，吸收较深土层中的水分和养分，有利于枣树抗旱、抗寒。枣树水平根沿着土壤表层向平行方向生长，多分布在40～60cm的土层内，对枣树地上部的营养生长起着极重要的作用。

枣树根系分布与树龄、品种、栽培方式、土壤条件和管理措施等有关。一般在15～40cm土层内分布最多，约占总根量的75%。树冠下为根系的集中分布区，约占总根量的70%。通常大枣品种根系分布深而广，小枣类型则较浅，精细管理的枣园根系发达，放任生长的枣树根系生长较差。土壤肥力强则根系健壮。

枣树根系的生长动态可分为三个周期：一是生命周期，枣树的寿命可达千年之久；二是年生长周期，即季节变化；三是昼夜周期。

（一）生命周期

枣树根系生长的生命周期从种子开始萌发到长成幼树首先生长

垂直根，当树冠形成一定规模，水平根外向生长加快，树冠最大时根冠也最大。当树冠衰老时，树冠缩小，外围枝枯衰死亡，树冠内枝条出向心生长，地下根系生长与地上部分保持一致，根冠也缩小，根冠缩小时水平根先衰老，垂直根后衰老，与幼年形成时正好相反。根系生命周期的变化与地上部有相似特点，也经历着发生展与衰老的过程。同时枣树根系在生命周期中经常进行根系局部的自疏与更新。吸收根从生命一开始就有自疏象，一般寿命15～25d，生长根（轴根）有些变成输导根，有的则失去吸收功能而死亡，根尖上的根毛则寿命更短，立地条好时7～10d，恶劣时1～3d。

（二）年生长周期

枣树根系在年周期内无休眠现象，在冬季由于土温低而基本不生长，只要条件适宜，一年内均可生长，当早春土温达7.2℃以上开始生长，夏季土温22～25℃时达生长高峰期。秋季土温降至21℃以下时，生长趋缓慢。随土温降低渐至停止生长。在根系生长活动季节，当土壤湿度在60％～70％，空气通透，能加速根的生长，否则，不但根系生长缓慢，而且其生长期和寿命都会缩短。根系生长强弱与地上部生长与结果相关。地上部分生长的强弱，直接影响根系的强弱，而根系贮存营养物质的多少和吸收土壤养分的能力直接影响着地上部分的生长速度和结果能力。

（三）昼夜周期

根在一昼夜内的生长动态是夜间的生长量和发根数多于白天。其原因一是白天地上蒸腾强度大，根系在白天要向地上输运大量的水分和养分；二是夜间根系吸收、合成等功能比白天有更稳定的土壤水分、温度条件，一般生长季节，白天地表0～20cm的土层温度、湿度变化大，夜间则变化小，适于根的生长。

二、叶

枣叶小，纵径2.5～7.0cm，横径1.5～4.0cm；叶形有长圆形、卵圆形、卵状椭圆形、卵状矩圆形，倒卵形、卵状被针形、披针形等，先端渐尖、急尖、纯尖，叶基稍不对称，近圆形，叶缘锯齿钝细。叶色正面绿色，背面浅绿，基生三出叶脉，其夹角为30°～60°，中脉延至叶顶，两侧脉至近叶上部环结，二次脉明显，三次呈网状。叶柄长1～6mm，枣头上叶片的叶柄可长达1cm。枣树落叶是有规律可循的，是正常的生理现象。一般沙地枣树落叶早，壤土地落叶晚；衰老树落叶早，幼龄树落叶晚；就一株树而言，顶部枣叶先落，下部后落。就一枣吊而言，基部先落，顶部后落。

三、枣树施肥的特点

（一）对养分的需求有阶龄性

枣树在一生中经历营养生长、结果、衰老和更新的不同阶段，在不同阶段中枣树有其特殊的生理特点和营养要求：

幼龄期（开花结果以前的时期）：施肥目的主要是满足枣树萌发新枝，扩大树冠的需要，对肥料比较敏感，要求施足氮肥，促进枝条和根系生长，适当配合磷、钾肥。

初果期（开花结果后到形成经济产量之前的时期）：是营养生长向生殖生长转化的关键时期，施肥需区别对待。若营养生长较强，应以磷肥为主，配合钾肥，少施氮肥。若营养生长未达到结果的要求，培养健壮树势施肥重点仍是应以磷分为主，配合氮、钾肥。

盛果期：以优质丰产、维持健壮树势，提高果品质量为目标。这个时期应以氮、磷、钾配合施用，并根据树势和结果多少有所侧重。

衰老期：此期结果减少，树势衰老。施肥的目的主要是恢复树势，促发新枝。施肥重点应偏施氮肥，辅以磷钾肥。

（二）消耗养分有持续性

枣树生长周期较长，达几百年甚至几千年，常年在一固定的地点吸收养分，往往造成土壤中某一种营养元素过度消耗而缺乏，因此，必须通过施肥给予补充，否则会造成某种微量元素的缺乏而影响枣果的产量和质量。

（三）枣树对养分的需求有连续性

枣树的施肥不仅要满足当年枣树开花、结果和生长的需求，还要储存一定的养分以备来年的生长发育需要，枣树贮藏营养可以保证枣树顺利度过不良时期，保证下一年养分供应，如不足，冬季树体抗逆性必然降低，常出现寒害、冻害，甚至死亡，也会影响第二年正常萌芽、开花、坐果和新梢生长等。提高贮藏营养的关键时期是枣果采收后到落叶前，早施基肥和加强根外补肥是行之有效的技术措施。

（四）枣品种间对养分的需求有差异性

据《中国果树志·枣卷》记载，我国现有枣树品种700多个，各品种间的物候期各不相同，即使同一品种在不同地区栽培其物候期也不相同。同时，枣不同品种对养分的种类和数量需求也不同，因此枣树施肥要因地施肥，因树施肥。

四、枣树对养分的吸收与利用

枣树生长发育所需的各种类与数量的养分大多来自根系从土壤中吸收。枣树的根系吸收土壤中存在的无机养分，如氮、磷、钾、钙、镁、铁锌、铜等。由于土壤中含有枣树所需的多种无机养分，根系可在其生长活动周期内，持续吸收和利用土壤养分。

根系由土壤中吸收的养分，一部分满足根系自身生长所需，绝大部分随水分向地上部分转移，通过木质部导管输送到枝、叶、花、果实中去。枣树各器官因所处生长发育的阶段不同，要求根系吸收养分的种类和数量也不尽相同。处在旺盛生长阶段的枣树器官，对根系吸收养分的竞争最强烈，在枣树生长发育的年周期或不同年龄段，都有局部旺盛生长部位，如枝条迅速生长期、花芽集中分化期、坐果期及果实迅速膨大期，也包括根系本身大量形成时期等，各种养分优先供应枣树的旺盛生长部分。

由于各器官形成不同，对营养元素需求的种类和数量也不相同。枝叶类生长对大量元素及部分微量元素如锌、铁等都有强烈需求，而且数量要求巨大；开花期和坐果期则对硼及一些特殊有机物有特定需求，其中涉及花粉管伸长及授粉授精等生理现象所需；果实中种子大量形成期及果实迅速膨大期，则对氮、磷、钾元素都有强烈需求；果实着色期及树体养分积累期，则对钾元素有特殊需求。根系依据各器官不同阶段的需求，选择性吸收不同种类和数量的养分供给这些器官，但这种选择不是绝对意义上的选择，主要由地上部分器官质的差别而引起。土壤中各种养分比例平衡时，根系可良好地完成吸收任务，一旦某些元素缺乏或过剩，根系就无法从量的意义上加以选择。在根系中，以细根和须根吸收养分能力最强，主根和侧根主要起运输作用，根系能否有效的从土壤中吸收养分主要由营养元素在土壤中的存在形态及树体内的代谢状况来决定。

枣树除根系具有吸收能力外，枣树的枝叶和枣果也具有一定的吸收能力，其通过光合作用制造的有机养分或叶面喷肥直接吸收的养分，除本身利用外又通过韧皮部的筛管供给花果枝干和根系。

第二节　枣树营养物质的生产与分配

一、不同龄期枣树代谢的特点

枣树在年周期中有两种代谢类型，即氮素代谢和碳素代谢。在营养生长前期是以氮素代谢为主的消耗型代谢。这种代谢过程，树体表现为生理特别活跃，营养生长特别旺盛。此期对氮素吸收、同化十分强烈，枝叶迅速生长，有机营养消耗多而积累少，因而对肥水，特别是氮素的要求特别高。在前期营养生长的基础上，枝条生长基本停止，树体主要转入根系生长，树干加粗，果实增大和花芽分化，光合作用强烈，营养物质积累大于消耗。此期是以碳素代谢为主的贮藏型代谢。在这种代谢过程中贮藏物质的积累，即为当年的优质高产提供了保证，又为翌年的生长结果奠定物质基础。

树体的这两种代谢是互为基础，互相促进的。只有具备了前期的旺盛氮素代谢和相应的营养生长，才会有后期旺盛的碳素代谢和相应的营养物质的积累。同时也只有上一年进行了旺盛的碳素代谢和积累了丰富的营养物质，才会促进翌年旺盛的营养生长和开花结果。所以，春季的氮素代谢主要是以上一年后期贮藏代谢的营养贮备为基础的。如果树体营养贮备充足，能满足早春萌芽、枝叶生长、开花和结实对营养的大量需要，这样既促进早春枝叶的迅速生长，加速形成叶幕，增强光合作用，促进氮素代谢，又有利于性器官的发育、授粉、受精以及胚和胚乳细胞的迅速分裂和果实肥大。如果留果过多，当年营养消耗过量、贮备营养不足，会使这两类代谢之间失去平衡，从而影响翌年的营养生长，进而加剧生长与结果的矛盾，导致树势衰弱。若枣园管理不善，造成营养生长过旺，则会导致花少、果少、枝叶徒长、虽积累多但经济效益低。因此，为使枣树早产、高产、稳产，其关键是前期必须满足肥水，特别是枣树对氮肥的需求，以促进枝叶迅速生长成熟。在停长后期，特别是采果期，也应大量施肥，尤其是重施磷、钾肥，以加强树体光合作用，增加营养积累，促进翌年的正常生长和结果。

不同年龄期的枣树其代谢也有差别。一般盛果期枣树，枝条停长早，其氮素代谢的时间短，碳素代谢时间长，因此营养开始积累早而多，能连年开花结果。也有部分枣树因开花结果连年过多，营养生长太差而氮素代谢和碳素代谢均较弱，致使结果能力下降。而幼龄期树新枝生长量大，其氮素代谢时间长，消耗多，碳素代谢时间短，营养积累少，故常不能开花结果。

枣树的两种不同代谢的平衡关系，与树体的营养生长、树冠的扩大、树势强弱和早产、稳产、高产关系密切。在生产上常采取有效的农业措施，调节两种代谢的转化来提高产量。为了使幼树迅速扩大树冠和成年树恢复树势，常采取多施氮肥，延长其生长时间。为使幼树早结果，使旺树高产，则需采取早控氮肥，多施磷、钾肥，环割环剥等措施以促进碳素代谢，迫使新枝早停长，增加营养积累，促进花芽分化和果实增大。

二、枣树营养物质的合成规律

枣树年周期中，在抽枝、展叶、孕蕾、开花及坐果期，以氮素代谢为主。此期内新枝、叶片生长量大，花芽大批分化，花部器官快速形成，进而开花、结果，对以氮为主的矿质元素的需求量大，同化作用旺盛，此期内有机营养消耗多，相对积累少，处于营养器官（根、枝、叶）及花部器官旺盛生长阶段。一般自萌发（4 月上旬）至坐果期（7 月上旬），枣吊、叶片生长已经基本停止，坐果基本结束。由于旺盛的营养生长，给光合产物的大量合成、积累奠定了基础，所以 7 月中旬至 10 月上旬，跨入碳素代能为主的贮藏型代谢上升，积累增强，有机物大量向果实、枝条、根系输送，用于各种组织的发育及器官的形成；新根不断分化、伸长，果肉快速增长，胚珠发育为种子；果核硬化，果肉中复杂的有机物快速合成。此时氮素、碳素代谢处于双轨旺盛进行，所以大量的光合产物经过短时贮藏再造过程，很快被利用，并不剩余。直到枣果采收后，贮藏代谢才占绝对优势。此时昼夜温差大，光合作用旺盛，呼吸作用减弱，根系生长量直线下降，地上部分生长基本停止，因而碳素代谢为主，氮素代谢渐弱，光合产物生产量大，消耗量小，相对积累量增加，大部贮存于枣股、枣头、皮层及当年生枝和根系内，为植株防寒越冬及翌年抽校、展叶、现蕾、开花、坐果提供了能源。

枣树的有机营养物质，除根系有一定的合成作用外，主要是靠叶片的光合产物的积累与贮藏，主要是枣果采收之后，所以保叶是红枣主要增产措施之一。

三、枣树营养物质的运转和分配规律

枣树体内营养物的分配、运转规律是：由制造（有机的）、吸收（无机的）器官向需要的器官输送，输送过程中，伴随出现有机物的转化和再造功能。此一过程与立地条件、气象因子、品种生物学特性密切相关。枣树同其他果树一样，营养物的分配和运转规律有其不均性、局限性、异质性和集中性。

（一）营养分配的不均性

枣树在各个不同生长发育期内，各器官所得到的营养物往往不是平均分配的，器官间存在着明显的相互竞争现象。常态下，处于较高位置者或生长快，代谢作用强的部分所得到的营养物质较多，生长量亦大；反之，处于较低位置者，代谢机能弱的部分得到营养物较少，生长量亦小，因而出现了生长发育上的强弱之分。如顶生及直立枣头生长量，往往大于侧生及下垂枣头的生长量。向上的股极性较强，幼果发育好，向下枣股幼果发育差，落果重。通过 P32 标记证实，营养集中分配于生命活动最旺盛的器官，花期集中于叶腋，果期集中于果肉，生长前期集中于树冠上部的枝条，生长后期，因营养回流，多集中于树冠的下部枝条中，在不同发育期，营养分配也不同。

枣树营养分配的不均性，在不同发育期有着不同的特点。萌芽抽枝期，有的枣股上的副芽（枣吊）、主芽（枣头）同时萌发，在有机营养的需求和分配上，发生了激烈的竞争。当有机营养供应充足时，枣吊、枣头同时生长，当年生枣头长达 80～200cm，枣股上的枣吊长 20cm 左右。但树体内有机营养供应不足时，枣头在激烈的竞争中寡不敌众，大部营养被枣吊夺去，枣吊发育虽然正常（长 20cm），但枣头被迫滞育，总长不足 50cm，且细又弱。在蕾、花期，蕾花同果枝之间的矛盾较明显，在果期，幼果与花之间的矛盾也较突出。在同一朵受精花中，受精的胚珠间亦有竞争营养的矛盾，如一般枣核中，多数只有一粒种子发育正常，另一个胚株发育过程中失利而败育或于中后期死亡，成为秕粒。总之营养物分配的不均性，普遍存在于枣树各个器官的发育过程中。枣农往往通过肥水、修剪、摘心、喷植物生长调节剂和微肥来缓和这种矛盾，以获得高产。

（二）营养分配的局限性

营养分配的局限性在枣树上明显存在。如在枣树一侧追肥，由于同侧运输的效应，在施肥一侧的冠部，叶绿、吊长、花旺、果多，而另一侧则叶色黄绿、吊短、果少。枣吊叶片制造的有机营养多数供应本枝果实发育，一部分输送给枣股，由枣股输送给同股其他缺少营养的果枝。同一枣头枝上合成的有机营养多用于本枝（头）器官的建造，其营养物除自用和下运外，一般不向另一枣头枝转运，因此枣头摘心，控制营养生长，有利于当年结果；对徒长发育枝进行短截，以减少养分消耗，促进增产。

（三）营养分配的异质性

不同器官在不同的发育期内所需要的营养物，有着质的不同。如根部吸收的营养物，其分配在极性作用下，与根压、蒸腾拉力及输导组织直接相关，显示了同侧运输自下面上的整体性。而同化产物的分配，受代谢强度，器官类型及运输局限性的影响，构成树体不同部位，不同发育期需求相应的不同物质，这物质在成分和性质上，有着根本的差异性。由于这种差异性的存在而决定了器官的类型和建造速度，表现出了结构的异质性。这就是枣树早熟、晚熟、丰产、抗寒，观赏、制干、鲜食等品种的形成的根本要素。

（四）营养分配的集中性

枣树的营养分配和输送，随着物候期而变化，营养物集中向该物候期生长量最大的器官输送，其他器官分配营养物的量相应减少。这种营养分配和运输过程，反映了枣树对营养物的自控功能。

1. 萌芽、开花期（4～7 月上旬）　主要利用上年秋季碳素代谢过程中贮备的营养，以满足萌芽，抽枝，展叶，花芽分化、现蕾开花、坐果的需要。此时枣吊与枣头，叶与蕾，花与果之间，处于复杂的矛盾之中。当土壤肥水充足、枣吊旺长时，反而导致坐果不良；花量过大、坐果过多时，则影响中期新生枣头的萌发，因此花期摘心，追施氮、磷、钾复合肥或根外追肥，是保证枣树丰产主要措施之一。

2. 果实发育期（7 月中～8 月下旬）　在果实生长发育期内，枝、叶皆已停止生长，争夺营养的两大对手，一个是花，另一个是果。在同一果实中，是受精的胚珠、果肉、核层组织间对营养的竞争，此时还有少部分枣头在生长，也需相当量的养分，不过在此期叶片已开始生产有机营养，供应自身和果、花、枝的发育，若前期保叶不好，遭受了虫害或叶片受到枣壁虱、介壳虫的威胁，影响光合作用的进行，减少有机营养的供应，必将导致大量落花、落果。有时因枣树缺少修剪，枝条丛生，杂乱无章紧密的叶幕直接影响了树冠内部通风透光，使叶片制造的营养只能保证自身呼吸消耗，无力支持花、果、枝的发育，所以枝叶过密，植株位于冠内中下部的果枝，落花、落果相对较重，甚至骨干枝上的果枝，也因连年饥饿而被迫干枯。

3. 果熟落叶期（9月上旬～落叶期）　此期除根系继续缓慢生长外，地上营养生长基本停止。坐实纵径生长较慢，横径生长加速，果肉内的糖分、蛋白、脂肪、苷类在不断合成和积累，因此需要大量的光合产物。绿色器官所制造的有机物，除一部分向果实输送外，另一部分则向枝、干和根系等贮藏器官转运，以备下年萌芽、开花之用，故在枣果采收后出现积累高峰。此期农业措施的关键是提高叶片光合效率，防止叶片早衰、早落。

第三节　枣园施肥技术

枣树在生长发育过程中，不同时期需肥的种类、数量也各不相同（表7-1）。一般花期是需氮最多时期，果期是需磷最多时期。氮磷在枣树生长前期、枝叶快速生长期，参与物质代谢而需求量大。因此，枣树应按不同物候期分期追肥，以保证树体正常生长发育对营养物质的需求。

一、施肥时期和种类

枣树的施肥时期应根据不同生育期的需肥特点及肥料的种类、性质、作用等多方面综合考虑，一般以秋施基肥和夏季追肥为主。

1. 秋施基肥　基肥以有机肥为主，符合枣树绿色栽培要求，有利于提高树体的抗病能力，有助于提高枣果的品质和市场竞争力，从而有效地提高枣树的栽培效益。有机肥的种类包括各种家畜、家禽粪便，人粪、尿，绿肥、堆肥等。有机肥是全营养肥料，不仅含有枣树生长发育所必需的氮、磷、钾主要元素，还含有很多微量元素，施用有机肥不仅可提高土壤肥力，而且可有效地改善土壤理化结构，为枣树生长结果，奠定良好的物质基础。

表 7-1　常用有机肥料养分含量

种类	有机质（%）	氮（%）	磷（%）	钾（%）
一般堆肥	15.0～25.0	0.4～0.5	0.18～0.26	0.45～0.70
人粪尿	5.0～10.0	0.5～0.8	0.2～0.4	0.2～0.3
猪厩肥	25.0	0.45	0.19	0.60
羊厩肥	31.8	0.83	0.23	0.67
鸡粪	25.5	1.63	1.54	0.85
牛粪	14.5	0.32	0.25	0.16
紫花苜蓿		0.54	0.14	0.40
豆类		0.60	0.12	0.58

施用时间：在枣果采收后到土壤封冻前（11 月上旬～12 月上旬）进行。秋季早施基肥，土壤温度较高，有利于肥料分解。施用有机肥，要提前进行腐熟，禁施生肥，以免造成肥害。在生产上，秋施基肥应用的极少，大部分枣农在翌年春天土壤解冻后至枣树发芽前施基肥。

2. 夏季追肥　枣树营养供给除施基肥外，在枣树生长期应追施速效性肥料，以满足各器官正常发育对养分的需求。一般一年追肥 5～7 次，追肥又分地面追肥和叶面喷肥。

地面追肥：以氮、磷、钾肥为主。一年追施 2～3 次。第一次追肥，以氮、磷肥为主在 6 月中下旬，枣树幼果期追施。避免早春、花期追施速效化肥，造成花期树体旺长。实践证明延缓追肥时期，有利于枣树坐果。第二次追肥在 7～8 月果实膨大期，以磷、钾肥为主，减少落花落果，加速果实膨大，促进根系生长。

叶面喷肥：以氮、磷、钾及各类微肥为主。如：氮、磷、钾、铁、锰、锌、硼、稀土等肥料等。一年喷洒 3～4 次。叶面追肥也称根外追肥，是指在枣树生长结果的关键时期，将所需的营养元素均匀喷洒到叶面上，以补充树体营养的不足。叶面喷肥简便易行、见效快、效果好。据试验，一般叶面喷肥1～2h后，营养元素就能被树体吸收利用。叶面喷肥要均匀、细致，尤其是叶的背面要着重喷到，一般喷施尿素等肥料浓度为0.1%～0.3%，喷施时期最适温度为20～25℃，夏季在上午10点前和下午6点之后为最好。若天气温度过高，不宜喷施尿素，磷酸二氢钾等肥料或减量喷施，以免发生肥害。

二、施肥方法

枣树施肥方法要依据树龄的大小、栽植密度、土壤类型、肥料的种类和特点而确定。常见的土壤施肥法有以下几种：

（一）土壤施肥方法

1. 环状沟施　在树干外围投影处挖一条环状沟，沟宽30～50cm、深40cm，有机肥与表土混合后填入沟内，并及时将沟填平，此法适用于幼龄枣树。

2. 放射状沟施　在距树50～80cm处至树冠外围挖4～6条深、宽各30～50cm的里浅外深的放射状沟，将有机肥与表土混合后施入沟底，将沟填平，此法适用于成龄大树。

3. 条状沟施　顺树行在树冠一侧外围挖一条长沟或在株间挖一条短沟，沟宽、深各为30～50cm，条状沟要在树冠两侧轮换位置，年年交换施用。此法适用于成龄枣园。

4. 全园或树盘撒施　将肥料均匀地撒在园内或树冠下，然后深翻30～40cm，将肥料翻入土中，此法适用于密植枣园或成龄树。

5. 穴状施肥　在树冠外围绕树冠投影，每隔50cm挖若干个长、宽各30cm左右，深30～40cm的穴，然后将肥施入穴中，此法适用于枣粮间作的大枣树。

6. 灌溉施肥　将液体肥料，结合灌水滴入水中，或将水溶肥按一定量撒施枣树树冠外围，随后浇灌。

（二）土壤施肥注意事项

施肥方法每年要交替使用，在挖沟施基肥时，深度不少于40cm，做到肥料深施，肥料深施有以下几个特点：

1. 深施可引导枣树根系向下生长，增强枣树根系吸收土壤深层水分的能力，有效的提高枣树的抗旱和抗风能力，这对干旱地区来讲意义非常重大。

2. 肥料深施，扩大了施肥面积，同时也扩大了枣树根系的吸收面积，提高了施肥效果和枣树营养的供应水平。

3. 肥料深施可有效地改善深层土壤质量，增加深层土壤有机质含量，为提高红枣品质和质量奠定基础。

三、施肥量

（一）基肥施用量

以树龄和结果情况而定，结果初期的枣树按照“一斤果，一斤肥”的标准施入，进入盛果期的枣树按照“一斤果，两斤肥”的标准施入。一般，1～5 年的幼树，每亩应施农家肥 1 000kg 左右；6～10 年生结果树，每亩施农家肥 2 000～2 500kg，磷酸二铵 10kg，尿素 20kg；10 年生以上盛果期结果树，每亩施农家肥 3 000～4 000kg；磷酸二铵 15～20kg，尿素 20～30kg。

（二）追肥量

枣树追肥进行 2 次。第一次 6 月中下旬幼果期，每亩追施尿素 20～30kg，磷酸二铵 15～20kg；第二次 7～8 月果实膨大期，每亩追施尿素 15～20kg，硫酸钾 20～30kg，或平衡型复合肥 30～50kg。

（三）叶面喷肥

一年 3～4 次，盛花期为提高坐果率一般喷 0.1%的硼肥及含有其他较多微量元素的氨基酸类叶面肥；果实膨大期喷 1～2 次叶面肥，如：稀土氨基酸果实膨大期喷 1～2 次叶面肥，如钙镁硼锌铁等微量元素叶面肥。叶面喷肥要与病虫害防治相结合（表 7-2）。

表 7-2　枣树叶面喷肥常用肥料

肥料种类	喷洒浓度（%）	喷洒时间
尿素	0.2～0.3	生长期
磷酸二氢钾	0.1～0.2	生长期
硼酸	0.1	花期
农用稀土元素	0.05	开花期
氨基酸	1 000 倍液	生长期、花期

四、不同龄期枣树施肥案例

幼树期：树龄 1～8 年生，其中第 1～5 年为生长期，第 6～8 年为生长结果期，11 上旬至中旬或 3 月中旬中 4 月上旬施基肥，每亩施腐熟的农家肥 1 000～2 000kg，同时每亩尿素 20～25kg，磷酸二铵 10～15kg；7 月上旬追施每亩尿素 15～20kg，硫酸钾肥 15～20kg，或平衡型复合肥 25～30kg。

盛果期：树龄在 9～20 年生，3 月中旬至 4 月上旬施基肥，每亩施腐熟的农家肥 3 000～4 000kg，同时每亩尿素 15～20kg，磷酸二铵 10～15kg；6 月中下旬每亩追施尿素 20～30kg，磷酸二铵 15～20kg，7 月中下旬冲施高磷高钾水溶肥 8～10kg，冲施 1～2 次，每次间隔 10～15d 或追施平衡型复合肥 30～40kg。

衰老期：树龄在 20 生以上，3 月中旬中 4 月上旬施基肥，每亩施腐熟的农家肥 3 000～4 000kg，同时每亩尿素 20～30kg，磷酸二铵 15～20kg；6 月中下旬每亩追施尿素 15～25kg，磷酸二铵 10～15kg。7 月中下旬冲施高磷高钾水溶肥 8～10kg，冲施 1～2 次，每次间隔 10～15d 或追施平衡型复合肥 30～50kg。

第四节　常用肥料知识

一、常用肥料的种类与性质

（一）肥料的种类

1. 按化学成分、生物活性、作用效果可分为有机肥、无机肥和有机菌肥等三种。

2. 按营养元素可分为：大量元素肥料、中量元素肥料和微量元素肥料。

3. 按物理状况可分为固体肥、液体肥和气体肥。

4. 按肥效快慢可分为速效肥和缓效肥。

5. 按作用分直接肥料、间接肥料和刺激肥料三种。

6. 按养分多少可分为单质肥料、复合（混）肥料和完全肥料。

7. 按化学性质可分为酸性肥料、中性肥料和碱性肥料。

（二）肥料的性质

1. 化学肥料 化学肥料是用化学或物理方法生产的含有一种或几种营养元素的肥料，是氮磷钾钙铁铜镁等及复合肥料的总称。其基本特性是以无机矿物质为主，养分比较单一，相对含量高，溶解性好，但性质不稳定。

2. 有机肥料 有机肥料是来自于动物或植物，由动物、植物的残体或其排泄物制成。其特性是含有大量的有机质，多种营养成分，大量的微生物，但养分含量低。

3. 有机菌肥 在充分腐熟发酵好的有机物中加入一定比例的有益活性菌，充分均匀并经工艺造粒而成的生物菌肥料。其特性是既有有机肥的特性又有菌肥的功能，但养分含量较低。

二、肥料质量的鉴别

化肥质量的好坏，一般通过以下几个方面进行鉴定：一是有效养分的含量。是指化肥中能提供枣树利用的养分含量，如氮磷钾复合肥，以含纯 N、P、K 的百分数来衡量。二是外形。品质好的化肥为白色或浅色，呈整齐的结晶或粉末状，分散性好，不结块。三是游离酸含量必须限制在一定范围内。四是含水量。商品肥料要干燥，含水量越低越好。五是无杂质。化肥要严格控制肥料中的杂质。

1. 尿素的鉴别

一查。查包装的生产批号和封口。真尿素一般包装袋上生产批号清楚且为正反面都叠边的机器封口。假尿素包装上的生产批号不清楚或没有，而且大都采用单线手工封口。

二看。真尿素是一种半透明且大小一致的白色颗粒。若颗粒表面颜色过于发亮或发暗，或呈现明显反光，即可能混有杂质，这时要当心买到假尿素。

三闻。正规厂家的尿素正常情况下无挥发性气味，只是在受潮高温后才能产生氨味。若正常情况下挥发味较强，则尿素中含有杂质。

四摸。真颗粒尿素大小一致，不容易结块，因而手感较好，而假尿素手摸时有灼烧感和刺手感。

五烧。正规厂家生产的尿素放在火红的木炭上（或烧红的铁片上）迅速熔化，冒白烟，有氨味。如在木炭上出现剧烈燃烧，发强光，且带有“嗤嗤声”，或熔化不尽，则其中必混有杂质。

六称。正规厂家生产的尿素一般与实际重量相差都在1%以内，而以假充真的尿素则与标准重量相差很大。

2. 磷酸二铵的鉴别 磷酸二铵呈弱碱性，pH为7.5～8.5，颗粒均匀，表面光滑，美国产磷酸二铵多为灰褐色或灰色颗粒，颗粒坚硬，断面细腻，有光泽，国产磷酸二铵为白色或灰白色颗粒。近几年，市场上出现了许多假冒磷酸二铵的肥料，对磷酸二铵真假的鉴别可通过如下方法进行：

一看。仔细观看包装的标志，如有“复合肥料”的字样，就可以确定不是磷酸二铵。比如，有的肥料在包装袋上印有“XXX二铵”几个大字，下面用小字标出“复混肥料”。

二烧。在木炭或烟头上灼烧，如果颗粒几乎不熔化且没有氨味，就可以确定不是磷酸二铵。

三溶。取少许肥料颗粒放入容器中用水熔解，向溶液中加入少量碱面，立刻冒出大量气泡的多为磷酸一铵、硝酸磷肥等酸性肥料；而磷酸二铵为弱碱性，加入少量碱面后，等一小会儿方能冒出气泡。

3. 钾肥的鉴别 目前市场上销售的钾肥主要有两种，一种是氯化钾，另一种是硫酸钾；此外，磷酸二氢钾作为一种磷、钾复合肥，作根外追肥，使用量也很大。

一看包装。化肥包装袋上必须注明产品名称、养分含量、等级、商标、净重、厂名、厂址、标准代号、生产许可证号码。如上述标志没有或不完整，则可能是假钾肥或劣质品。

二看外观。国产氯化钾为白色结晶体，其含有杂质时呈淡黄色。进口氯化钾多为白色结晶体或红白相间结晶体。硫酸钾为白色结晶体，含有杂质时呈淡黄色或灰白色。

三看水溶性。取氯化钾或硫酸钾、硫酸二氢钾 1g，放入干净的玻璃杯或白瓷碗中，加入干净的凉开水 10ml，充分搅拌均匀，看其溶解情况，全部溶解无杂质的是钾肥，不能迅速溶解，呈现粥状或有沉淀的是劣质钾肥或假钾肥。

四木炭试验。取少量氯化钾或硫酸钾放在烧红的木炭或烟头上，应不燃、不熔，有“劈啪”爆裂声。无此现象则为假冒伪劣产品。

五石灰水试验。有的厂商用磷铵加入少量钾肥，甚至不加钾肥，混合后假冒磷酸二氢钾。质量好的磷酸二氢钾为白色结晶，加入石灰水（或草木灰水）后，闻不到氨味，外表观察如果是白色或灰白色粉末，加石灰水（或草木灰水）后闻到一股氨味，那就是假冒磷酸二氢钾。

六铜丝试验。用根干净的铜丝或电炉丝蘸取少量的氯化钾或磷酸钾，放在白酒火焰上灼烧，通过蓝色玻璃片，可以看到紫红色火焰。无此现象，则为伪劣产品。

三、肥料的使用

（一）枣园施肥应遵循的原则与原理

1. 枣园施肥遵循的原则

（1）化肥和农家肥相结合的原则。枣园长期重施化肥，轻施农家肥，造成土壤中有机质大量消耗，土壤团粒结构被破坏，肥力减退。同时，长期大量使用化肥，也造成枣果品质严重下降，缺素症现象更为严重，因此，增施农家肥，少施化肥，是枣园施肥的重要原则。

（2）改土养根与施肥并举的原则。枣园土壤的好坏，与根系的生长、养分的有效性及利用率关系密切。如果只重视施肥，不重视改土，往往造成施肥处根系密度不高，利用率低。所以大力提倡穴肥水和沟草养根施肥法。

（3）平衡施肥原则。平衡施肥就是根据枣树的需肥规律，土壤的供肥特性和肥料效应，在以农家肥为主的基础上，根据枣产量和品质要求，科学使用化肥的技术。其重点就是要科学配比，适量使用氮磷钾和微肥。其关键是要综合考虑产量、枣树需肥量、肥料利用率和肥料的有效成分等5项指标，制定合理的配方方案。

（4）注意微量元素使用原则。缺素症的治理，枣树的增产和品质的提升，都离不开微量元素。但微量元素的应用又不可与氮磷钾等同，多通过叶面喷施进行补充，也可通过增施农家肥进行弥补。

2. 枣树施肥遵循的原理　枣树施肥要遵循最小养分率、报酬递减率和养分归还学说三大原理。

（1）最小养分率。植物为了生长发育需要吸收各种养分，这些营养元素无论是大量元素，还是微量元素，作用是同等的重要。但是，限制作物产量的只是土壤中含量最小的营养元素，枣树产量也在一定程度内随着这个元素的增加而增加，当通过施肥满足了植物对这种营养元素的需要后，另外一种相对含量最小的营养元素又会成为限制植物产量的元素，这就是最小养分率。

（2）报酬递减率。在管理措施相同的条件下，在一定的施肥量的范围内，产量随着施肥量的增加而增加，当施肥量达到一定程度后，在增加施肥量时，产量随施肥量的增加而逐渐递减，这就是报酬递减率。

（3）养分归还学说。植物以不同方式从土壤中吸收养分，必然造成土壤中的养分减少，长此以往，土壤就会贫瘠。土壤为了保持一定的生产力，必须把植物取走的养分以施肥的方式归还给土壤，在亏损和归还之间保持一种平衡，这就是养分归还学说。

（二）合理施肥的基本要求与评价

1. 合理施肥的基本要求 合理施肥是实现枣树丰产、优质、高效的关键技术措施之一。在实际生产中要做到以下几点：

（1）有机肥和化肥合理搭配。使用有机肥可以提高土壤中的有机质含量，使土壤中的有机质得到不断更新，从而改善土壤的理化性状，起到改良土壤作用。另外，有机肥是一种全营养肥料，还有多种元素，长期使用可避免生理病害的发生。但有机肥要经过一定时间的分解和转化，才能供枣树吸收和利用，因此使用有机肥当季利用率不高，效果不明显，但是养分损失少，肥效时间长。化肥养分含量高，见效快，但易损失，长期使用可造成土壤板结。合理施肥要求有机肥和化肥合理搭配，弥补了单一使用某一种肥料的不足，取长补短，优劣互补。

（2）平衡养分。要保持各营养元素之间的平衡，不论是大量元素之间或是大量元素和微量元素之间要维持平衡，只有各元素之间供应平衡，才能提高养分的利用率，增强肥效，提高产量。

（3）灵活掌握施肥方式。基肥以有机肥为主，辅以化肥，可为枣树全年提供良好的生长条件。追肥以化肥为主，能及时保证枣树生长发育对养分的需求。叶面喷肥以微肥为主，可弥补生长期养分的不足和采取的临时想补肥措施。

（4）明确枣树施肥原理。在生产上，要掌握理解枣树施肥原理，避免施肥的盲目性，提高枣树施肥的科学性、合理性。

（5）落实各项施肥技术。合理施肥不仅要根据产量、质量、经济、生态和改土等指标的综合评定。而且也要依据肥料的种类、施肥量、养肥配比、施肥时期、施肥方法和施肥位置等方面的综合因素。才能实现枣树高产、优质、安全、高效。

2. 枣树合理施肥的评价指标

（1）高产指标。通过合理施肥是枣树单产在原有的基础上有所提高，高产的指标是相对的，而不是绝对的。

（2）优质指标。通过合理施肥使养分能平衡供应，枣果质量明显提高。

（3）高效指标。通过合理施肥，不仅能提高产量，改善品质，而且降低了投入产出比，施肥效益明显增加。

（4）生态指标。通过合理施肥，尤其是定量施肥，控制化肥使用量，减少了环境的污染，提高了环境质量。

（5）改土指标。通过合理施肥，尤其是通过有机肥和化肥的配合施用，使枣园的土壤肥力有所提高，从而达到改土的目标。

四、肥料的试验

肥料田间试验设计方案

（一）试验目的

肥料田间试验的目的主要是鉴定、评价肥料在植物生物学性状、产量、品质和效益等方面的作用及作用大小。

（二）试验材料

1. 供试肥料　试验肥料名称、成分含量、生产厂家等。

2. 试验地　地势平坦、土壤肥力均匀一致。

3. 供试材料　选择树体均匀、生长良好、树龄一致的同一品种枣树。

（三）试验设计

根据肥料试验的目的不同，设计不同试验处理（表 7－3 至表 7－6）。

表 7－3　不同种类肥料对枣树影响

施肥方法	土施	喷施
肥料种类	对照：空白施肥（不施任何肥料） 处理 1：供试肥料 1 处理 2：供试施肥 2 处理 3：供试肥料 3 处理 4：供试肥料 4 ……	对照：空白施肥（等量清水） 处理 1：供试肥料 1 处理 2：供试施肥 2 处理 3：供试肥料 3 处理 4：供试肥料 4 ……
采用完全随机区组排列方式，每个处理重复不少于 3 次		

表 7-4　同一肥料不同施肥量对枣树影响

施肥方法	土施	喷施
施肥量（kg/株）	对照：空白施肥（不施任何肥料） 处理 1：施肥量 1 处理 2：施肥量 2 处理 3：施肥量 3 处理 4：施肥量 4 ……	对照：空白施肥（等量清水） 处理 1：施肥量 1 处理 2：施肥量 2 处理 3：施肥量 3 处理 4：施肥量 4 ……
采用完全随机区组排列方式，每个处理重复不少于 3 次		

表 7-5　同一肥料不同施用次数对枣树影响

施肥方法	土施	喷施
施肥次数	对照：空白施肥（不施任何肥料） 处理 1：1 次 处理 2：2 次 处理 3：3 次 处理 4：4 次 ……	对照：空白施肥（等量清水） 处理 1：1 次 处理 2：2 次 处理 3：3 次 处理 4：4 次 ……
采用完全随机区组排列方式，每个处理重复不少于 3 次		

表 7-6　土壤施肥的不同施肥方式对枣树的影响

处理	对照	处理 1	处理 2	处理 3	处理 4	……
施肥方式	不施任何肥料	沟施	穴施	辐射状施	撒施	
采用完全随机区组排列方式，每个处理重复不少于 3 次						

（四）试验结果调查与分析

1. 样品采集

（1）土壤样品采集。分别在枣树不同成熟期采集土壤样品并进行检测。每个处理小区采用五点法采样，混合后的土壤采再用四分法留取 1kg 左右，采样深度为 0～30cm，采回的土壤在室内风干磨细，过 1mm 和 0.25mm 筛备用。

（2）果实采集。枣果采收期在每株供试枣树树干外围新梢中部，东、南、西、北四个方向各选取 3 个果实，每处理果实混合装袋并标号，采集后立即放入冰箱中保鲜，用以测定果实品质。

（3）枣头的采集。在枣头停止生长后，采用 S 法选取 3～5 个样株，调查每株样本枣树的枣头数量，测量枣头的长度、粗度和二次枝数量。

（4）结果样枝的采集。在 7 月下旬至 8 月上旬，采用 S 法选取 3～5 个样株，每样株东西南北四个方位分别选取一个 3～6 生枣头枝，作为样枝调查样枝的枣吊数和果数，并计算吊果比；9 月下旬至 10 月上旬，测量单果重、枣果的纵横径和单株产量。

2. 结果分析

（1）土壤样品检测项目。pH，有机质、有效磷、速效钾、碱解氮、碳酸根离子、碳酸氢根离子、氯离子、硫酸根离子、钙离子、镁离子、钾离子、钠离子等的含量。

（2）果实品质检测项目。总糖、可溶性糖、总酸、维生素 C、蛋白质、环磷酸腺苷、单宁等的含量。

（3）枣头的测量项目。枣头的数量、长度、粗度和二次枝的数量长度、粗度等（表 7－6）。

（4）产量的测量项目。吊果比、单果重、枣果纵横径，单株产量等（表 7－7）。

表 7－7　各处理对枣树生长量的影响

项目	枣头枝			二次枝		
	数量（个）	长度（cm）	粗度（cm）	数量（个）	长度（cm）	粗度（cm）
对照						
处理 1						
处理 2						
处理 3						
……						

表 7-8　各处理对枣树产量的影响

项目	吊果比			枣果纵径（cm）	枣果横径（cm）	单果重（g）	单株产量（kg/株）
	吊数	果数	吊果比				
对照							
处理 1							
处理 2							
处理 3							
……							

第五节　枣园施肥新技术

一、水肥一体化技术

水肥一体化技术，指灌溉与施肥融为一体的农业新技术。水肥一体化是借助压力系统（或地形自然落差），将可溶性固体或液体肥料，按土壤养分含量和作物种类的需肥规律和特点，配兑成的肥液与灌溉水一起，通过可控管道系统供水、供肥，使水肥相融后，通过管道和滴头形成滴灌，均匀、定时、定量浸润作物根系发育生长区域，使主要根系土壤始终保持疏松和适宜的含水量；同时根据不同的作物的需肥特点，土壤环境和养分含量状况，作物不同生长期需水，需肥规律情况进行不同生育期的需求设计，把水分、养分定时定量，按比例直接提供给枣树。

（一）技术优点

水肥一体化技术的优点是灌溉施肥的肥效快，养分利用率大幅提高。可以避免肥料施在较干的表土层易引起的挥发损失、溶解慢，导致肥效发挥慢的问题；尤其避免了氮和脲态氮肥施在地表挥发损失的问题，既节约氮肥又有利于环境保护。据华南农业大学张承林教授研究，水肥一体的技术比常规施肥节省肥 50%～70%；同时，大大降低了枣园中因过量施肥而造成的水体污染问题。由于水肥一体化技术通过人为定量调控，满足枣树在关健生育期“吃饱喝足”的需要，极大避免了缺素症状的发生，因而在生产上可达到枣树的产量和品质均良好的目标。

（二）技术要领

水肥一体化是一项综合技术，涉及枣树灌溉、枣树栽培和土壤耕作等多方面，其主要技术要领须注意以下四方面。

1. 建立一套滴灌系统　在设计方面，要根据地形、田块、单元、土壤质地、枣树种植方式、水源特点等基本情况，设计管道系统的埋设深度、长度、灌区面积等。水肥一体化的灌水方式可采用管道灌溉、喷灌、微喷灌、泵加压滴灌、重力滴灌、渗灌、小管出流等。特别忌用大水漫灌，这容易造成氮素损失，同时也降低水分利用率。

2. 设计施肥系统　在田间要设计为定量施肥，包括蓄水池和混肥池的位置、容量、出口、施肥管道、分配器阀门、水泵肥泵等。

3. 选择适宜肥料种类　可选液态或固态肥料，如氨水、尿素、硫铵、硝铵、磷酸一铵、磷酸二铵、氯化钾、硫酸钾、硝酸钾、硝酸钙、硫酸镁等肥料；固态以粉状或小块状为首选，要求水溶性强，含杂质少，一般不应该用颗粒状复合肥（包括中外产品）；如果用沼液或腐殖酸液肥，必须经过过滤，以免堵塞管道。

4. 灌溉施肥的操作

（1）肥料溶解与混匀。施用液态肥料时不需要搅动或混合；一般固态肥料需要与水混合搅拌成液肥，必要时分离，避免出现沉淀等问题。

（2）施肥量控制。施肥时要掌握剂量，注入肥液的适宜浓度大约为灌溉流量的0.1%。例如灌溉流量为50m^3/亩，注入肥液大约为50升/亩；过量施用可能会使作物致死以及污染环境。

（3）灌溉施肥的程序分3个阶段。第一阶段，选用不含肥的水湿润；第二阶段，施用肥料溶液灌溉；第三阶段，用不含肥的水清洗灌溉系统。

（三）实施效果

水肥一体化技术是一项先进的节本增效的实用技术，在有条件的枣区只要前期的投资解决，又有技术力量支持，推广应用起来将成为助农增收的一项有效措施。其实施效果主要是省肥节水、省工省力、降低湿度、减轻病害、增产高效等。

1. 水肥均衡 传统的浇水和追肥方式，枣树饿几天再撑几天，不能均匀地“吃喝”。而采用科学的灌溉方式，可以根据作物需水需肥规律随时供给，保证枣树“吃得舒服，喝得痛快”！

2. 省工省时 传统的沟灌、施肥费工费时，非常麻烦。而使用滴灌，只需打开阀门，合上电闸，几乎不用工。

3. 节水省肥 滴灌水肥一体化，直接把枣树所需要的肥料随水均匀的输送到枣树的根部，大幅度地提高了肥料的利用率，可减少50%的肥料用量，水量也只有沟灌的30%～40%。

4. 减轻病害 滴灌能降低枣园的湿度，减轻病害的发生。

5. 控温调湿 滴灌能控制浇水量，降低湿度，提高地温。传统沟灌会造成土壤板结、通透性差，枣树根系处于缺氧状态而引起的作物沤根、黄叶等问题。

6. 增加产量，改善品质，提高经济效益 滴灌的工程投资（包括管路、施肥池、动力设备等）约为1 000元/亩，可以使用5年左右，每年节省的肥料、水和农药生产资料至少为700元，增产幅度可达30%以上。

二、测土配方施肥技术

测土配方施肥，就是通称的平衡施肥。概括来说，一是测土，取土样测定土壤养分含量；二是配方，经过对土壤的养分诊断，按照枣树需要的营养“开出处方、按方配肥”；三是合理施肥，就是在专业科技人员指导下科学施用配方肥。

（一）测土配方施肥的必要性

枣树生长的根基在土壤，枣树养分60%～70%是从土壤中吸收的。土壤养分种类很多，主要分三类：第一类是土壤里相对含量较少，枣树吸收利用较多的氮、磷、钾，为大量元素。第二类是土壤含量相对较多可是枣树需要却较少的硫、铁、钙、镁等，为中量元素。第三类是土壤里含量很少、枣树需要的也很少，主要是铜、硼、锰、锌、钼等，为微量元素。土壤中包含的这些营养元素，都是枣树生长发育所必需的。肥料的应用有三大基本规律：第一是同等重要律。不论是大量元素还是中、微量元素，对枣树同等重要，缺一不可。如果某一种微量元素不足，尽管枣树对它的需要量仅有百万分之几，也会产生微量元素缺乏症，从而导致减产。第二是不可代替律，枣树需要的各种营养元素在树体内部都有它们的一定功能，互相之间不能代替。第三是最小养分律，要保证枣树正常生长发育而获得高产，必须满足它所需要的一切营养元素，其中有一种元素达不到需要的数量，枣树生长发育就会受到影响，产量就受这一供给不足的营养元素所制约，称这种元素为最小养分。通过测土配方平衡施肥，科学地确定有机、无机肥料和氮、磷、钾肥料搭配的最佳经济用量和比例，以最大限度地发挥肥料的增产作用。

（二）测土配方施肥的主要内容

根据土壤供肥能力和生长发育的需要，确定施用的肥料种类、数量及各生育阶段的分配比例，分段多次施肥，是配方施肥的重要内容，是一项较复杂的技术，农民掌握起来不容易，只有把该技术物化后，才能够真正实现。即测、配、产、供、施一条龙服务，由专业部门进行测土、配方，由化肥企业按配方进行生产并供给农民，由专业技术人员指导科学施用。简单地说，就是农民直接买配方肥，再按具体方案施用。这样，就把一项复杂的技术变成了一件简单的事情，这项技术才能真正应用到农业生产中去，才能发挥出它应有的作用。

（三）测土配方施肥的基本步骤

测土配方施肥技术包括“测土、配方、配肥、供应、施肥指导”五个核心环节、九项重点内容。

1. 田间试验 田间试验是获得各种枣树最佳施肥量、施肥时期、施肥方法的根本途径，也是筛选、验证土壤养分测试技术、建立施肥指标体系的基本环节。通过田间试验，掌握各个施肥单元不同作物优化施肥量，基肥、追肥分配比例，施肥时期和施肥方法；摸清土壤养分校正系数、土壤供肥量、各枣树品种需肥参数和肥料利用率等基本参数；构建枣树施肥模型，为施肥分区和肥料配方提供依据。

2. 土壤测试 土壤测试是制定肥料配方的重要依据之一，随着我国种植业结构的不断调整，高产枣品种不断涌现，施肥结构和数量发生了很大的变化，土壤养分库也发生了明显改变。通过开展土壤氮、磷、钾及中、微量元素养分测试，了解土壤供肥能力状况。

3. 配方设计 肥料配方设计是测土配方施肥工作的核心。通过总结田间试验、土壤养分数据等，划分不同区域施肥分区；同时，根据气候、地貌、土壤、耕作制度等相似性和差异性，结合专家经验，提出不同枣品种的施肥配方。

4. 校正试验 为保证肥料配方的准确性，最大限度地减少配方肥料批量生产和大面积应用的风险，在每个施肥分区单元设置配方施肥、农户习惯施肥、空白施肥 3 个处理，以当地主要作物及其主栽品种为研究对象，对比配方施肥的增产效果，校验施肥参数，验证并完善肥料配方，改进测土配方施肥技术参数。

5. 配方加工 配方落实到农户田间是提高和普及测土配方施肥技术的最关键环节。目前不同地区有不同的模式，其中最主要的也是最具有市场前景的运作模式就是市场化运作、工厂化加工、网络化经营。这种模式适应枣农科技素质低、土地经营规模小、技物分离的现状。

6. 示范推广 为促进测土配方施肥技术能够落实到田间，既要解决测土配方施肥技术市场化运作的难题，又要让广大枣农亲眼看到实际效果，这是限制测土配方施肥技术推广的“瓶颈”。建立测土配方施肥示范区，为枣农创建窗口，树立样板，全面展示测土配方施肥技术效果，是推广前要做的工作。推广“一袋子肥”模式，将测土配方施肥技术物化成产品，也有利于打破技术推广“最后一公里”的“坚冰”。

7. 宣传培训　测土配方施肥技术宣传培训是提高枣农科学施肥意识，普及技术的重要手段。枣农是测土配方施肥技术的最终使用者，迫切需要向枣农传授科学施肥方法和模式；同时还要加强对各级技术人员、肥料生产企业、肥料经销商的系统培训，逐步建立技术人员和肥料商持证上岗制度。

8. 效果评价　枣农是测土配方施肥技术的最终执行者和落实者，也是最终受益者。检验测土配方施肥的实际效果，及时获得枣农的反馈信息，不断完善管理体系、技术体系和服务体系。同时，为科学地评价测土配方施肥的实际效果，必须对一定的区域进行动态调查。

9. 技术创新　技术创新是保证测土配方施肥工作长效性的科技支撑。重点开展田间试验方法、土壤养分测试技术、肥料配制方法、数据处理方法等方面的创新研究工作，不断提升测土配方施肥技术水平。

（四）测土配方施肥的方法

测土配方施肥方法归纳起来有三大类六种方法：第一类是地力分区法；第二类是目标产量法，包括养分平衡法和地力差减法；第三类是田间试验法，包括肥料效应函数法、养分丰缺指标法、氮磷钾比例法。

1. 地力分区配方法　利用土壤普查、耕地地力调查和当地田间试验资料，把土壤按肥力高低分成若干等级，或划出一个肥力均等的枣园，作为一个配方区，再应用资料和田间试验成果，结合当地的实践经验，估算出这一配方区内，比较适宜的肥料种类及其施用量。这一方法的优点是较为简便，提出的肥料用量和措施接近当地的经验，方法简单，群众易接受。缺点是局限性较大，每种配方只能适应于生产水平差异较小的地区，而且依赖于一般经验较多，对具体枣园来说针对性不强。

2. 目标产量配方法　根据作物产量的构成，由土壤本身和施肥两个方面供给养分的原理来计算肥料的用量。先确定目标产量，以及为达到这个产量所需要的养分数量，再计算作物除土壤所供给的养分外，需要补充的养分数量，最后确定施用多少肥料。包括养分平衡法和地力差减法。

3. 田间试验法 通过简单的单一对比，或应用较复杂的正交、回归等试验设计，进行多点田间试验，从而选出最优处理，确定肥料施用量，田间实验有三种方法：

（1）肥料效应函数法。即采用单因素、二因素或多因素的多水平回归设计进行布点试验，将不同处理得到的产量进行数理统计，求得产量与施肥量之间的肥料效应方程式。根据其函数关系式，可直观地看出不同元素肥料的不同增产效果，以及各种肥料配合施用的效果，确定施肥上限和下限，计算出经济施肥量，作为实际施肥量的依据。这一方法的优点是能客观地反映肥料等因素的单一和综合效果，施肥精确度高，符合实际情况，缺点是地区局限性强，不同土壤、气候、耕作、品种等需布置多点不同试验。

（2）养分丰缺指标法。此法利用土壤养分测定值与作物吸收养分之间存在的相关性，对不同枣园通过田间试验，根据在不同土壤养分测定值下所得的产量分类，把土壤的测定值按一定的级差分等，制成养分丰缺及应该施肥量对照检索表。在实际应用中，只要测得土壤养分值，就可以从对照检索表中，按级确定肥料施用量。

（3）氮、磷、钾比例法。原理是通过田间试验，在一定地区的土壤上，取得枣园不同产量情况下各种养分之间的最好比例，然后通过对一种养分的定量，按各种养分之间的比例关系，来决定其他养分的肥料用量。

三、叶片营养诊断施肥技术

1. 叶分析的基本原理 叶分析是植物营养诊断的前提。它的基本原理是李比希的“最小养分律”，即植物体内各种营养元间的生理功能不能相互代替。在某种元素缺乏时，必须及时补这种元素，植物才能恢复正常生长；而缺素越严重，增加供给的在效应越大。

2. 叶样的采集　叶分析采样宜在叶片营养元素变化较缓期采取。毛永民（1988）等认为枣树进行采样的适期应在 7 月上旬至 8 月中旬。叶样应尽量做到标准一致，一般选代表性植株 5～10 株，于树冠外围同一高度选 50～100 个多年生枣股上的枣吊采枣吊中部叶 1 片。

3. 营养诊断指标的确定　对潜在缺素临界指标的确定，可采取调查研究和叶分析相结合的方法。对适量含量范围和过多中毒指标的确定，最好用田间肥效试验。在正常枣树上布置多级差肥料试验，经过多年的定位试验，确定诊断指标。

第八章　枣树整形修剪

整形修剪是枣树简化、优质栽培中其中一项关键技术措施。科学的整形修剪可以使枣树具有一定的树形，树体结构趋于合理，提早进入结果龄期，延长盛果期结果年限，改善通风透光条件，减少病虫危害，提高枣果品质。

第一节　枣树特性与整形修剪

一、芽

枣树芽与其他果树不一样，具有主芽、副芽和潜伏芽。主芽着生于枣头枝的顶端和枣头一次枝与二次枝的枝腋间以及枣股的上端。着生于枣头一次枝与二次枝的枝腋间和枣股的上端的主芽多为隐芽，在一般情况下不萌发，但在树势过旺或受到刺激时萌发成枣头枝。在生产上，常利用其特性通过短截、剪除和回缩等修剪手法培养扩大或更新树冠。

副芽着生于主芽的左上方或右上方，其中枣头一次枝与二次枝的枝腋间的副芽随形成随萌发成为二次枝，枣股上的副芽随形成随萌发成枣吊。

潜伏芽，又叫休眠芽、不定芽。着生于枣树的各个部位，寿命较长，一般情况下不萌发，常年处于休眠状态，只有受刺激后才易萌发。在生产上，常利用其特性通过断根，培养根蘖苗或疏除大枝和回缩，进行树冠的更新复壮。

二、枣头枝

枣头枝，又叫发育枝，由一次枝和二次枝组成，枣头枝基部着生脱落性二次枝，较上部着生永久性二次枝，以中下部的永久性二次枝长而健壮。在生产上，常利用优良品种树上枣头的一次枝做为接穗进行枣树高接，开展品种改良，或者是采取枣头枝重摘心，使枣头下部的脱落性二次枝木质化，促其坐果。

三、枣股

枣股着生在二年生以上二次枝的节间处，又叫结果母枝。枣股年生长量较小，每年只生长有 0.1～0.2cm，寿命可达 15～20 年。枣股的顶端着生主芽，四周着生副芽。副芽每年可抽生枣吊，随着股龄的增长、枝条的部位、枝的生长势和枣品种的不同抽生枣吊的数量也不同，一般可抽生 2～9 个。枣股顶端的主芽受刺激后可萌发形成枣头，在生产上，常利用其特性通过短截刺激其萌发形成新的枣头，培养新的结果枝组或更新树冠。

四、枣吊

枣吊由枣股四周的副芽或一次枝基部及二次枝节间的副芽萌发而成。枣吊当年萌发当年脱落，故又叫脱落性枝。枣吊一般长约 10～35cm，具 10～20 片叶，叶腋间形成花序，开花结果。在同一枣吊上，以 4～8 节的叶片最大，3～7 节结果最多。在生产上，常进行枣吊打尖，以促其中上部开花结果。

五、物候期

枣的物候期因地区、年份、品种的不同而不同，一般 4 月上中旬萌芽（平均气温达 11～15℃）；5 月中下旬始花（平均气温达 23℃）；5 月下旬至 6 月上旬为盛花期（平均气温 24～25℃）；6 月上旬至 7 月下旬为幼果期；9 月中下旬枣果成熟；10 月中下旬枣果采收；10 月下旬旬气温达 15℃时落叶；11 月下旬旬均气温达 11～

13℃时落枣吊，枣树进入休眠期。在生产上，枣树的整形修剪主要是依据枣树的物候期开展，休眠期运用短截、回缩和疏除等措施，生长期采用抹芽、摘心和扭枝等措施。

第二节　枣树的整形技术

一、整形原则

枣树的整形按照“因地制宜、因树整形，有形不死、无形不乱”的原则，“因地制宜、因树整形”就是按照当地的土壤、气候、水源等自然条件和栽植品种、栽培模式等生产需求，培养一定的树体结构。“有形不死、无形不乱”就是若按照一定的树体结构培养树形，但树体结构不是一成不变的，若没有一定的树形，但树体结构不可紊乱，也就是枣树整形上树体结构只要合理就行。在实际运用中，不可片面的强求一定的或固定的树形，各种树形要灵活运用，结合实际不断创新，重点是培养合理的树体结构。

二、常见树形及培养方法

（一）主干分层形

1. 树形特点　树体骨架高大，层次分明，枝多，级次明显，树体可立体结果，负载量大，产量高。

适用于一般的枣粮（棉）间作枣园，栽植模式为株行距 4.0m×(6.0～8.0)m。

2. 树体结构　树高 4～6m，干高 1.0～1.2m，有主枝 6～9 个，分 2～3 层上下排列。第一层主枝 3～4 个，基角 60°～70°；第二层主枝 2～3 个，与第一层间距 0.8～1.0m，基角 50°～60°；第三层主枝 1～2 个，与第二层间距 0.6～0.8m，基角 30°～40°。第三层以上不再保留中心枝干。第一层和第二层主枝上各配 1～3 个侧枝，第三层主枝上不再培养侧枝。结果枝组在同侧间距要保持

50～60cm，大小要依据空间和方位而定。

3. 整形方法　嫁接苗栽植第一年保留 30cm 截干后或栽植的归圃苗嫁接第一年，当苗木生长至 1.2～1.5m 时进行枣头摘心。

第二年：在距地面 1.0～1.2m 处选择 3～4 个生长健壮的二次枝保留 2～3 节短截，刺激萌发新枝形成第一层主枝。同时对顶部的第一个二次枝保留 1～2 节短截，刺激其萌发新的中心干枝。待萌发的新枝生长至 6～8 个二次枝时摘心。注意摘心时顶端第一个二次枝方向向外。

第三年：在第一层各主枝的同侧距主干 40～50cm 处选择一个健壮的二次枝保留 1～2 节短截，促其萌发形成侧枝；在距第一层主枝 80～100cm 处选择 2～3 个健壮的二次枝保留 2～3 节短截，促其萌发形成第二层主枝，待萌发的新枝生长至 5～7 个二次枝时摘心。

第四年：对第一层和第二层各主枝顶部第一个二次枝保留 2～3 节短截，促其萌发形成主枝延长枝；对中心干顶部的第一个二次枝保留 1～2 节短截，促其萌发新枝延长树干高度。同时，在第二层 1～2 个主枝的同侧距主干 30～40cm 处选择一个健壮的二次枝保留 1～2 节短截，促其萌发形成第二层侧枝；在距第二层主枝 60～80cm 处选择 1～2 个二次枝保留 1～2 节短截，促其萌发新枝培养第三层主枝；待所有萌发的新枝生长至 5～7 个二次枝时摘心。树冠基本培养成型。

（二）小冠疏层形

1. 树形特点　冠形小而紧凑，骨架牢固，层次分明，立体结果，成形快，产量高，易采收（图 8.1）。

适用于矮化密植枣园，栽培模式株行距（1.5～2.0）m×(4.0～5.0)m。

2. 树体结构　树高 2.5～3.0m，干高 40～60cm，有主枝 6～7 个，分 2～3 层上下错落排列。第一层主枝 3～4 个，基角 70°左右。第二层主枝 2 个，距第一层主枝 60～80cm，基角 50°～60°。第三层主枝 1～2 个，距第二层主枝间距 40～60cm，或不培养第三层主枝。在各层主枝上不再培养侧枝，直接培养中大型结果枝组，各个枝组依次错落排列。

3. 整形方法 嫁接苗栽植第一年保留30cm截干后或归圃苗栽植嫁接第一年，当苗木生长至1.1～1.3m时进行枣头摘心。

第二年：在距地面40～60m处选择3～4个生长健壮的二次枝保留2～3节短截，促其萌发新枝培养第一层主枝；同时对顶部的第一个二次枝保留1～2节短截，刺激其萌发新的中心干枝。待萌发的新枝生长至6～8个二次枝时摘心。注意摘心时顶端第一个二次枝方向向外。

第三年：在第一层各主枝的同侧距主干40～50cm处选择一个健壮的二次枝保留1～2节短截，促其萌发新枝培养结果枝组；在距第一层主枝60～80cm处选择2～3个健壮的二次枝保留2～3节短截，促其萌发形成第二层主枝，待萌发的新枝生长至5～7个二次枝时摘心。

第四年：对第一层和第二层各主枝顶部第一个二次枝保留2～3节短截，促其主枝延长；对中心干顶部的第一个二次枝保留1～2节短截，促其萌发新枝延长树干高度。同时，在第二层1～2个主枝的同侧距主干30～40cm处选择一个健壮的二次枝保留1～2节短截，促其萌发形成中型结果枝组；待所有萌发的新枝生长至4～6个二次枝时摘心。树冠基本培养成型。

图8.1 小冠疏层形

（三）开心形

1. 树形特点　通风透光较好，结果枝组配备多，叶面积系数大，前期产量高，好管理。

2. 树体结构　树高2.5～3.0m，干高50～60cm，有主枝3～4个，交错分布于主干上，相互水平呈90°～100°。在各主枝两侧培养侧枝2～3个，侧枝间距40～50cm，树冠不留中心干。

3. 整形方法　嫁接苗栽植第一年保留30cm截干后或归圃苗嫁接第一年，当苗木生长至1.2～1.5m时进行枣头摘心。

第二年：在距地面60～80cm处选择3～4个生长健壮的二次枝保留2～3节短截，其上部分剪除，刺激萌发新枝形成四大主枝。待萌发的新枝生长至6～8个二次枝时摘心。注意摘心时顶端第一个二次枝方向向外。

第三年：在各主枝的两侧距树干40～50cm处各选择1个健壮的二次枝保留2～3节短截，促其萌发形成侧枝，各个侧枝的排列要错落有致，以防交叉。

第四年：各主枝顶端的第一个二次枝保留2～3节短截，刺激枣股上主芽萌发，促其主枝延长，待新枝生长5～7个二次枝进行摘心。树冠基本成型。

（四）自然纺锤形

1. 树形特点　树形培养简单，成形快，易丰产。通风透光差，层次不清，易郁闭。

适用于枣粮（棉）间作型枣园，栽培模式株行距（3.0～4.0)m×(6.0～8.0)m。

2. 树体结构　树冠高4.0～5.0m，干高80～100cm。主枝6～8个、无明显的层次，均匀错落在中央领导干上，各主枝上着生2～3个侧枝，各侧枝之间相互错开。树冠顶端自然开心。

3. 整形方法　嫁接苗栽植第一年保留30cm截干后或归圃苗嫁接第一年，当苗木生长至7月中旬时进行枣头摘心。

第二年：在距地面80～100cm以上处选择4～5个生长健壮的二次枝保留2～3节短截，刺激其萌发新枝，培养成主枝，短截的二次分布要错落有致，枝间距要保持 20cm 以上。待新枝长至 8～10 个二次枝时进行摘心，剪口下的第一个二次枝方向向外。

第三年：在第一层各主枝的同侧距主干 40～50cm 处选择一个健壮的二次枝保留 1～2 节短截，促其萌发形成侧枝；同时对中心干顶端第一个二次枝保留 1～2 节短截，促其萌发形成新的中心干枝，待新枝长至 6～8 个二次枝时进行摘心。

第四年：在距上部第一个主枝 40～50cm 处，选择 2～3 个不同方位的健壮的二次枝保留 2～3 节短截，各二次枝间的间距保持 20～30cm，促其萌发，培养成主枝。待新枝长至 5～7 个二次枝时进行摘心。

第五年：对第一次培养的各主枝顶端上第一个二次枝保留 2～3 节短截，促其萌发新枝形成主枝延长枝；在第二次培养的各主枝的同侧距主干 30～40cm 处选择 1 个健壮的二次枝保留 2～3 节短截，促其萌发新枝，培养成侧枝。待新枝长至 5～7 个二次枝时进行摘心。树冠基本成型。

第三节　枣树的修剪技术

一、枣树的修剪原则

枣树的修剪按照“冬夏结合、夏剪为主，因树修剪、长短兼顾，前促后控、均衡树势，堵上放下、主从分明”的原则进行。

“冬夏结合、夏剪为主”就是指枣树冬季修剪和夏季修剪相互有机结合，以夏季修剪作为枣树修剪的主要手段，冬季修剪作为枣树修剪的补充，提倡枣树周年修剪，精细修剪。

“因树修剪、长短兼顾”就是要根据枣树的品种、树龄、树势以及枝的位置、枝势等因子采取不同的修剪措施，同时枣树的长期效益和短期效益要相互兼顾。不能只顾当前利益，采取“杀鸡取卵”式修剪。既要考虑枣农的当前利益，采取相应的修剪措施，早结果、早见效，又要考虑枣农的长远利益，在早结果，早见效的前提下培养良好的树体结构，为长远的枣树获得高产稳产奠定基础。

“前促后控、均衡树势”就是指在枣树幼龄期，生长期和生长结果期要采取相应的修剪措施，促使枣树生长，尽快形成树冠。在枣树盛果期和结果更新期采取一定的修剪措施，控制枣树生长，促进结果，实现高产稳产，延长结果年限。

“堵上放下、主从分明”就是采取一定的技术措施，控制枣树上部过旺生长，促进下部生长，避免上强下弱，使枣树上小下大，错落有致，层次分明。同时要明确枣树各类枝条之间的主从关系，使同层次各类枝条均衡发展，主次分明。

二、枣树的修剪时期与方法

枣树的修剪时期分为冬季修剪和夏季修剪，冬季修剪又称为休眠期修剪，修剪方法有短截、回缩、疏除、刻伤等措施；夏季修剪又叫生长期修剪。夏季修剪方法有抹芽、摘心、曲枝、扭枝等措施。

（一）冬季修剪

冬季修剪指枣树落叶后至萌芽前期间的修剪，一般 12 月上旬至年 3 月下旬，冬季枣树修剪时为预防枝条剪口下抽干和芽体冻伤，多提倡延迟修剪，即 3 月上旬至 4 月上旬修剪。冬剪的目的主要是培养各级骨干枝，调整树体结构、更新结果枝（组）、剪除病虫枯枝，减少越冬病虫源等。

1. 短截　对枣头一次枝或二次枝剪去一部分的修剪方法。根据短截的长度不同分为轻短截、中短截和重短截。在生产上，对枣头枝而言，采取不同的短截方法，枣头枝的反应也不一样，一是“一剪子堵”，只剪去枣头枝的顶端的小部分（含 1～2 二次枝），其剪口下的二次枝不动，在这种情况下枣头主芽不萌发枣头，此种短截法又称“堵截”。二是“二剪子放”，在对一次枝轻短截的同时，也对剪口下的第一个二次枝从基部或保留 1～2 节短截，一次枝上的主芽或二次枝枣股上的主芽受刺激萌发新的枣头，此种短截法又称“放截”。三是枣头枝“剪而不服”。剪去枣头枝 1/3 以上的部分，一次枝上的主芽受刺激萌发成枣头；若剪口下的第一个二次枝生长健壮，二次枝枣股上的主芽也易萌发成新的枣头。

2. 回缩 对冗长枝、下垂枝、衰老枝从其分枝处剪去下垂部分的修剪方法。其目的就是抬高枝的角度，增强枝的生长势，使保留的枝条更新复壮。

3. 疏除 从基部剪除过密枝、竞争枝、重叠枝、交叉枝、病虫枝的修剪方法。其目的就是调整树体结构、减少营养消耗，改善树体通风透光条件。

4. 刻伤 在多年生枝条的芽眼上方，用刀刻长 1～2cm，宽 0.2～0.3cm 的月牙形伤口，促使下方芽体萌发新枣头。目的主要用于内膛光秃或偏冠的补空，树体的更新。

（二）夏季修剪

夏季修剪指的是枣树萌芽至枣果采收期间的修剪。一般 4 月中旬至 8 月下旬。修剪的目的一是调节营养分配，减少养分无益的消耗；二是利于促花保果，提高枣树座果率，减少落花落果。

1. 抹芽 从基部抹除无利用价值的新生枝条。其目的就是减少不必要的营养消耗，保持合理的树体结构，促进枣树的生长和产量的提高。抹芽要注意“抹早、抹小、抹了”要求枣芽随萌发随抹除，只保留基部的枣吊，不留桩，以免再次多次萌发多次抹芽，而形成“鸡爪子枝”。

2. 摘心 在枣树生长季，对新生枣头枝保留一定数量的二次枝剪除其顶端幼嫩的部分叫摘心。依据摘心强度分为轻摘心、中摘心、重摘心和极重摘心。轻摘心是指保留 7 个以上（含 7 个）二次枝的摘心；中摘心是指保留 4～6 个二次枝的摘心；重摘心是指保留 1～3 个二次枝的摘心；极重摘心是指保留一次枝下部的脱落性二次枝的摘心。其目的就是控制枣头枝的生长，促其二次枝复壮开花结果，培养形成结果枝组。

3. 扭枝 在枣树生长季，当新生枣头枝生长至半木质化时，对于着生位置不合适的新生枣头枝，用手指捏住枝条中下部扭转，将其扭伤或软化至一定的角度和方位。其目的就是缓和树势，抑制旺长，以利于结果（图 8.2）。

图 8.2　扭枝

第四节　不同龄期枣树的修剪技术

一、枣树的年龄时期

枣树依据其生长态势、结果状况可分为 5 个年龄时期。

1. 生长期　此期以营养生长为主，只开花不结果。主干生长优势明显，萌发枣头多且生长快，主枝离心生长旺盛，根系发育迅速，以水平生长为主。生长期的时间长短不一，因栽植苗木的种类，枣品种、栽植密度、管理水平而定，一般持续 3～10 年。在管理上重点培养树体结构，促使树冠形成，不强求结果。

2. 生长结果期　此期初营养生长亦然占主导地位，后逐渐由营养生长转为生殖生长，边生长边结果，但产量不高。此期生长仍然旺盛，分枝量较多，树冠不断扩大，树体骨架基本形成。此期一般持续 2～5 年。在管理上首先是培养树体结构，使树形达到一定要求的同时，然后采取措施，提高枣树座果率，增加产量。

3. 盛果期　此期以开花结果为主。树冠已形成，骨干枝生长已停滞，结果枝组和结果枝已达最大限度，有效枣股数量达高峰值。营养生长变慢，结果量迅速增加，产量达最高值。此期一般持续 20～30 年。在管理上，应采取各种修剪措施维持营养生长和生殖生长的平衡，最大限度的延长结果年限。

4. 结果更新期　此期骨干枝逐渐弯曲下垂，有的主枝先端枯死，呈自然回缩现象。全树内膛光秃，结果部位外移，结果能力开始下降，产量降低，骨干枝上的隐芽萌发形成新的枣头枝。此期一般持续 5～10 年。在管理上，采取措施逐年逐批更新骨干枝和结果枝组，尽可能的提高产量。

5. 衰老期　此期树势衰退，树体衰弱或残缺不全，骨干枝多自然回缩或枯死，部分主干上出现树洞。此期枣树总体呈现树体弱，萌芽晚，枣吊短，叶片小，花量少，产量低，品质差，易感病，多畸形。此期一般在树龄 50～60 年以后出现。在管理上，重点是加强水肥管理，增强树势，有计划地进行树冠更新。

二、枣树各龄期的修剪

1. 生长期树的修剪　此期一般为定植后 1～5 年，修剪时要注重各级骨干枝的培养，加速树冠的形成和树形的造就。并利用骨干枝二次枝培养结果枝组，在树冠培养基本完成时，控制过旺营养生长，促进其向生殖生长转化，实现早期结果。修剪措施主要是：夏季对枣头摘心，拉枝、别枝。冬季短截、疏枝、长放。

2. 生长结果期树的修剪　此期一般为第 6～8 年，此期树冠已基本完成，修剪的主要任务是调控营养生长向生殖生长转化。特别是密植园，此期非常关键，如修剪管理不当，易旺长郁闭，不能早期丰产。修剪措施主要是枣头摘心，开张角度，疏除直立枝，过密枝，辅以枣树环割。

3. 盛果期树修剪　此期一般第 9～20 年，修剪的主要作用是防止结果部位外移过快，更新复壮结果枝组，使之既保持旺盛的生命力又有强大的结果能力。修剪措施主要是，冬夏修剪结合，截疏结合，既促生枣头，又保持良好的通风透光条件，更新枝组，恢复树势，实现立体结果。对老结果枝组留基部 2 个主芽进行回缩，萌生枣头后摘心培养新枝组；控制利用徒长枝；疏除无用枝、病虫危害枝；短截更新下垂枝等，使结果枝群老、中、轻合理配置，立体结果，均衡结果。

4. 结果更新期树的修剪　此期一般出现在第 20～30 年，枣树长势明显减弱，抽生新枣头能力明显下降，老枝多，新枝少，结果枝组老化，虽能结一些果实，但产量逐年减少。修剪措施主要是做好枝组的更新，有计划地分批逐年改造，每年更新量在总量的1/4～1/3。用3～4年将全树更新一遍，对中、小型枝组采用一次更新，即从基部剪除，刺激隐芽萌发新枣头培养新枝组。大型枝组分2～3次更新。

5. 衰老期树的修剪　此期一般出现在第30年以后，枣树的修剪措施主要是回缩，对树体的全面更新。

主侧枝更新：一般采用逐年分批更新的修剪方法，每年更新1～2个主枝。在冬季修剪时将要更新的主枝从距主干20～30cm处锯断，伤口用杀菌剂涂抹，塑料布包扎，保温保湿，以促进伤口愈合。主枝上隐芽当年可萌发1～1.5m的新生枣头，2～3年可形成新的主枝。对衰老较轻的树，采取对骨干枝部分回缩、抬高主枝角度，以增强生长势。同时，通过短截、回缩、疏枝等措施的综合运用，使树冠保留合理枝量，尽快恢复树势。此外，衰老树更新修剪要尽量选在有生命力、向外生长的壮股处锯除骨干枝，枣股刺激萌发的枣头枝不仅健壮而且角度开张好。更新树冠还要注意各级骨干枝的从属关系，在加强树体管理的基础上，采用不同的修剪措施，调整好枣头的生长方向，合理配置各级骨干枝，使树冠提早形成，恢复产量。

枝组更新：进入衰老期的枝组，选择中、下部适宜的位置，短截二次枝，促发枣头；对于在枝组下部由潜伏芽或二次枝下部枣股抽生的健壮的枣头，培养1～2年后，剪除枝组梢部，以新换旧代替原枝组；对于衰老枝组附近萌生出健壮的枣头，可进行摘心培养成新枝组；对于衰老枝或枝组后部没有新生枣头枝的，也可用回缩和刻伤的办法，促生枣头，以利更新。

第九章　枣树促花保果技术

第一节　枣树花果的特性与保花保果

一、花

枣花具有当年分化，当年开花；单花分化短，分化速度快，全树分化时期长等特点。单花分化期需要 7d 左右，一个花序分化期需 20d 左右，一个枣吊分化期 30d 左右，单株分化期需 2～3 月。

枣花由雄蕊、雌蕊、花盘、花瓣、花萼、花托、花柄七部分组成。枣花单生或由 6～14 朵组成聚伞形花序着生于枣吊叶腋间，以 3～7 叶腋间花量最多。

枣花开放以幼树最早，衰老树最晚。在同一株枣树上，枣花开放以树冠外围最早，渐及树冠内膛。多年生枣股上的花最先开放，当年生枣头枝上的花最后开放。枣吊花开放顺序从近基部逐节向下开放。花序中则是中心花先开，后逐级花开放。枣花开放时间有两类：一是日开型，如赞新大枣、金丝小枣等。二是夜开型，如灰枣、骏枣等。

枣花盛开时蜜汁多，香味浓，为典型的虫媒花。枣花自花结实能力强，枣花单花寿命短，有效授粉期也短，在当天授粉的坐果率最高，随开花时间延长而坐果率大幅度下降。枣花授粉和花粉发芽受自然条件影响较大，高温、干旱、多风等天气均不利于枣花授粉。枣花粉发芽以温度 24～26℃为宜，湿度低于 40%～50%也影响花粉发芽。在生产上，花期喷水或灌溉可有效地提高枣园湿度，预防“焦化”现象的发生，提高座果率。

二、果

枣果属于核果，由果皮、果肉和果核组成。枣果的大小和形状因品种的不同差异较大，小者平均果重 3～5g，大者 35g 以上。果形则有圆形、扁圆形、长圆形、椭圆形、长椭圆形、倒卵形和葫芦形等。

枣核形状有纺锤形、扁纺锤形、扁椭圆形和近椭圆形等。核内不具或具 1～2 枚种子。

枣果由于坐果先后不一，发育期也不尽一致。始花期至盛花初期座的枣果称为“头棚果”，盛花中后期座的枣果称为“中棚果”，末棚花座的枣果称为“末棚果”如灰枣，头棚果发育期 105d，中棚果发育期 95d，末棚果发育期 80d。不同品种间枣果的发育期也不尽相同，差异更大。枣果的发育一般经过四个时期：

第一个时期为果实缓慢生长期，从子房开始膨大到膨大后第 15d。此期枣果生长量较小，纵径生长占总量的 13%左右，横径生长占总量的 6%左右，果重占总量的 0.5%。果实呈短锥形。

第二个时期为果实纵径快速增长期，果实发育的第 15d 到 30d。此期纵径生长占总量的 43%，横径占总量的 33%，果重占总量的 15%。果实呈品种的果形。

第三时期为果核形成期，果实发育的第 30d 到 50d。此期果实生长量迅速下降，纵径生长占总量的 0.7%，横径占总量的 0.8%，果重占总量的 7%。果实呈品种的果形，果核形成，达到固有的大小。

第四个时期为果肉快速生长期，果实发育到第 50d 至枣果成熟。此期占枣果发育期的 55%左右，果肉的增量占总重的 69%左右。

在生产上，根据枣果的发育规律，开展土壤追肥和叶面喷施微肥使预防落果的关键技术措施。

第二节　枣树促花坐果技术

枣树花量较大，座果率低，一般自然坐果率仅为1%左右。如何提高枣树座果率，实现优质、稳产是解决枣树高效栽培的关键所在。生产实践中，提高枣树座果率的技术措施主要有：一是提高树体营养水平。通过加强水肥管理，提高花期营养供给水平满足树体生长和开花结果对养分的需求，促花坐果；二是调节树体营养分配。通过抹芽、枣头摘心、开甲、环割等修剪技术措施，调节生长与结果的矛盾，提高花果发育质量，减少落花落果；三是创造良好的授粉条件。通过花期浇水、枣园放蜂等方法，创造良好的授粉条件，促花坐果。

一、抹芽

在花期及时抹除树冠内萌发的无空间、无位置和无利用价值的当年新生“三无”枝条，以减少养分无谓的消耗。原则上保留第2～4个枣股上萌发的，有发展空间和利用价值的新生枣头，一般每株盛果期枣树保留枣头枝8～15个。

二、枣头摘心

枣头摘心就是剪掉枣头顶端的主芽，消除顶端优势，控制枣头生长，减少嫩枝对养分的消耗，缓和新梢和花果之间争夺养分的矛盾，把叶片光合作用所制造的养分尽量用于开花结果和二次枝复壮，促进下部二次枝和枣吊的生长加快花芽分化及花蕾的形成，促进当年开花坐果。

枣头摘心是一项传统的保花保果技术措施。在生产上，常根据枣园土壤肥力、管理水平、枝条空间、栽培密度等因子决定枣头摘心的强度。一般枣头保留6～10个二次枝进行摘心。

三、开甲

（一）开甲原理　通过切除韧皮部，切断韧皮部组织和筛管，使叶片制造的光合产物在短期内不能向根部运输，花和幼果营养相对增加，有利于花芽分化和开花坐果对养分的要求，从而减少落花落果，提高坐果率。

（二）开甲时期　枣树的开甲一般在6月上旬的盛花初期或者在枣树盛花末期或幼果期（6月下旬）进行。在盛花初期开甲，可提高枣树坐果率，成熟时果个大、色泽好、含糖量高。开甲过早，愈合早，则效果不明显。在枣树盛花末期或幼果期开甲，可预防幼果的早落。据调查，在枣树盛花末期或幼果期（6月下旬）开甲比在6月上旬的盛花初期开甲效果更好。

（三）开甲方法　枣树首次开甲应在树干距地面20cm左右的树皮光滑处进行。第二年在距上年甲口上部5～8cm处进行，以后每年依次上移，到主枝分枝处再回剥。近几年，在生产实践中，为防止甲口不愈合而造成的树体死亡，多采取在主枝上进行，每年保留1个主枝不开甲，作为辅养枝制造养分供树体生长。开甲时，先在开甲部位绕树干1周，将老树皮扒去，形成1圈宽3～5cm的浅沟，深度以露红不露白（韧皮部）为度。再用专用开甲刀按一定宽度绕树干环切1圈，切除韧皮部，深达且不伤木质部，形成一环形甲口即可。

（四）甲口的宽度　甲口的宽窄要根据树龄、树势和管理水平而定。一般以树干直径的1/10或1个月内能完全愈合为度。开甲深度以深达本质部，不伤木质部为宜。甲口宽窄要一致，甲口光滑切断所有韧皮部不留一线。

（五）甲口的保护　开甲后要注意甲口的保护，防止甲口虫为害。一般是用喷药保护，即在开甲后5～7d，甲口处喷施联苯菊酯、高效氯氰菊酯等菊酯类农药800～1 000倍液或涂抹专用保护剂（护甲宝＋菊酯类农药500～800液等）进行保护。当甲口过宽或受甲口虫危害后，应及时用药泥（杀虫剂泥土混合制成）将甲口抹平，然后立即绑塑料薄膜，既保湿又能防治甲口虫，还利于甲口愈合。

（六）注意事项

1. 注意开甲时间　枣树开甲要掌握好开甲时间，过早或过晚均不能取得理想效果，要做到适时开甲。一般在枣树盛花期（6月上旬，日平均开枣花6～10朵时）开甲可提高座果。在末花期或幼果期（6月下旬）开甲，预防幼果早落。

2. 注意树龄和树势　开甲时要注意树龄，幼树不宜开甲，开甲需树龄达7～10年进入盛果期时时进行。同时还要注意树势的强弱，树势强宜开甲且甲口可适当宽些，树势弱不宜开甲或甲口适度窄些。

3. 注意甲口宽度　甲口宽度要适宜，甲口太窄则愈合早，起不到提高坐果率的作用；甲口太宽则愈合慢，甚至不能愈合，造成树势衰弱甚至死亡。同时要求开甲工具要锋利，刀口要平滑，甲口不留余皮，不出毛茬，以利愈合。

四、环割

环割的原理和开甲一样都是切断韧皮部的筛管，阻断叶片制造的养分向根部输送，提高树上部分的营养水平，以利于开花座果。在生产上，环割主要在生长结果期幼树的盛花期和盛果期树的盛花末期或幼果期使用，多在结果大枝或大型结果枝组上应用（图9.1）。

环割的具体方法是采用专用环割刀卡住大枝，手握把柄用力，当听到咔嚓一声时，顺时针沿枝干转一圈即可，每次环割转两刀，刀间距2～3cm，5～7d环割1次，次间距4～5cm，整个花果期环割2～3次为宜。环割时注意不要用力过度，避免伤到木质部，影响伤口愈合而折断，以伤及韧皮部不伤木质部为最佳。

图9.1　环割

五、花期喷水

枣树开花座果最适宜的空气相对湿度为70%～80%。当土壤水分不足、空气相对湿度低于40%～50%时，不利于花粉发芽，严重影响坐果率。在新疆枣区，枣树花期常遇高温、干旱天气，易出现“焦花”现象。实践证明，在枣树花期进行喷水，可补充各器官对水分的需求，改善枣园的空气相对湿度，有利于花芽分化、提高坐果率。一般正常年份喷水3～5次，干旱年份可喷4～6次。每次间隔5～7d。在一天中喷水时间以上午10时前，下午7时以后为好。枣园花期喷水常与病虫防治、叶面喷肥相结合。

六、枣园放蜂

枣花为虫媒花，花丰富、香味浓，蜜蜂是最好的传粉媒介。枣园花期放蜂既能帮助授粉、提高坐果率，又能采集花粉和枣花蜜，增加经济收入。枣园花期放蜂可提高枣树坐果率，增产效果非常明显。据调查知：距蜂箱越近的枣树，坐果率越高，枣园放蜂的数量与枣园的面积和每箱蜂的数量以及蜜蜂的活力有关。一般应将蜂箱放在枣园附近的林带或枣树行间。蜂箱间距不超过300m，一般以每公顷枣园放2～3箱为宜。蜜蜂在11℃开始活动，16～29℃时最活跃。如花期风速大，温度低或降雨时，蜜蜂活动少、效果差。在枣园放蜂期间，要严禁使用剧毒或高毒农药，以防毒杀蜜蜂。

七、喷施微肥

花期喷施微量元素和叶肥，对提高枣坐果率也有一定的作用。实践证明，单一喷施0.1%～0.2%尿素或0.1%～0.2%尿素+0.1%磷酸二氢钾的混合液，能及时补充树体所需养分，喷后叶色浓绿，落花、落果明显减少。硼、锰、锌、铁、镁等微量元素对枣树坐果率有一定的促进作用，特别是喷硼效果更好。据试验，花期喷施0.1%的硼肥，可提高坐果率20%～40%；喷施0.05%～0.1%的稀土微肥，红枣产量增产15%～20%。花期喷硼不仅促进枣树对无机矿物盐类和有机养分的代谢，而且能促使枣树由营养生长向生殖生长的转化，促进枣树提早开花。需要注意的是枣树一个生长周期只能喷施一次硼肥，多次喷施会造成枣果畸形。

枣园土壤营养状况不同，花期喷施硼、锰、锌、稀土等微量元素的应用效果差异较大，施用前应据树体营养诊断和土壤营养诊断分析结果，缺啥补啥。

八、喷施生长调节剂

枣树的开花、授粉、受精、坐果，是由树体自身内源激素的分泌水平决定的。树体内源激素的含量高低是决定枣树坐果率高低的一个重要因素。生产实践证明，在枣树内源激素含量较低的情况下，可通过喷施人工合成的植物生长调节剂来提高枣树的坐果率。在花期喷施植物生长调节剂，可有效地调节营养物质的分配和提高营养水平，促进细胞分化，进而提高坐果率，增大果实，提高品质。

（一）喷施浓度。植物生长调节剂喷施的浓度分别是：赤霉酸在盛花期喷施 10～20mg/kg，可增产 15%～20%；茶乙酸在盛花期喷施 10～20mg/kg，可抑制果柄产生离层，减少落果。在应用上，1g 赤霉酸兑水 100kg，即为 10mg/kg 浓度的赤霉素溶液。有的枣农在生产上使用的座果灵、挂满枝、花果多等植物生长调节剂多为几种生长调节剂复合而成，建议在生产上使用前，应先进行小面积的药效试验，不可盲目使用。

（二）使用时间和次数。植物生长调节剂的喷施时间是 6 月上旬枣树盛花期，正常年份喷施 1～2 次，每次间隔 7～10d 为宜，以上午 10 时以前或下午 7 时以后喷施为最好。喷水量以叶片将近遍布雾滴为度。

（三）注意事项

1. 注意树势和管理水平　喷施植物生长调节剂对提高坐果率的效果与枣树树势和肥水管理水平关系密切。一般树势强壮、肥水充足，喷后效果好；树势衰弱、肥水管理跟不上，喷后效果差；有的即使当时坐果率提高，但到后期由于树体营养缺乏而导致大量落果。

2. 注意气候条件　植物生长调节剂应选择无风的天气时喷施，高温干旱的天气也不宜使用，宜在上午 10 时以前或下午 7 时以后喷施。

3. 注意使用浓度和次数　喷施植物生长调节剂要严格控制使用浓度和次数。若使用浓度过低，则效果差，起不到提高坐果率的作用；若使用浓度过高，易出现药害、抑制内源激素的分泌，使枣树对生长调节剂产生依赖性或抑制枣果生长，或导致枣果畸形；使枣树发生“毒素症”，导致喷施浓度越来越高，喷药次数越来越多，间隔时期越来越短，停止使用则导致枣树大量落果。“毒素症”的降解应在加强水肥管理的基础上，逐步降低植物生长调节剂的使用浓度，减少喷施次数，减轻枣树对植物生长调节剂的依赖性，逐渐恢复其正常的生长发育。植物生长调节剂要合理应用，适可而止，既要提高产量，又不能削弱树势，影响品质。在枣树提质增效生产管理中，不提倡使用植物生长调节剂。

第三节　枣树落花落果的预防

一、落花落果原因

（一）树体营养不良

造成枣树营养不良的因素有多方面一是枣树特性引起的。枣树的枝叶生长和花芽分化、开花、结果同步进行，营养生长和生殖生长相互竞争，营养的矛盾十分突出，易引起枣树营养缺乏；二是立地条件差造成的。枣树虽然耐瘠薄，但是枣树当年的新枝生长和开花结果都需要大量的养分。若土壤过于贫瘠，肥水供应不足或土壤含盐量过高，导致枣树根系吸收能力受阻，使枣树长期处于饥饿状态，易造成枣树树体营养不良；三是人为因素导致的。如枣树栽植密度过大，枝叶过密，引起光照不足，通风不良，光合作用制造的有机养分较少，或是当年修剪过重，枣头萌发过多，抹芽摘心不及时，或是结果量过多，易导致枣树营养匮乏。

（二）内源激素紊乱

枣树落果的主要原因是果柄处形成离层所致，而离层的形成与内源激素如生长素 IAA、脱落酸 ABA 和细胞分裂素等激素有关。由于枣农长期大量使用外源激素，促使枣树结果，破坏了枣树自身内源激素的分泌系统，内源激素分泌失衡，生长素分泌较少或处于较低水平，导致落果量增多。

（三）病虫严重危害

枣树害虫的危害也是造成枣树落花落果的主要原因之一。如梨园蚧危害严重时，枝条和枣吊枯死、叶片枯黄吊于树上，枣果脱落。枣壁虱、红蜘蛛等螨类害虫前期危害枣花和幼果，造成大量落花落果；后期危害叶片，导致叶片干枯，引起早期落叶，影响叶片光合作用制造养分与积累。

（四）自然灾害引起

枣树花期若遇高温、干旱天气，空气相对湿度低于 40%～50%时，座果率较低，易出现“焦花”现象。同时，在盛花期和子房膨大期若与沙尘暴天气，将为枣树带来灾难性伤害，使枣花、果和叶上布满含盐碱的尘土，烧焦枣花，烧落幼果，使叶片失绿，影响光合作用制造养分。

二、落花落果的防控技术

（一）科学规划防护林和枣树栽培模式

建园前，要认真做好枣园的防护林和栽培模式的规划。防护林的面积不低于枣园面积的 14%，采取乔与灌混交的方式，主林带与主风向垂直，树种以当地的用材林树种为宜，提高抵御自然灾害侵袭能力。枣树的栽培模式以枣树株距不低于 3.0m，行距不低于 4.0m 为宜，便于通风透光和机械化作业为最佳。

（二）加强肥水管理

结合秋季枣园耕翻，增施农家肥，盛果期枣园每亩农家肥的使用量不低于 2 000kg。同时，在萌芽期前（4 月上旬前）、幼果期（6 月下旬至 7 月上旬）和枣果膨大期（7 月下旬至 8 月初）进行追肥，前期以氮肥为主、磷肥为辅。盛果期枣园每亩追施尿素 50kg，磷酸二胺 20～30kg，幼果期追施复合肥 30～40kg，后期以钾肥为主，氮肥为辅。根据枣园土壤墒情及时灌水，使枣园的相对湿度保持 70%～80%，在枣树花期要结合病虫害防治进行花期喷水或喷施微肥。

（三）做好枣树修剪

通过疏枝、回缩、抹芽、摘心等修剪措施的综合运用，减少养分无谓的消耗，降低营养生长和生殖生长对养分需求矛盾的冲突，满足枣树开花结果对养分的需求，从而避免枣树因营养不良而造成的落花落果。

（四）科学使用激素

在枣树盛花期喷施赤霉酸 10～20mg/kg 一至二次；幼果期喷施萘乙酸 10～20mg/kg 一次；生理落果期喷施三十烷醇 0.5mg/kg 一次等进行外源激素补充，使树体内源激素维持较高水平的综合平衡，从而提高座果，减少落果，增加产量。

（五）搞好病虫防治

按照“预防为主、综合防治”的原则，根据虫情测报，及时做好枣炭疽病、梨圆蚧、大球蚧、枣壁虱、红蜘蛛、甲口虫等主要病虫的防治工作。在防治上，要以农业防治为核心，生物防治、物理防治和化学防治相结合的综合治理，将病虫的危害控制在经济允许水平之下，避免对枣树的危害。

第十章　低质低效枣园改造技术

第一节　低质低效枣园类型及评判标准

一、类型划分

（一）低产类型

低产类型的枣园就是受人为因素或自然因素的影响，枣园产量显著低于同一栽培区、同一品种和同一龄期枣园的平均水平或亩枣产量低于300kg的成龄枣园。

低产类型枣园产生的主要原因：一是立地条件差、土壤肥力低。有的枣树栽植在荒漠戈壁地，土壤含砂砾高，漏水漏肥；有的枣园多年不深耕、不施肥，致使枣树营养缺乏而低产；有的枣园栽植在盐碱荒地，土壤含盐碱量高，树根系吸水困难，造成生理干旱，严重的可使枣树死亡，使枣园缺株断行而减产；还有就是盐分对枣树直接毒害，使枣树生长发育不良而产量低；二是枣树枝量过多或不足。有的枣园由于修剪过重，新生枣头萌发量大，保留枝条多。有效叶片少，养分积累小于消耗，致使枣树树体养分不足而影响花芽分化，座果率低。枣树枝量不足，单位面积结果少，也会影响枣树产量。三是枣树管理粗放或放弃不管。有的枣园放任不管，使枣树处于自然生长状态，树形紊乱，枝条密布，病虫害严重，致使枣树产量低或有树无产。

（二）低质类型

低质类型的枣园是指受人为因素或自然因素的影响，枣果品质或价值显著低于同一栽培区、同一品种和同一龄期枣园的平均水平或2种以上同用途枣品种混杂的枣园。

低质类型枣园产生的主要原因：一是由于立地条件差，土壤缺乏有机质，保水保肥能力低，导致树势衰弱而枣果品质差或盐碱地枣园，枣树直接受毒害发育不良而枣果品质差；二是枣园品种混杂。除主栽品种外，其他枣品种占枣树株数的10%以上，由于品种混杂致使枣果商品性低，价值低。三是枣树过度管理。有的枣农盲目追求枣园产量，大量使用激素和化肥，导致枣果品质下降，商品性低。

二、评判标准

（一）评判基点

衡量低质低效枣园各类指标的参照标准是同一枣栽培区、同一品种和同一龄期枣园的平均值。

（二）通用标准

凡符合下列条件之一者，可判定为低产或低质枣园：

1. 园相残败，防护林功能低下，枣树断行缺株现象严重，枣园产量在300kg以下的成龄枣园。

2. 立地条件差。土壤砂砾含量高，瘠薄，有机质含量<0.6%和有效养分含量N<30mg/kg、P<3mg/kg、K<30mg/kg或总含盐量>0.3%，因土壤条件差而影响红枣产量或品质的枣园。

3. 主栽品种与其他品种混栽，且其他劣质品种的株数占枣树总株数10%以上的枣园。

4. 枣树放任不管，病虫害严重，有树无产或产量低于正常管理枣园的平均产量的60%的枣园。

5. 枣树管理过度，超量负载、品质低下，枣果价值低于价值基点60%的枣园。

第二节　园地的改造

一、园地的平整

根据园地地势的高低和面积的大小，将枣园分段打梗，划分成若干小条田，小条田面积 0.3～0.5hm²，可用平地机械沿树行进行平整。同时，因地制宜进行渠系改造。

二、园地的改良

（一）沙荒地枣园的改良

1. 深翻改良 适用于有底的沙土，也就是沙荒地在沙层以下又有土层或黏土层，枣果采收后至土壤封冻前，结合施农家肥进行耕翻，耕翻深度 20～30cm，使表层风化的土壤与下部沙土混合，每年结合压草耕翻 2～3 次，以改善土壤结构，增强土壤有机质，提高地力。

2. 压土改良 适用于沙土下部无土层的沙荒地。一般多采用以土压沙和增施农家肥相结合的方法改良。首先在沙土上压土 5～10cm，同时，每亩施入农家肥 3 000～4 000kg，然后进行耕翻，使土、肥、沙充分混合，从而达到改良的目的。

3. 生草改良 在枣树生长季节，提倡枣树行间生草，当杂草生长至 40～50cm 时进行中耕，将杂草翻压沙土中，以增强沙土有机质含量，达到改良的目的。

（二）板结地枣园的改良

1. 掺沙改良 根据板结的程度，在板结地枣园的行间铺撒 3～5cm 厚的沙土，然后进行耕翻，耕翻深度 15～25cm，从而改变土壤的物理性能，改善土壤质地太黏的状况。

2. 增施农家肥改良 土壤解冻后至枣树萌芽前，每亩施腐熟农家肥 3 000～4 000kg，在距树干 1.0～1.5m 或树冠垂直投影处条状沟施入。在施入农家肥的同时，施入生物菌肥，一方面施入的微生物分泌物能溶解土壤中的磷酸盐，将磷元素释放出来，也将钾和微量元素阳离子释放出来，恢复土壤团粒结构，消除土壤板结。另一方面施用微生物菌肥，使土壤中有益微生物增加，通过有机质微生物代谢，改善土壤团粒结构，从而达到改善土壤板结的目的。

3. 间作改良 在枣树行间种植豆类或绿肥，并及时压青，以增加土壤的孔隙度，增强土壤的蓄肥性能，为土壤的微生物的活动创造良好的环境。在种植间作物时，要为枣树预留足够宽的营养带，预留营养带的宽窄要根据树龄和树冠的大小而定，一般预留营养带宽度为1.0～2.0m。

(三) 盐碱地枣园的改良

1. 水利改良 水利改良是盐碱地改良的关键基础性措施，引淡洗盐要求园地平整，保证灌水后田内受水均匀，土壤脱盐一致，不出现盐斑地。淋盐洗碱要求与枣园灌溉相结合，多在3～8月进行。洗盐标准一般为降低到枣树的耐盐能力以下，即总含量低于0.32%，且应使脱盐土层达50～80cm。冲洗定额水量在土地较平、土质较轻，一般在每公顷1 000～1 500m³；在含量盐量大、土质黏重的园地，冲洗定额水量一般为每公1 500～2 000m³。

2. 物理改良 物理改良主要从选择合适的隔盐碱垫层材料方面进行，如大树移栽时坑底垫杂草、农家肥、铺沙等措施，具有明显的脱盐和压碱作用，使土壤pH和电导率下降，土壤含水率增加，从而为枣树在盐碱土上生长创造了良好生态环境。同时，通过枣园行间耕翻能够切断土壤毛细管，减弱土壤水分蒸发，提高土壤活性和肥力，增强土壤的通透性能，从而有效地起到控制土壤返盐的作用。

3. 化学改良 化学改良盐碱地的技术核心就在于改良剂的组成和应用。施入土壤改良剂的机理是利用水溶性高分子化合物与土境中的盐离子发生络合反应，使其随灌溉水排出，从而达到降低土壤盐分的目的。也可以添加有机营养剂，给土壤微生物提供足够的营养，增加其代谢活力，从而分泌大量的有机酸，达到降低土盐碱度的效果。

4. 生物改良 生物改良盐碱地主要是通过间作绿肥、行间生草等措施改良。间作绿肥可以增加土壤有机质含量，改善土结构和根际微环境，有利于土微生物的活动，从而提高土壤肥力，抑制盐分积累。同时，有机质在分解过程中可产生各种有机酸，使土壤中阴离子溶解度增加，进而有利于脱盐。

5. 农业改良 农业改良措施主要有增施农家肥、枣园行间生草、树行覆盖等，这些措施在已形成的盐碱的或尚未形成盐化的园地上，都能起到很大的降低盐碱作用，农业措施也是对水利措施改良所取得成果的巩固和提升。

第三节　园相的改造

一、枣园疏密

枣园疏密改造是枣园提质增效的基础措施之一，其目的就是通过枣树间移或间伐，扩大枣树株行距，减少每亩枣树株数，改善枣园通风透光条件，降低枣园管理成本，提高枣果品质。

目前，枣树栽培模式多是株行距（1.0～1.5）m×4.0m 或（0.8～1.0）m×（2.0～3.0）m，110～270 株/亩，此栽培模式前期可提高单位面积红枣产量和效益，但进入盛果期后易造成枣园郁闭，不利于机械化作业，影响红枣产量和质量。枣园疏密改造要根据枣树的郁闭等情况，合理确定单位面积枣树有效株数，通过移栽、间伐、填平、补齐、整形、修剪等措施，进行疏行、疏株、疏枝、控高与扩冠。

枣树疏密改造的模式主要有三种，一是隔株间伐（间移）。将株行距由（1.0～1.5）m×4.0m 或（1.5～2.0）m×3.0m，每亩110～150 株改造成株行距（2.0～3.0）m×4.0m 或（3.0～4.0）m×6.0m，每亩保留枣树 50～80 株。二是隔行间伐（间移）。将株行距由（1.5～2.0）m×（2.5～3.0）m，每亩枣树 110～150 株改造成株行距（1.5～2.0）m×（5.0～6.0）m，每亩保留枣树 50～80 株。三是隔行隔株间伐，将株行距由（1.0～1.5）m×4.0m 或（0.8～1.0）m×（2.0～3.0）m，改造成株行距（2.0～3.0）m×8.0m 或（1.5～2.0）m×（4.0～6.0）m，每亩保留枣树 50～110 株。间伐（间移）后对保留的株树上要注意多保留好位置适当的新生枣头枝，且待所保留的枣头枝生长至 8～12 个二次枝时进行摘心。

二、林带的补植

对防护林体系不完整，防护功能低下，断行缺株起不到应有的防护作用的林带要及时进行补植，补植的树种要与原树种相同，树龄相近为宜。补植后要加强防护林带的水肥管理，同时，根据害虫的预测预报，做好防护林带的害虫防治工作。

三、枣树的移栽

对断行缺株的枣园要通过移栽、补植等方法，确保单位面积上枣树的株数和产量，枣树的移栽是低质低效枣园改造的主要技术措施之一。

（一）枣树移栽的原则

枣树的移栽要按照“品种相同，树龄相近，随挖即栽，就近移植”的原则。也就是说被移栽的枣树品种要与栽植枣园的枣品种相同，不可多个枣品种进行混栽；被移栽的枣树树龄要与栽植枣园的枣树树龄接近，树龄不宜相差太大，尽可能地避免大树下面栽小树或小树旁边栽大树，以免影响小枣树的成活和生长；枣树移栽时，要随挖随栽植，不宜将枣树挖出后长时间放置在太阳下暴晒，若挖出来枣树当天栽植不完，可临时假植，防止枣树根系脱水。同时，挖出来的枣树要就近栽植的在需要补植的枣园，若要进行长距离的运输，则需要用草帘或遮阴网进行遮盖，预防枣树脱水，影响成活。

（二）枣树移栽前的准备

1. 标记　按照规划的株行距，对需要移栽的枣树进行标记。若是整行需要移栽，仅仅标记树行第一株即可；若是移栽单株枣树，则要对被移栽的枣树逐棵进行标记。标记时要注意标记到枣树主干易发现的部位，标记的颜色要采用亮色。

2. 修剪　保留干高 80～100cm 左右，对其部位以下的所有枝条全部疏除，其上部枝条选择 3～5 个方位较好的作为主枝，保留 15～20cm 左右进行短截，其他多余的枝条要全部疏除，同时，剪口要涂漆进行保护，防止脱水。

3. 枣园灌水 被移栽的枣园或补植的枣园要在移栽前3～5d提前浇水，使枣树根系吸收足够的水分，提高枣树移栽成活率。

4. 挖移植坑 采用人工或机械挖80cm×80cm×60cm或80cm×80cm×80cm的栽植坑。挖出的表土与深层土分开堆放。坑底施入不少于5kg腐熟的农家肥。农家肥要与表土充分混合后填入坑底。

（三）枣树移栽技术

1. 移栽时间 枣树移栽的最佳时间是在枣树萌芽前后，也就是3月中旬至4月中旬。

2. 挖树 采用人工或机械挖树，裸根要求根系完整，根幅60～80cm，带土球移栽，根系土球直径要求60～80cm。枣树挖出后，及时用机械运输至栽植枣园，若裸根栽植运树时需用湿土覆盖根系，以防根系脱水。

3. 栽植 枣树裸根栽植时若根系过长或者有伤，应适当短截过长根或伤残根；带土球移栽时，栽植坑应大于移栽枣树根系土坨；栽植高度与原栽植高度齐平，填土夯实。

（四）枣树移栽后的管理

1. 水肥管理 枣树移栽后，要及时地对补植的枣树行顺行开沟做畦浇水。一般根据土壤墒情每隔10～15d灌水1次。浇水要掌握“不干不浇，浇则浇透”的原则。枣树移植初期，根系吸肥力低，宜采用根外追肥，一般10～15d左右1次。用0.3%尿素、0.2%磷酸二氢钾等速效性肥料于早晚进行叶面喷洒，根系萌发后应追施一次速效肥，要求薄肥勤施，慎防伤根。

2. 覆土和支撑树干 在第一次浇水2～3d水荫干后，要及时扶正枣树，并在树干周围1m^{2}范围内覆土保墒。同时，采用三柱支架固定法，将树牢固支撑，确保大树稳固。一年之后待大树根系恢复好方可撤除支架。

3. 抹芽摘心 枣树移栽萌芽后，要根据芽萌发的情况及时抹除无利用价值的新生枣头，对保留的枣头枝长放，待长至10～12

个二次枝时进行摘心。

4. 病虫防治 新移栽的枣树害虫主要有枣瘿蚊、枣壁虱和红蜘蛛等害虫，在防治上，要注意根据虫情测报及时做好防治。

四、品种改良

枣树品种改良的方法采用高接换种法，就是对老枣树的更新改造和劣质品种的改良。方法简便，容易操作。高接后树势恢复快，结果早，产量高，效益好，是枣树品种改良和更新改造的一项重要技术措施。

（一）高接改良前的准备

1. 品种的选择与接穗的采集 选择丰产性好，自然坐果率高，商品性好的枣优良品种。接穗的采集来自选择的枣品种，要求生长健壮，无病虫危害的当年生的枣头枝的一次枝，剪截后做封蜡处理，并放入冷库备用。

2. 枣园灌水 高接改良前5～7d枣园浇透水。

3. 枣树修剪 干高控制在100cm左右，对于下部的枝条全部疏除，而其部位以上的枝条选择方位较好的7～8个保留10～20cm短截。

（二）高接的时期与方法

枣树的高接，一般在萌芽前后（3月中旬至5月上旬）进行。嫁接多采用劈接法、切接法或腹接法。嫁接后对嫁接部位要及时用塑料布包扎，捆绑严实，以防接口失水，影响成活。无论采用何种嫁接方法，接穗的芽应向外侧，以利树形培养和树冠的扩张。

（三）高接的要求

高接改良的枣园，要按照层次分明、结构合理、便于管理的要求，合理分层嫁接。即根据树的高度确定接穗嫁接数量，树高200～250cm的接4～5个接穗，培养第一层3～4个主枝和1个中心干，树高250cm以上具有嫁接两层条件的嫁接7～8个接穗，第一层3～4个主枝，第二层3个主枝，1个中心干。也可嫁接成第一层3个主枝，往上成螺旋形嫁接接3～4个接穗和1个中心干。

嫁接时，要紧靠中心干嫁接。嫁接部位应紧靠中心干，即在中心干上的二次枝或主枝处短截嫁接。同时，嫁接时除中心枝外，其余接穗芽眼全部向外或向下，接穗萌发后，枣头可自然开张、自然成形。

（四）高接成活后的管理

1. 除萌 高接后，接口以下部位潜伏芽受刺激后大量萌发，对于萌芽要及时抹除，以防止营养的无谓消耗，从而影响嫁接成活率和接穗萌生后枣头枝的正常生长。要经常剪除，连续抹除萌蘖。

2. 松绑 高接后，由于营养供应充足，接穗萌生的枣头生长较快，因此应注意在接口完全愈合后，及时解除包扎物，进行松绑，以防止包扎物（塑料条）勒入接口部位，妨碍萌枝的正常生长。但在塑料条不影响接穗及树体生长时，可暂时不必解除。既利于伤口愈合，又利于防止害虫进入蛀食危害。

3. 绑支柱 高接后抽生的枣头生长很旺盛，而接口的愈合组织又很幼嫩，新梢极易被风折或发生机械损伤。因此在新梢生长到20～30cm时，需绑一竹竿或木棍，帮扶新生枣头，以防风折。竹竿或木棍下部一定要绑牢，不能松动，上部捆绑高接萌发的新梢时要松，以免影响枝梢发育。同时、绑枝时要注意枝的角度和方向。冬季修剪时及时将支柱去掉。

4. 水肥管理 高接成活后，枣头迅速生长，应及时浇水、施肥、补充营养，促进枣头健壮生长。尤其是嫁接后1个月内应避免干旱，要加强水肥管理，秋季增施有机肥。

5. 新枝摘心 高接成活萌发的新枝，要根据枝条的生长方向、位置，适时摘心。一般要求新枝长至10个以上二次枝时进行摘心。

6. 其他管理 根据虫情测报，及时做好枣树害虫防治。同时，要根据天气预报，做好枣树冻害的预防工作。

（五）高接改良注意事项

（1）因树作形，随枝高接。高接时，要对原树体进行改造，但必须因树作形，随枝高接，不能强求树形，防止大锯大砍；中心干、主、侧枝要分明主从，有目的进行选留、培养。

（2）短留小枝，腹接补空。着生在骨干枝上的小枝，除疏除过密枝外，尽量保留进行高接，以增加枝量。小枝一般保留 8～10cm，尽量靠近主侧枝，以利于以后更新。对内膛光秃少枝的，也可进行腹接补空，充实内膛，为高接树丰产创造条件。

（3）整株高接，注意方向。高接时要注意接口部位枝条的粗度。一般以直径不超过 5cm 为宜。直径在 5cm 以上的宜采取多头高接的方式，把接穗接在适宜粗度的枝条上。接口方向宜选在迎风面。接口直径在 3cm 以上的，可接两个接穗，以利早日愈合。此外，高接改良时要注意接穗芽眼方向，要求接穗芽眼全部向外或向下。

第四节　树体的改造

盛果期枣树的改造主要是树形，枣树普遍存在树体结构不合理，树干过低或树冠过高，内膛光秃，结果枝外移等问题，采取取“一提二落三缩四放五扭”的五字方针进行树体改造。“提”就是提高树干；“落”就是落头，对于上部大下部小的倒锥形树冠要进行落头；“缩”就是针对枣树内膛空虚，结果枝外移或枝条衰老的骨干枝，选择适当位置进行回缩，刺激其中下部萌发新枝；“放”就是对于回缩骨干枝中下部萌发的新枝，要选择适当位置的新枝保留并长放，以培养新的结果枝；“扭”就是对于保留长放直立或方位不合适的枣头枝做扭枝处理，改变其生长方向，以利于结果。

一、提高树干

当前枣树普遍存在树干过低，不利于机械化作业的问题，冬季修剪时要根据树干的高度，主枝的分布等情况，重点对过低大枝采取疏除、回缩、短截等措施，提升树干，打通光道，以便作业。原则上树干提升至 80～120cm。

二、回落树头

大多枣树在培养第一层主枝后，没有培养第二层而是直接形成顶层，而随着树龄的增长，导致枣树中下部光秃，上强下弱，树形变成“倒三角形”。因此，对于枣树过高不利于抹芽和打药的，或者是头过大影响枣树下部通风透光的，可适当落头，将树高控制在3.5～4.0m左右，枣树落头一般落在适当高度的分枝处。

三、回缩骨干枝

尤其是密度相对较大的枣园或二十年生以上树龄的枣树，内膛光秃严重，针对这种情况在修剪方法上重点是回缩。根据树龄、树势，合理运用缩、截、留等修剪措施，科学处理主侧枝，促使潜伏芽萌发新枝，重新形成树冠。

一般对于大枝光秃严重，中下部没有可用的二级骨干枝，可选3～5个主枝分年度进行重回缩。锯口下要保留1斜生向上的枝，并选择一个方向适宜的枣股进行短截作为剪口枝，促其萌发新枝；若锯口下没有分枝，可选择适当高度，恰当位置直接回缩，促其隐芽萌发，形成新枝。大枝回缩注意锯除骨干枝时锯口要平，用油漆封口或塑料布包扎，以免风干、龟裂。

四、长放新枝

枣落头回落或骨干枝回缩后，萌发许多新枝，对于萌发的新枝，要选择一个方向适宜、位置较好的枝进行长放，一般保留8～12个二次枝进行摘心，以利于早日形成新的树冠。

五、扭枝

对于生长直立或生长方位不合适的新生枝条，在枝条半木质化时，用手持枝条基部顺时针旋转，将枝条扭至合适的位置，致使其当年可开花结果。

六、疏除过密枝和细弱枝

盛果期树，结果枝趋向下垂，造成枝条交叉、重叠。要及时疏除向下生长的枝条和结果能力低的枝条，改善光照条件。同时，在树冠的外围，常萌生许多细弱的发育枝，无法生成二次枝，形成“光枝”。在夏剪或冬剪时，应及时疏除，减少养分消耗，以利结果。

七、剪除病虫枝

在冬剪或夏剪时对于病虫危害严重、无法恢复、没有利用价值的枝条要及时疏除，并集中烧毁，以减少病、虫源。

第十一章　枣树简约化栽培技术

枣树的管理是随着人们对枣树的认知程度、管理水平、市场表现等因子的变化而变化。总体来讲发展趋势是管理由精细变省力，树冠由大变小，骨干枝由多变少，树高由高变低，树干由低变高，树形由自然树形逐渐变为规范树形而后发展为简约树形。

一、枣园的规划与建立

（一）园地的选择

园地要选择地势平整，光照充足，土层深厚，土壤肥沃，土壤有机质含量较高，pH 在 6.5～8.0，总盐含量低于 0.3%，灌溉条件良好、周围无污染源。

（二）株行距的规划

简约枣园适合宽行距窄株距的栽培模式，一般株距 2～3m，行距 6～8m。以南北行向为宜。

（三）防护林带体系

防护林面积占枣园地总面积的 14%，设主林带和副林带，主林带与主风向垂直或基本垂直，宽 6.0～8.0m；副林带宽 3.0～4.0m，林带株距 1.0～1.5m，行距 1.5～2.0m，树种的配置按照“适地适树”的原则，以胡杨、新疆杨、沙枣树等乡土树种为主。

（四）标准化栽植技术

1. 苗木的选择与处理

（1）苗木的选择。栽植的苗木要选择优质的归圃苗，要求苗木健壮，根系完整，无机械损伤，根幅在 20～30cm；枝条粗壮，没有冻伤和病虫危害。苗木标准符合枣树苗木质量等级标准二级或二级以上的苗木。

（2）苗木的处理。按照“就近调苗，随起随栽”的原则。对于随起苗随栽植的苗木，由于根系没有失水或失水少，一般不需要处理既能保证苗木的成活率。对于经过长途运输的苗木，由于在运输过程中，根系难免会损失一定的水分，为提高栽植成活率，可在栽植前对苗木进行生根粉浸泡处理。

2. 开沟挖穴

（1）栽前开沟。按照规划的株行距，沿树行机械开沟，沟上口宽 50～70cm，沟深 40～50cm。

（2）沟坡挖穴。沟开好后，在沟的向阳坡面挖定植穴，定植穴的规格为长、宽、高各为 40cm。土壤板结或相对比较黏重的土壤可适当将定植穴的长、宽、高扩至 60cm。并将表土和下层土分开堆放。

3. 苗木的栽植

（1）栽植时间。宜春栽。在 3 月中下旬至 4 月中旬，土壤解冻后至枣树萌芽前栽植。

（2）栽植方法。首先在栽植穴底部施入腐熟的农家肥 3～5kg/穴，上层覆盖表土至距地面 20～25cm。随后将苗木放至栽植穴，并使苗木保持根系舒展后，分层填土，表层土填下面，下层土填上面。及时提苗踩实。栽植深度以苗木原出土痕迹为准。

4. 苗木栽后的管理

（1）浇水。苗木栽植后，及时浇透水。待水阴干后，人工清理树盘，扶正苗木并覆土 3～5cm。

（2）截干。苗木保留 20～30cm 截干，以避免苗木枝条被风抽干，影响苗木成活率。

（3）覆膜。用 70～80m 宽的地膜沿树行覆盖，地膜边缘注意用土封严封实，预防大风将地膜刮起。苗木的枝干四周要用土封实不留缝隙，以防高温灼伤苗木。

（4）摘心。当新生枝条生长至 60～80cm 左右时，及时摘心，以促使枝条粗壮，利用嫁接。

（5）病虫防治。根据虫情测报，适时防治枣树病虫害，可对枣树造成重要伤害的害虫有枣壁虱和红蜘蛛。同时，冬季要堆土堆预防冻害，涂抹防啃剂，防止野兔啃咬。

（五）苗木的嫁接

苗木栽植后第二年进行嫁接，品种宜选择结果龄期早、丰产性好，商品率高的优良枣新品种，如：灰枣新星、羌灰 2 号和羌灰 3 号等。

1. 接穗的选择 选择蜡封的一次枝接穗，粗度为 0.6～0.8cm 为最好。

2. 嫁接时期和方法

（1）嫁接时期。3 月下旬至 5 月上旬均可嫁接，但是提倡嫁接时间宜早不宜晚，早嫁接苗木生长时间长，苗木生长量大，健壮，有利于培养树形。若嫁接时期晚，苗木生长时间短，木质化程度低，质量差，不利于树形的培养。

（2）嫁接方法。嫁接的方法有舌接、劈接和皮下接。在枣树生长季风比较多的枣区或防护林带不完整的枣园，不宜采用皮下接的方法进行嫁接，以防风折。同时，为了预防苗木冬季冻害，嫁接时，宜采用高接的方法，即在距地面 30～40cm 处嫁接。

3. 嫁接后的管理

（1）除萌。枣苗嫁接 10～15d 后，苗木上的隐芽首先萌发，此时，应将苗木上萌发的枣芽不定期地抹除，以利于苗木养分集中供应给接穗，促进接口愈合和接穗芽的生长。一般抹芽 3～4 次，抹芽时，要注意不要碰动接穗，以免影响成活。

（2）补接。嫁接后 15～20d 或接穗芽萌发 2～3cm 时，检查验收嫁接的成活率，对于嫁接没有接活的苗木要及时重新补接。

（3）浇水。可根据园地土壤的墒情及时浇水，根据园地土壤保水情况不同，一般全年浇水 5～7 次。

（4）施肥。当接穗萌芽高达到 30cm 左右时（6 月上中旬至 7 月上中旬）开始追肥，追肥以氮、磷、钾肥复合肥为主，追施 1～

2 次，间隔 15～20d。施肥方法前期采用土壤穴施。

（5）中耕除草。嫁接后要及时中耕除草，一般园地除草多采用机械除草和人工除草相结合的方法，不提倡化学除草。

（6）摘心。当嫁接的苗苗木生长到 100～120cm 左右时，要及时摘心，也就是将嫁接苗的头（生长点）打掉，以促进二次枝加粗生长。

（7）有害生物的防控。枣树主要是螨类、蚧类和枣瘿蚊等害虫，在防治上，可结合林业部门的虫情测报，及时做好防治工作。同时，冬季要做好枣树保护，预防冻害和野兔啃咬，以保证苗木安全越冬。

二、枣园的土肥水管理技术

（一）土壤管理

1. 枣园耕翻　在枣果采收后至土壤封冻前（11 月中旬至 12 月中旬）或土壤解冻至萌芽前（3 月上旬至 4 月上旬）结合农家肥进行。耕翻深度 20～30cm。

2. 中耕除草　在枣树生长季，根据园地杂草生长情况进行中耕除草，中耕深度 15～25cm，以减少杂草对水分和养分的争夺，提高土壤肥力。

3. 树行覆盖　在枣树生长季节，选用秸秆、杂草等沿树行覆盖，根据树冠的大小和覆盖材料的多少，可将枣树两边各覆盖 0.8～1.5m，覆盖厚度 5～10cm。随着科技的进步，目前枣园覆盖多选择防草布＋滴灌，实现除草、保墒、灌溉一体化。

4. 间作绿肥　枣园可选择间作豆类、油菜等，间作时，幼树要预留不低于 1.0m 宽的营养带，盛果期树要预留不低于 1.5m 宽的营养带，并对各间作物进行适时翻压，以提高土壤有机质的含量，改善土壤结构，提高土壤肥力。

（二）浇水

1. 浇水时期　枣树浇水一般要抓好萌芽前、盛花期、幼果膨大期和越冬前等四个关键时期，即重点浇好催芽水、花期水、促果水和越冬水。

2. 浇水方法

（1）漫灌。是目前新疆枣园普遍采用的灌溉方法。优点是漫灌可以淋盐压减，改良土壤，改善枣园小气候。缺点是严重浪费水资源。

（2）沟灌。多采用管灌和畦灌相结合。一般是用管道将水源引到枣园，然后沿树行做畦，畦宽 1.0～2.0m，而后顺畦浇灌枣树。优点是节约水资源，节省人工。缺点是易导致枣园土壤返碱起盐，不便机械作业。

（3）滴灌。适用于沙土枣园。优点是节约水资源，节省人力成本，便于实现肥水一体化。缺点是对水资源有特殊要求，不含沙和杂质，易使土壤返碱。

（三）施肥

1. 施基肥　在枣果采收后至土壤封冻前（11 月中旬至 12 月中旬）或土壤解冻至萌芽前（3 月上旬至 4 月上旬）进行。在距树干 100～150cm 处挖宽 20～30cm，深 30～40cm 的条状沟沟施或行间撒施，施后旋耕。每亩施腐熟农家肥 2 000～3 000kg。

2. 追肥　在萌芽期（4 月上旬）、幼果期（7 月上旬）和果实膨大期（7 月下旬）进行。萌芽前结合施基肥追施，前期以氮肥为主，后期以磷、钾肥为主。在萌芽前（4 月上旬）每亩追施尿素 20kg，磷酸二胺 15kg，幼果期（7 月上旬）追施复合肥 30kg/亩，枣果膨大期（7 月下旬）追施钾肥 20kg，尿素 15kg。

3. 叶面喷施　在花期和幼果期结合病虫害防治进行，共喷施 4～5 次，每次间隔 7～10d，肥料种类主要有硼、铁、锌、锰、镁、钙、稀土等微量元素及氨基酸、腐殖酸、沼液等生物叶面肥。宜在上午 10 点前、下午 19 点以后喷施。

三、枣树的整形修剪

（一）简约树形结构与特点

1. 扇形　全树有主枝 4～5 个均匀分布在相反两个方向，且与行向垂直，也可有一定的夹角，主枝上不留侧枝，直接培养结果枝组。株间不培养主枝或大的结果枝组。

2. 柱形　主干上没有分布明显的主枝，在主干上直接培养结果枝组，且枝组多分布在行间两侧，一般着生 10～12 个枝组。

（二）简约树形整形

1. 扇形的整形过程

第一年：在距地面 80～100cm 处选择 4～5 个与行向垂直或基本垂直的健壮的二次枝保留 2～3 节短截，刺激其萌发新枝，培养成主枝，各主枝的间距保持在 50～60cm，上部主枝以上部分剪除。待所萌发的新枝生长至 8～10 个二次枝时进行摘心。

第二年：在各主枝的两侧距主干 40～50cm 处，选择 2～3 个生长健壮的二次枝保留 2～3 节短截，刺激萌发新枝，培养结果枝组，注意各枝的分布要交错落排列，相邻两枝的枝间距保持 40cm 以上。当新枝生长至半木质化时，对相对比较直立的枝条扭枝或拉枝，使其与地面平行或基本平行。

第三年：对各主枝顶端的第一个二次枝保留 2～3 节短截，促其萌发新枝作为主枝的延长枝，待新枝长至 5～7 个二次枝时摘心，注意剪口下的第一个二次枝方向向外。

第四年：按照第二年的操作方法，继续在各主枝培养结果枝组，使各主枝上着生 3～4 结果枝组。

2. 柱形的整形过程

第一年：在距地面 80～100cm 处选择 5～7 个与行向垂直或基本垂直的健壮的二次枝保留 2～3 节短截，刺激其萌发新枝，培养成结果枝组，同侧枝间距保持在 30～40cm。待所萌发的新枝生长至 8～10 个二次枝时进行摘心。剪口下的第一个二次枝方向向外或基本向外。

第二年：中心干顶端第一个二次枝保留 1～2 节短截，促其萌发新枝作为新的中心干枝，待新枝生长至 6～8 个二次枝时进行摘心。

第三年：按照第一年的操作方法，继续培养 3～5 个结果枝组，使全树着生10～12结果枝组，树冠基本成型。

四、枣树的促花保果技术

1. 抹芽 抹芽要做到早、勤、净。“早”就是早抹，当枣头萌发后应及时抹除，避免造成不必要的营养浪费；“勤”就是勤抹，枣树要进行多次抹芽，一般每隔7～10d抹芽一次；“净”就是抹净，抹芽要将枣头从基部抹除，只保留基部枣吊，不留高桩。抹芽时注意第一批枣头要根据空间和位置进行保留，一般枣树要保留8～15个新生枣头，第二批萌发的枣芽要全部抹除，一枝不留。抹芽时要自下而上，逐枝进行，应避免漏“抹”、乱“留”。

2. 摘心 对保留的新生枣头要根据空间的大小进行长放，一般要保留8～10各二次枝进行摘心，注意剪口下的第一个二次枝要向外。

3. 扭枝 对保留的生长比较直立的新生枣头枝要适时扭枝，扭枝时手持枝条基部慢慢弯曲扭转，改变其生长角度和方向，以缓和枝势，利于结果。

4. 开甲 在枣树盛花期（6月10日至20日）进行，开甲宽度依据树干的大小而定，一般开甲宽度以树干直径的1/10为宜，注意开甲宽度最宽不宜超过1cm，开甲一周后要对甲口涂抹护甲宝等药剂及时处理。

5. 枣园放蜂 枣园放蜂可提高枣树坐果率，一般蜂箱间距不超过300m。每公顷平均放2～3箱蜂为宜。

6. 花期喷水 枣树花期喷水有利于提高枣的坐果率，花期喷水多于病虫害防治相结合，一般在上午10点之前或下午7点之后喷施，整个枣树花期喷水4～5次，每次间隔7～10d。

7. 喷施微肥 枣树花期喷施微肥对提高枣树的座果率有一定的作用，但要注意微肥的使用浓度，微肥的喷施要与枣树树体的营养诊断和土壤的养分分析相结合，缺啥补啥，不可盲目使用。常用的微肥有稀土、硼肥、磷酸二氢钾、氨基酸等等。在实际生产，花期喷施微肥多于病虫害防治相结合。

五、病虫害的防控

枣树病害主要有炭疽病、枣疯病和生理病害，害虫主要有梨园蚧、大球蚧、红蜘蛛、枣壁虱、枣瘿蚊、甲口虫等。

（一）枣树病虫害防控原则

按照“预防为主，综合防治”原则

1. 根据病虫害的发生状况、危害程度，确定病虫害的重点防治对象。

2. 依据病虫害的预测预报，适时防控。

3. 以农业防治为核心，生物、物理和化学等多种防治方法相结合。

（二）病虫害主要防治对象

主要病害有枣疯病、黑头病、生理落果。主要虫害有梨圆蚧、枣瘿蚊、红蜘蛛、大球蚧、枣粉蚧、枣壁虱、甲口虫。

（三）病虫害“一喷多防”

一喷 4 防：萌芽前（3 月下旬至 4 月上旬）喷施 4～5 波美度石硫合剂防治梨园蚧、枣粉蚧、红蜘蛛、枣壁虱等四种害虫；

一喷 5 防：萌芽后（5 月上旬）喷施苦参碱＋矿物油防治大球蚧、枣粉蚧、枣瘿蚊、红蜘蛛、枣壁虱等 5 种害虫；

一喷 6 防：花初期（6 月上旬）喷施阿维螺虫乙酯或噻虫嗪＋螺螨酯防治大球蚧、梨园蚧、枣粉蚧、枣瘿蚊、红蜘蛛、枣壁虱等 6 种害虫；

一喷 3 防：幼果期（6 月下旬）喷施吡虫啉＋阿维乙螨唑防治枣瘿蚊、红蜘蛛、枣壁虱等 3 种害虫。

第十二章　枣园有害生物防控及自然灾害防御

第一节　枣树病害的发生与防治

在新疆枣区，病害发生的极少，仅阿克苏、和田和喀什枣区密植枣园有点片发生枣炭疽病，又称枣黑头病，有部分枣区零星发生枣疯病。在防治上，应遵循“预防为主，综合防治；防优于治，治是弥补”的方针，以农业防治、生物防治为核心，以物理防治、化学防治为补充措施，将枣树病害控制在危害水平之下。

一、枣炭疽病

1. 症状　枣炭疽病又称黑头病，属果实病害，枣果染病后，果肩或果腰先出现褐色斑点之后病斑逐渐扩大，病斑颜色变为黑褐色，斑外淡黄色晕环，最后斑块中间产生圆形凹陷，病斑形状多样化，有圆形，椭圆形或不规则形。病斑区果肉由淡绿色变成褐色，组织坏死，非感病区也可正常着色，枣果感病后一般不脱落，但在后期或病斑较多时易腐烂而脱落。枣果感病后，生长量小，果肉糖分低、味苦，品质差。

2. 发生规律　枣炭疽病病原是半知菌亚门、胶胞炭疽菌，其以菌丝体潜伏于残留的枣吊、枣头、枣股、僵果内越冬，翌年，分生孢子借风雨、刺吸式口器昆虫传播如蝇类、叶蝉类、椿象类，从伤口、自然孔口或直接穿透表皮侵入，幼果期既可侵染，但通常到枣果近成熟期和采收期才发病。在树势弱、管理粗放的枣园，枣树成熟期前或进入成熟期气温高，多雨多雾或阴雨绵绵、湿度大天气，极易引起大发生。

3. 预测预报　枣炭疽病的初发期，以在树势弱或有重病史的枣树上出现病果为标志，发病的早晚与雨季出现的早晚和空气相对湿度密切相关，当空气相对湿度在80%以上，则预示着始发期的到来，应及时做好防治工作。

4. 防治方法

（1）降低菌源基数，减少病源。枣树落叶后结合冬季管理，清扫枣园中落叶、枯枝、烂枣，并集中烧毁或掩埋，以减少越冬病源。

（2）加强枣园土肥水管理。增强树势，提高树体抗病能力。

（3）做好害虫防治，杜绝传播途径。对椿象类、叶蝉类等刺吸式口器害虫做重点防治，降低传病昆虫密度。

（4）药物治疗：8月底或9月初开始喷施苯醚甲环唑1 000倍液，五唑醇1 000倍液等均可起到较好的防治效果。连喷施2～3次，每次间隔10～15d。

二、枣疯病

1. 症状　枣树感病后症状主要表现为叶片黄化，小枝丛生，花器返祖，果实畸形，根皮腐烂。

根部症状：病树根部不定芽萌发，即表现出丛枝状。同一条根上可多处出现丛枝，枯死后呈刷状。后期病根皮层腐烂，从而导致全株死亡。

枝部症状：病株当年生枣头上萌生新枝丛状、纤细、节间短、叶片小、黄化。

叶部症状：枣疯病在叶部表现两种类型。一种为小叶型，叶片多发，丛生纤细，叶小，黄化似鼠耳状；另一种为花叶型，叶片呈不规则块状黄绿不均，凸凹不平的花叶狭小、翠绿色、易焦枯。

花器症状：花器退化，花柄伸长成小枝，萼片、花瓣、雄蕊变为小叶。

果实症状：病树一般不能结果，病株上的健康枝仍可结果，坐果率低，落果重，果实大小不一，多畸形，表面凸凹不平，着色不匀，呈花脸形，果肉组织松软，质量差。

2. 发病规律 枣疯病病原体为植原体，是介于病毒和细菌之间的多形态的质粒。枣疯病病原体从地上部树枝侵入，主要由昆虫传播，也可借嫁接、扦插、根蘖苗等传播。枣疯病的发生流行和几种菱纹叶蝉等刺吸式口器昆虫的分布及虫口密切相关。例如：有侧柏的坟地是菱纹叶蝉主要越冬繁殖的地方，故病株首先出现在有侧柏的坟地附近，越靠近侧柏林，枣树染病的机会越多。管理水平也影响发病率，管理粗放、树势衰弱、疏于防治的枣园发病重，发病率高，集约化栽培、防治及时的枣园发病率低。发病与间作物品种有关。与小麦、玉米间作的水浇地枣园发病率高，与花生、红薯或芝麻间作的沙岗旱地枣园，发病率低。因间作小麦、玉米地适于传病昆虫菱纹叶蝉的越冬和繁殖，水浇地徒长枝多，易被侵染。后者则完全相反。

3. 预测预报 根据枣林间菱纹叶蝉的虫口密度来预测。若菱纹叶蝉的虫口密度大，枣疯病的发病率也大，反之则小。或者定期进行林间普查，掌握病害发生情况，进行测报。

4. 防治方法

（1）培育无病苗木。在没有枣疯病的枣园中采接穗或分根繁殖，或者采用组织培养脱毒，培育无病苗木。

（2）选用抗病品种苗木造林或用抗病品种接穗、砧木，培育抗病品种。

（3）加强检疫，控制病苗调运。

（4）提高枣树管理水平。加强水肥管理，对土质条件差的要进行深翻扩穴，增施有机肥、磷钾肥料，疏松土壤、改良土壤性质，提高土壤肥力，增强树体的抗病能力。

（5）清除杂草及野生灌木，注重刺吸式口器害虫的防治，减少传病害虫。

（6）减少病源。彻底铲除重病树、病根蘖和病枝。

（7）化学防治。采用中国枣研中心研制的祛疯1号树干输液，对枣疯病具有较好的治疗和康复作用。

第二节　枣树害虫的发生与防治

一、枝干害虫

1. 梨园蚧

危害特征：梨园蚧若虫和雌成虫主要危害枣树树干、枝条、叶片、果实和苗木。枝条被害可引起皮层爆裂，抑制生长，引起落叶，甚至枯梢和整株死亡；枣果被害，围绕介壳虫形成凹陷斑点，严重时果面龟裂，降低果品质量；叶脉附近被害，则叶片逐渐枯死。

发生规律：一年发生3代，二龄若虫在枝干上越冬，翌年春树液流动时继续危害。第一代若虫6月上旬出现，6月中旬危害盛期。第二代若虫8月中旬出现，8月下旬危害盛期。初产出的若虫为鲜黄色，在壳内过一段时间后爬行出壳，出壳后爬行迅速，在大枝条或果实上选择适当部位，固定刺吸枣树营养，经过1～2d，虫体上分泌出白色蜡质，逐步变成灰黄色介壳。经10～12d脱皮，其触角、足和眼等消失，雌雄性分化。8月底产生第三代若虫，10d后脱变为二龄若虫，在枝上越冬。

预测预报：3月中旬，在枣园中随机调查一定数量的样株，有虫株率在1%—2%时，要进行防治。或6月上旬开始，每隔3～5d，从不同地块的枣树，分别采集有虫枣枝观察记载若虫的孵化情况，计算出孵化率，当若虫孵化率达40%左右时，应及时防治。

防治方法：

（1）结合枣树冬季修剪，剪除虫口密度较大的枝条，并集中销毁；对梨圆蚧点片发生的枣园，可采用人工抹除的方法消灭虫源。

（2）萌芽前（3月中下旬）喷施4°～5°Bé的石硫合剂或矿物油＋毒死蜱进行树冠喷雾，一般即可得到有效防治。若还有发生，可在若虫发生盛期（6～7 月），用啶虫毒死蜱 1 000 倍液、噻嗪酮+噻虫嗪 1 500～2 000 倍液或螺虫噻嗪酮 3 000 倍液喷施 1～2 次，每隔 7～10d 1 次，即可达到很好的防治效果。

2. 大球蚧

危害特征：以雌成虫、若虫附着于枝干上刺吸汁液，同时，排泄蜜露诱发霉污病的发生，影响光合作用，致使枣果产量、品质明显下降，重者形成干枝枯梢、削弱树势，甚至引起全株枯死。

发生规律：1 年发生 1 代，以二龄若虫于枝干皱缝、叶痕处群集越冬，以 1—2 年生枝条上发生较多。翌年树液开始流动后活动危害，并转移至枝条上固定取食，4 月下旬成虫进入羽化期，5 月上旬出现卵，每只雌虫每次产卵在 2 000～3 000 粒，卵产于母壳下。初孵若虫于 5 月下旬活动，初孵若虫活泼，在寄主叶片或枝条上爬行 1d 后，即在叶背或嫩梢、枝条下方固定危害。5 月底至 6 月初若虫大量发生，若虫 6～9 月在叶面刺吸危害，9 月中旬至 10 月中旬转移回枝条，在枝条上重新固定，进入越冬期。越冬后的若虫和雌虫主要危害一年生和二年生的枝条。

防治方法：

（1）加强检疫，严把苗木关，严禁带虫苗木、接穗流通，发现有大球蚧危害的苗木应予销毁处理。

（2）提高枣树管理水平。加强水肥管理，提升树体的抗病虫害能力。此外，还应该在枣树成长过程中定期不定期的进行检查，如果枣大球蚧能够及早被发现，剪掉寄生的枝叶并进行集中焚烧，从而创造出良好的适宜林果树成长的生态环境，也会使枣大球蚧的危害系数大大降低。

（3）初冬或早春，结合枣树修剪整形，剪除虫口密集较大的枝条并销毁。并可对树干喷雾石硫合剂 4°～5°Bé 防治越冬若虫。休眠期防治二龄越冬若虫，可达到预防性效果，控制产卵量。

（4）当枣大球蚧大面积产生时，应该及时使用化学药品对其进行灭杀，4 至 5 月喷施啶虫毒死蜱 1 000 倍液 1～2 次，每次间隔 7～10d，可有效防治雌成虫；枣树进入花期正是若虫孵化期，可用噻嗪酮+噻虫嗪 1 500～2 000 倍液喷雾，此时初孵若虫容易杀灭；卵孵化盛期，可使用联苯菊酯 2 000 倍液喷雾，防治效果较好。

（5）可以从枣大球蚧的进食处入手，即将杀虫药物通过植物输液的方法输送到枣树中，如螺虫乙酯 8 000～10 000 倍液，这样一来枣大球蚧在吸食树枝及树叶中的树液时必然会吸食杀虫剂，从而将其杀灭。

（6）保护和利用天敌对枣大球蚧进行防治。将枣大球蚧的天敌黑缘红瓢虫、红点唇瓢虫和寄生蜂等转移到枣树上，这样不但能够有效的对枣大球蚧危害进行控制，也避免了过多使用化学药剂对生态环境产生的不良影响。

3. 甲口虫

危害特征：以幼虫危害枣树开甲处、嫁接口和其他伤口，枣树开甲后，该虫在甲口处开始蛀入危害，排出褐色粪便，并吐丝缠绕，造成甲口不能完全愈合或全部断离，使被害树树势迅速转弱，枝条枯干，枣果产量和品质显著下降，重者 1～2 年整株死亡。

发生规律：一年发生 4～5 代，以第 4 代和第 5 代幼虫在树皮内越冬。翌年 3 月下旬开始活动，4 月初化蛹，4 月底羽化，5 月上旬出现第一代幼虫。第 2 代和第 3 代幼虫危害枣树甲口最重。第 4 代幼虫在 9 月下旬以后结茧的部分老熟幼虫不化蛹，直接越冬。第 5 代幼虫于 11 月中旬进入越冬期。幼虫借助伤口入侵，危害愈伤组织和韧皮部。初孵化的幼虫难于侵入愈合后老化的甲口。由于枣树每年开甲，幼嫩的甲口愈伤组织为幼虫的危害提供了周期性的场所，因此该虫在枣树上危害最重。

预测预报：6 月下旬至 7 月上旬，对已开甲的枣树甲口逐一调查，若发现甲口处有褐色粪便，且有虫株率达 0.5%时，要及时进行人工或抹药防治。

防治方法：

（1）刮皮喷药减少越冬虫源。在枣树休眠期，人工刮除被害甲口老皮、虫粪及主干上的老翘皮，集中烧毁。并对甲口及树干仔细喷施菊酯类杀虫剂 1 000 倍液，对削减越冬虫源有显著效果，除虫率 90%以上。

（2）新开甲口的保护。开甲后，在甲口内涂“500ml 护甲宝＋5～10ml 菊酯类药”的药液即可；或者用药泥（100～200 倍的菊酯类药液＋土混合成泥）将甲口抹平，既保湿、又防虫。

二、食叶害虫

1. 枣粉蚧

危害特征：枣粉蚧常栖息在枣树的芽、叶、花、果等部位，以口器刺入植物组织内取食危害。导致枝条干枯、叶片瘦小、枯黄，以至早期脱落。该虫排泄物易招致煤污病发生，使枝叶和果实变黑，如煤污状，导致树势衰弱、枝条枯萎、影响枣果品质及产量。特别是已经衰弱的枣树，一旦受枣粉蚧危害，就会加速树体的衰亡。

发生规律：枣粉蚧一年发生 3 代，以成虫或若虫在树干及侧枝的树皮缝内越冬。翌年 4 月份出蛰活动。第一代枣粉蚧发生期为 5 月下旬至 6 月下旬，若虫孵化盛期为 6 月上旬。第二代枣粉蚧发生期为 7 月上旬至 9 月上旬，若虫孵化盛期为 7 月中下旬。第三代枣粉蚧（即越冬代）8 月下旬发生，若虫孵化盛期在 9 月上旬。若虫孵化后不久，即进入枝干皮缝下越冬。每年以第一代和第二代在 6～8 月危害严重。枣树发芽前，越冬若虫群集于枣股上。枣树发芽后，若虫便转移上芽，在初伸长的枣吊上，群集于叶腋间或未展开的叶褶内。8 月下旬至 9 月上旬，枣粉蚧分泌的胶状物易引起霉菌病的发生，并污染叶片和果实，从而影响果品的质量。

防治方法：

（1）刮树皮，消灭越冬若虫。

（2）枣树萌芽前喷 4°～5°Bé 石硫合剂。

（3）4 月中下旬，枣芽萌动期喷洒杀高效氯氟氰菊酯 1 000～2 000 倍液杀死越冬代若虫，6 月上中旬为第一代若虫盛发期喷洒螺虫乙酯噻嗪酮、吡虫啉＋吡丙醚进行防治。

2. 红蜘蛛

危害特征：以成螨或若螨危害叶片、花蕾、花、果实。幼树和根蘖苗受害最为严重，红蜘蛛多集中在叶背面主脉两侧刺吸汁液危害。叶片被害后出现淡黄色斑点，并有一层丝网粘满尘土，叶片渐变焦枯。花蕾和花受害后，枯萎脱落。枣果受害后，失绿发黄，萎缩脱落，严重影响枣的产量。

发生规律：该螨一年发生 8～9 代，以卵或受精雌成螨在树皮缝内、落叶或根际处土缝中越冬，翌春天回暖时越冬雌成螨开始活动危害，展叶以后转到叶片上为害，先在叶片背面主脉两侧为害，从若干个螨逐渐遍布整个叶片。发生量大时，在植株表面拉丝爬行，借风传播。6 月中旬为危害盛期，7 至 8 月成灾，阴雨连绵对螨的生长发育、繁殖及蔓延有一定控制作用，9 至 10 月转枝越冬。

预测预报：5 月中旬进行枣园调查，当调查叶片平均有螨量达 0.5 头以上时，应做好防治工作。

防治方法：

（1）结合枣树冬季管理，刮除老翘树皮，集中焚烧，消灭越冬虫源。

（2）枣树萌芽前喷 4°～5°Bé 的石硫合剂，对该虫的发生有一定的控制作用。

（3）5 月下旬喷施阿维螺螨酯、阿维乙螨唑、阿维螺虫乙酯等药剂均可起到较好的防控作用，每隔 30d 喷施 1 次，连续喷施 2～3 次即可，用药浓度要参照各药剂的使用说明配置。

3. 枣瘿蚊

危害特征：以幼虫吸食枣树嫩叶汁液危害。枣瘿蚊的雌成虫产卵于未展开的嫩叶空隙中。幼虫孵化后，即吸食嫩叶汁液，叶片受刺激后两边纵卷，幼虫藏于其中危害。叶片受害后变为筒状，幼嫩叶会变得色泽紫红，质硬而脆，不久即变黑枯萎。喜在树冠低矮、枝叶茂密的枣枝上危害，一般以苗圃地苗木、幼树受害较重。

发生规律：该虫一年发生 5～7 代，以幼虫在浅土层中结茧越冬。翌年 4 月羽化为成虫，产卵于刚萌动的枣芽上，5 月上旬为危害盛期。第1～4代幼虫盛发期分别为6月上旬、6月下旬、7月中下旬、8月上中旬，8月中旬开始产生第5代幼虫，9月上旬枣树新梢停止生长时，幼虫开始入土做茧越冬。除越冬幼虫外，卵期3～6d，幼虫历期8～13d，蛹期6～12d，成虫寿命1～3d。幼虫越冬茧入土深度因土壤种类而不同，黄土地多在离地面2～3cm处，沙土则在3～5cm处，最适宜的发育温度为23～27℃。另外，5月份，天气若干旱少雨该虫发生较迟。

预测预报：采用越冬幼虫出土预测法。在树冠下2～3cm深处的土层埋入一定数量的枣瘿蚊虫茧，并用笼罩之，从4月上旬开始，逐日检查出土幼虫数，当出土幼虫达50%时，即为该虫防治时期，并从该时期推算第一代幼虫发生高峰期。

防治方法：

（1）秋末冬初清理树上、树下虫枝、叶、果，并集中烧毁，翻耕枣园消灭部分越冬蛹，降低越冬虫口密度。

（2）3月下旬至4月上旬，树冠下喷洒40%的毒死蜱乳油500～600倍液，喷后浅耙铺膜，可杀死入土化蛹的老熟幼虫。

（3）树冠喷药。大量发生时，树冠喷施噻虫嗪、吡虫啉2 000倍液或螺虫乙酯5 000～8 000倍液叶面喷雾防治。

4. 枣壁虱

危害特征：以成虫、若虫危害枣树的嫩芽、叶片、花蕾、花及果实。枣叶被害后，叶片基部和沿叶脉部，首先出现轻度灰白色，严重时整个叶片极度灰白、质感厚而脆，并沿中脉向叶面卷曲合拢，后期叶缘枯焦早期脱落，光合速率明显降低、光合产物大幅度减少，严重影响树体的生长和枣果的发育。花蕾及花受害后，逐渐变褐、干枯凋落。枣果受害一般多在梗洼和果肩部，被害处呈银灰色锈斑，或形成褐色“虎皮枣”。轻者影响枣果正常发育，重者可导致枣果凋萎脱落。发生规律：一年发生8～10代，以成螨或若螨在枣股鳞片或枣枝皮缝中越冬。翌年枣芽萌发时，越冬螨开始出蛰活动危害嫩芽，展叶时多群居于叶背基部或主脉两侧刺吸汁液，虫口密度大时，分散布满整个叶片、花蕾、花和幼果，尤其是枣头顶端生长点更为严重。以成虫和若虫危害枣叶、枣花和幼果。前期（6月上中旬）危害枣叶和枣花，造成花萼不能开花授粉，降低座果率。中期（7月）危害幼果和枣头，造成幼果大量脱落，严重时造成枣树绝产。后期（8月）危害枣叶、枣果，造成叶面细胞坏死，失去光合能力，降低果实品质，影响枣树产量和品质。

预测预报：5月中旬，在枣园中选具代表性的样株，从不同方位采摘一定数量的枣头或嫩叶，用15倍或20倍的放大镜，调查统计枣壁虱数量，每3～5d调查1次，当枣叶平均有螨量达0.5头以上时，应及时防治。

防治方法：

（1）枣树萌芽前喷4°～5°Bé石硫合剂，注意要喷施均匀，枝枝见药。

（2）6月上旬枣壁虱初发期，树冠阿维螺螨酯、阿维乙螨唑、阿维螺虫乙酯等药剂均可起到较好的防控作用，每隔30天喷施1次，连续喷施2～3次即可。

三、果实害虫

1. 棉铃虫

危害症状：以幼虫危害枣果果核，将枣幼果钻蛀形成大的孔洞，引起枣果脱落，严重影响枣树产量。

发生规律：新疆每年发生3代，卵散产于嫩叶及果实上。成虫昼伏夜出，对黑光灯、萎蔫的杨柳枝有强烈趋性，低龄幼虫食嫩叶，幼虫三龄后开始蛀果，蛀孔较大，外面常留有虫粪。

预测预报：采用黑光灯或杨柳枝诱蛾的方法。成虫发生期（5月上中旬）在枣园里每隔100m设置一个黑光灯进行诱蛾，逐日检查诱蛾数量，诱虫的高峰期也是成虫发生盛期，诱虫高峰期过后7～10d，也就是幼虫发生高峰期，此时也是防治的最佳时期。

防治方法：

（1）农业防治。枣园不间作或附近不种植棉花等棉铃虫易产卵的作物。在冬季进行翻耕，可杀死部分越冬蛹。

（2）物理防治。在成虫发生高峰期利用黑光灯、杨柳枝诱杀成虫。

（3）化学防治。根据虫情测报，从卵孵化盛期至二龄幼虫蛀果前，可喷施药剂联苯菊酯、高效氯氰菊酯等聚酯类药 1 500～2 000 倍液、灭幼脲 3 000 倍液、螺虫乙酯 5 000～8 000 倍液或噻虫嗪＋毒死蜱 1 500～2 000 倍液等进行防治，注意交替用药，以减缓棉铃虫抗药性。

（4）生物防治。用 Bt、HD－1 苏云金芽孢杆菌制剂或棉铃虫核型多角体病毒稀释液喷雾，均有较好的防效。

（5）保护和利用天敌。棉铃虫的天敌主要有姬蜂、跳小蜂、胡蜂，还有多种鸟类等。

2. 绿盲蝽

危害症状：绿盲蝽以成虫和若虫刺吸枣树嫩芽、嫩叶、花蕾及幼果，被害叶芽上先出现失绿斑点，随着叶片的伸展，小斑点逐渐变为不规则的孔洞，俗称“破叶疯”“破天窗”；花蕾受害后停止发育，枯死脱落，重者枣花全部脱落；受害幼果有的出现黑色坏死斑，有的出现隆起的小疱，果肉组织坏死，受害严重者枣果脱落，严重影响枣果产量和品质。

发生规律：绿盲蝽每年发生 5 代，以卵在枣树的剪口、枯死枝、多年生老枣股，杂草，病残体及浅层土壤中越冬。次年 3～4 月日均温达到 10℃以上、空气相对湿度 70％左右时卵开始孵化。早期若虫在枣树萌芽前先危害作物和杂草，枣树发芽时开始上树为害，第 1 代为害盛期在 5 月上旬，第 2 代为害盛期在 6 月中旬，第 3～5 代为害盛期分别在 7 月中旬、8 月中旬和 9 月中旬。成虫寿命 30～50d，世代重叠严重。成虫飞翔力强，若虫爬行迅速，白天潜伏，清晨和夜晚取食为害。绿盲蝽的发生与气候条件关系密切，气温 20～30℃、相对湿度 80％～90％的气候条件最适宜其发生。

预测预报：根据残留虫量，结合当地发生时的历史资料和气象预报情报，综合分析，做出绿盲蝽发生趋势的预测，也可用色板诱集监察，制定科学的防治方案。

防治方法：

（1）清洁枣园。枣树落叶后于入冬前清扫落叶、烂果、杂草，彻底刮除枣树主干、主枝上的翘皮，集中销毁；树干涂白或涂石硫合剂。

（2）修剪。剪除树上枯死枝、病虫残枝，并集中烧毁。

（3）涂抹粘虫胶环。5 月上旬、6 月上旬在树干中上部和主枝基部涂抹宽 5cm 的粘虫胶环，粘杀绿盲蝽成虫和若虫效果明显。

（4）悬挂诱虫板。绿盲蝽成虫发生开始期，园内树枝中部悬挂诱虫板 600 张/hm^2，能较好地起到诱杀效果。

（5）药剂防治。枣树萌芽期喷 1 500 倍液 10%高效氯氰菊酯、1 500～2 000 倍液或联苯菊酯防治。避开中午高温时段，在清晨、傍晚喷药，树上树下全喷。

（6）保护天敌。草蛉、小花蝽、蜘蛛等对绿盲蝽有较好的控制作用，应注意保护和利用。

（7）合理间作。避免在枣园内间作玉米、大豆、白菜等绿盲蝽寄主植物。

第三节　枣树生理病害的发生与防治

一、生理落果

1. 危害症状　主要表现在果实上，感病后，枣果发育不良，呈圆锥形。初期病果果核呈浅褐色，果肉发软，枣果逐渐泛黄，小头萎缩，进而枣核呈褐色，枣果小头呈红棕色，果柄形成离层，纷纷早落。生理落果的枣果瘦小、无肉，枣农俗称“干丁枣”，严重影响红枣产量和质量。

2. 发病原因

（1）树体营养不良。枣树的枝叶生长与花芽分化、开花、结果同步进行，且花芽量大，花期长，整株花芽分化 2 个月左右，营养生长和生殖生长互相竞争，营养的矛盾十分突出，易导致大量落花落果。

水分失调。枣树虽然耐旱，但在新梢生长和果实发育期需要较多水分，如遇严重干旱或久旱后骤降大雨而导致土壤水分变幅过大，使树体水分失调，从而造成大量落果。

有机养分不足。枣树在生长季节，如遇连阴雨或枝叶过密，引起光照不足、通风不良，光合作用制造的有机养分少；结果过多、修剪过重、萌芽期肥水过量而引起枝梢徒长与果实争夺养分；早期落叶、土壤贫瘠、肥水不足、前一年结果过多、枝叶徒长，造成树体及枝条内有机养分亏缺，导致大量落果。

（2）内源激素失调。枣树落果是由于果柄处形成离层所致，而离层形成与内源激素如生长素 IAA、脱落酸 ABA 和细胞分裂素等有关。生长素或内源激素失调引起果柄形成离层，造成幼果脱落。

（3）品种授粉不良。枣树大多品种可自花授粉结实，但有些品种花粉发育不良，如无授粉树或授粉树配置不合理，则受精不完全，造成胚败育而落花落果。

（4）害虫危害。枣树害虫梨园蚧、枣壁虱、枣红蜘蛛的大量发生，引起早期落叶，影响养分制造与积累，而造成果实脱落。炭疽病直接危害果实而造成落果。

（5）自然灾害。花期遇干热风，易造成焦花，损害枣花的授粉与受精，降低座果率。花期如遇连阴雨或暴风，落花率增大，导致花期落果率的上升。果实生长期如遇大风、冰雹等自然灾害时也会造成落果。

3. 防治方法

（1）加强土肥水管理，提高树体营养水平。

（2）合理配置授粉树和花期放蜂。

（3）开甲，以减少枣树营养上下两级交换。

（4）花期和果实发育期喷激素。盛花期喷赤霉素；幼果期喷萘乙酸；生理落果期喷三十烷醇等进行外源激素的补充，使树体内源激素达到较高水平的综合平衡，从而调节座果，提高产量。

（5）花期喷微量元素。在盛花期喷施 0.2％的硼酸和 0.3％～

0.5%的尿素或磷酸二氢钾等，以补充树体营养，提高座果率。

(6) 及时抹芽、摘心减少养分无谓的消耗。抹除无用萌芽，适当选留当年生枣头，适时摘心控制新梢生长，促进二次枝的生长发育，有利当年结果，减少落果。

(7) 根据病虫情测报，及时防治病虫害。

二、裂果

1. 危害症状　枣果近成熟时，果面裂开缝隙，果肉稍外露，继而裂果腐烂变酸，炭疽病等病菌侵入，贮藏时开裂处发霉腐烂，失去经济价值。

2. 发病原因

(1) 雨水过多。在枣果近成熟期时，若降水或浇水过多，果肉会快速膨大，而果皮的生长速度跟不上果肉膨大速度，会将果皮直接撑破。

(2) 化肥施用过多。化肥施用过多致使土壤有机质含量减少，土壤板结，土壤中被枣树根系吸收的可溶性钙缺乏，从而造成裂果。

(3) 营养不均衡。枣树缺乏氮、钾、钙、硼、镁等元素时，都有可能会出现裂果现象，尤其是土壤缺钙时，极易出现裂果现象。

(4) 部分枣农为追求果实等级，在枣果进入白熟期时，大量喷洒生长调节剂（果实膨大剂），造成裂果。

防治方法：

(1) 栽植抗裂枣品种。

(2) 科学施肥。进入 8 月，禁止追施速效氮肥，同时适时灌水，保持土壤湿润。如遇枣园干旱严重，不要大水漫灌，可采取小水沟灌补充水分。

(3) 补钙。枣园覆盖，5 至 9 月，在枣树根系周围覆盖一层 20cm 的碎秸秆，既能保温保湿，还有利于微生物的繁殖，增加土壤可溶性钙。同时，可以通过叶面喷肥的方式，补充所需的钙元素，减少裂果现象。

三、缺素症

各种营养元素在枣树体内都有各自独特的生理作用，当土壤中某种营养供应不足时，往往会导致一系列物质代谢和运转发生障碍，从而在枣树形态上表现出某些专一的特殊症状，这就是缺素症。

缺素症是枣树体内营养失调的外部表现，因此根据树体的表现症状进行形态诊断、合理施肥。

1. 枣树缺氮症

表现症状：枣树树体生长缓慢，枣头生长短，呈直立纺锤状，枣吊短而小，叶片小而色变浅，从老叶开始黄化，逐渐到嫩叶，缺氮不像其他元素缺乏时那样出现病斑或条纹，也不发生坏死，并且不易染病，但果实小、早熟、产量低。

防治方法：

（1）土壤追肥。萌芽期，结合追施有机肥，每亩穴状、沟状或沿树行撒施尿素 20～30kg。

（2）叶面喷肥。在枣树生长季，尤其花果期结合病虫害防治叶面喷施 0.1%～0.2%尿素 3～4 次，每次间隔 7～10d，可有效补充氮肥。

2. 枣树缺磷症

表现症状：枣树枝条纤细，生长减弱，侧枝少，展开的幼叶呈暗红色，叶片稀疏，叶小质地坚硬，幼叶下部的叶背沿叶缘或中脉呈紫色，叶与茎呈锐角，生长迅速的部分呈紫红色，开花和坐果减少，春季开花较晚，果实小、品质差。

防治方法：

（1）土壤施肥。土壤施磷肥时最好与有机肥混合集中施于根际密集层。多选用过磷酸钙、磷矿粉等弱酸溶性磷肥与农家肥沤制腐熟后追肥。

（2）根外追肥。在枣树生长季，结合病虫害防治树冠喷施 0.1%～0.2%磷酸二氢钾或 0.1%～0.2%磷酸一铵，每隔 7～10d 喷 1 次，连喷 2～3 次。

3. 枣树缺钾症

表现症状：枣树缺钾症状最先在枣树枝条的中下部叶片上表现出来，叶缘和叶尖黄化失绿，呈棕黄色或棕褐色干枯，随着病势的发展向上、向下扩展，而处于生长点的未成熟幼叶则无症状。

防治方法：

土壤施肥。地下基施或追施硫酸钾或磷酸二氢钾，每株成龄枣树用量 0.5～1.5kg，或施草木灰 3～5kg。

叶面追肥。叶面喷施 0.1%～0.2%磷酸二氢钾或 0.2%硫酸钾，每隔 7～10d 喷施 1 次，连续喷 3～4 次。

4. 枣树缺铁症（又叫黄叶病）

表现症状：枣树缺铁症又叫黄叶病，此病多发生于盐碱地或石灰质过高的地方，以苗木和幼树发病最重。新梢顶端叶片先变黄白色，以后向下扩展，新梢幼叶的叶肉失绿而叶脉仍为绿色，老叶正常，之后叶片变白，叶脉变黄，叶片两侧、中部或叶尖出现焦褐斑等坏死组织，直至叶片脱落。严重时梢枯、枝枯，病叶脱落，果实数量少，果皮发黄，果汁少，品质下降。

防治方法：

（1）增施有机肥，使土壤中铁元素变为可溶性，有利于植株吸收。

（2）将浓度为 3%硫酸亚铁与饼肥或牛粪混合施用，方法是：将 0.5kg 硫酸亚铁溶于水中，与 5kg 饼肥或 50kg 牛粪混合后施入根部，有效期约半年。

（3）发病初期，叶面喷洒 0.2%～0.3%硫酸亚铁溶液，7～10d 喷洒 1 次，连喷 2～3 次。

（4）树干高压注射 0.2%～0.5%的柠檬酸铁或 0.1%的硫酸亚铁溶液 10～15ml，注射入主树干或主枝内。

5. 枣树缺锌症（又叫枣树小叶病）

表现症状：枣树缺锌症又叫枣树小叶病。枣树缺锌时，新梢生长受阻、节间缩短，植株矮小；顶端叶片狭小呈簇状，叶肉褪绿而叶脉浓绿，花芽减少；不易坐果，即时坐果，果实小且发育不良。

防治方法：

（1）施基肥。增施锌肥，结合施基肥，每株结果枣树施用硫酸锌0.2～0.25kg。

（2）初花期喷肥。枣树初花时，5月中旬叶面喷洒0.2%硫酸锌水溶液，15d喷洒1次，连喷3～4次，不但预防小叶病效果好，而且可显著增强枣树耐低温、抗干旱、抗病性，提高坐果率，增加产量，改善果实品质。

（3）幼果期喷肥。盛花后三周，7月上旬用0.2%硫酸锌+20ml/L赤霉素液喷洒叶面，7～10d喷施1次，连喷2～3次，防病效果显著。

（4）涂枝。当部分枝条发病时，于5月上旬，用4%～5%硫酸锌液涂抹枝条；值得注意的是硫酸锌不可与磷肥混合施用。

6. 枣树缺钙症

表现症状：枣树缺钙时首先幼叶发生失绿现象，新梢幼叶叶脉间和边缘失绿，叶片呈淡绿色，叶脉间有褐色斑点，后叶缘焦枯，新梢顶端枯死，严重时大量落叶，果小而畸形，呈淡绿色。

缺钙多因土壤中一次性大量施用氮肥或钾肥引起，氮、钾与钙发生拮抗作用，阻碍根系吸收钙元素，诱发缺钙。

防治方法：

（1）增施钙肥。结果枣树每株施过磷酸钙2～3kg，过磷酸钙要和有机肥拌匀发酵后使用，以便提高钙和磷的吸收率。

（2）增施菌肥。撒施土壤生物菌接种剂，改善土壤结构，提高土壤透气性释放被固定的钙元素肥料。

（3）喷施钙肥。枣树幼果生长期树冠喷洒1 000倍钙肥，每隔7～10d喷施1次，连喷3～4次，可有效预防枣树生理性缺钙症的发生。

7. 枣树缺镁症

表现症状：枣树缺镁时，首先新梢中下部叶脉间失绿变黄、渐变黄白，后逐渐扩大至全叶，进而形成坏死焦枯斑，但叶脉仍然保持绿色。严重时，大量叶片黄化、脱落，仅留下部、淡绿色、莲座状的叶丛；果实不能正常成熟。

防治方法：

（1）撒施土壤生物菌接种剂，改善土壤结构，提高土壤透气性，释放被固定的镁肥料元素，增加土壤中速效养分的含量。

（2）冬春施基肥和生长季节追肥时每亩 667m^2 增施硫酸镁 5～10kg。

（3）叶面喷施 0.2%硫酸镁水溶液，7～10d 喷洒 1 次，连喷 3～4 次。在施用镁肥过程中应注意在中性和碱性土壤中，以施用硫酸镁为宜；在偏酸性土壤中，则宜施用碳酸镁。且在施用镁肥时，一定不能与磷肥混用。

8. 枣树缺硼症

表现症状：枣树缺硼时枝梢顶端停止生长，从早春开始发生枯梢，到夏末新梢叶片呈棕色，幼叶畸形，叶片扭曲，叶柄呈紫色，顶梢叶脉出现黄化，叶尖和边缘出现坏死斑，继而生长点死亡，并由顶端向下枯死，形成枯梢。地下根系不发达，生长慢，明显弱于健树。花器发育不健全，落花、落果严重，表现“花而不实”。果实出现褐斑和大量缩果，果实畸形，以幼果最重，严重时枣果尾尖处出现裂果，顶端果肉木栓化，呈褐色斑块状坏死，种子变褐色，果实失去商品价值。

防治方法：

（1）增施土壤生物菌剂，改善土壤结构，提高土壤透气性能，释放被固定的硼肥料元素，增加土壤中速效养分的含量。

（2）增施硼肥，成龄树结合施基肥，每株施硼砂或硼酸 0.1～0.2kg。

（3）枣树花期和幼果期喷施 0.5%红糖＋0.1%～0.2%硼砂液，每隔 7～10d 喷施 1 次，连续喷施 2～3 次效果更好。施用硼肥一定要均匀喷洒，避免局部硼浓度过大而引起中毒；硼在枣树体内运力差，以多次喷雾效果好。

第四节　枣园杂草的发生与防治

枣园杂草主要是指枣林杂草和苗圃杂草。由于枣林和苗圃地的生态条件相对稳定，有较大的空间适于杂草生长，因此枣园杂草有多样性、复杂性和稳定性，是继病虫之后制约枣业发展的重要因素。

一、枣园杂草的分类

1. 根据杂草生物学特性分类

（1）一年生杂草。在一个生长季节完成出苗、生长，及开花结实的生活史。如灰绿藜、稗草、菟丝子、马齿苋、反枝苋、灰灰菜等。

（2）二年生杂草。在两个生长季内或跨两个日历年度完成出苗、生长及开花结实的生活史。如雀麦、野胡萝卜等。

（3）多年生杂草。一次出苗，可以在多个生长季内生长及开花结实。如苦苣、芦苇、田旋花、骆驼刺等。

2. 根据杂草叶部形态分类

（1）阔叶杂草。一般指双子叶植物。如灰绿藜、菟丝子、马齿苋等。

（2）狭叶杂草。一般指单子叶杂草。如稗草、马唐、芦苇等。

二、枣园杂草的危害

杂草与枣树或苗木争光、水、肥，影响枣树或苗木的正常生长发育，导致土壤板结，肥力下降，树势衰弱。一般杂草可造成枣园减产10%～30%，幼树不能适龄结果或结果后早衰，果小品质差。枣苗规格低，出圃率低，危害严重的可直接导致新栽幼树或苗木因饥饿而枯死。

杂草是病原菌、害虫的传播媒介和栖息场所。如灰绿藜是红蜘蛛的寄主，枣绮夜蛾多在中午集中栖息在树下杂草丛中，桃小食心虫多在杂草根际处结茧越冬，给防治造成了一定困难。带病菌枣叶，病果常藏于草丛中，不易清除。因此，杂草直接或间接起到传播病菌和害虫的作用。

三、杂草的识别

枣园主要杂草有马唐、狗尾草、虎尾草、马齿苋、黄蒿、田旋花，灰绿藜、光头稗、芦苇、乳苣、刺儿菜、骆驼刺等。

1. 马唐

(1) 俗名。秧子草。

(2) 形态特征。一年生单子叶杂草，全体被长柔毛，第二子叶比第一子叶长，叶片线状披针形，边缘稍厚，略粗糙；叶鞘松弛，略扁平，背部稍显隆脊，大部短于节间，基部和鞘口有毛；叶舌膜质，长1～3mm。总状花序，上部的互生或呈指状排列枝于顶，下部的近轮生；小穗长椭圆形，草绿色或紫褐色，成对生于穗轴的一侧，一具长柄，另一具短柄或近无柄；外颖小而稍硬、具三脉，边缘有纤毛，孕花外桴与小穗等长，两侧无毛或贴生柔毛。果长圆形，淡黄色或灰白色。

(3) 习性。种子繁殖，4月下旬至5月上旬发芽出苗，6至8月仍见幼苗。早苗6月抽穗，7月果实成熟，晚苗果期8至10月。种子冬眠后萌发。

2. 狗尾草

(1) 俗名。牛草、汪汪狗。

(2) 形态特征。一年生单子叶杂草，幼苗鲜绿色，有时呈紫红色。除叶鞘边缘有长柔毛外，全株无毛。第一叶片短而宽，第二叶片较长。叶鞘光滑，裹茎较松弛，鞘口有柔毛；叶舌退化为一圈短纤毛；叶互生，条状披针形；成株杆丛生，直立或基部膝状弯曲，细弱而较硬，多分枝；圆锥花序紧密，呈圆柱形，直立或弯曲；每枝生3至数个小穗，小穗椭圆形，含1～2个花；外颖长为小穗的1/3，内颖与小穗等长或稍短，第一外稃与小穗等长，第二外狭窄。颖果，椭圆形，淡灰绿色或灰色，有细点状纹。

(3) 习性。种子繁殖，5月上旬发芽出苗，6～8月陆续发生。

早苗6月抽穗，7月底果实渐成熟。晚苗花果期8～10月。种子冬眠后萌发。

3. 虎尾草

（1）俗名。大屁股草。

（2）形态特征。一年生单子叶杂草。幼苗匍散成盘状，绿色或暗绿色，基部淡紫红色，压扁。第一叶片6～8mm，叶背面多毛，叶鞘具隆脊，有白膜质边缘，有毛，叶舌极短。成株杆丛生，直立、斜生或基部膝曲，光滑无毛，除生穗的一节间为圆柱形，其余均略扁平。叶片条状披针形，稍向外折，平滑或上面及边缘粗糙；叶鞘松弛，背部具脊，多短于节间：叶舌膜质，具，状花序4～10粒生顶小含2～3朵花，无于轴，熟后多色额膜质，外短于内，内具短芒；外顶端稍下生芒，第一叶外稃具3脉，两边脉上具长柔毛；内稍短于外，脊上具微纤毛。颖果，纺锤形或狭椭圆形，淡棕色。

（3）习性。种子繁殖，5月初萌发幼苗，5月中下出现高峰，以后随降雨或灌溉出现1～2个高峰，6～7月仍屡见幼苗发生。花果期为7～10月。种子经冬眠后萌发。

4. 光头稗

（1）俗名。稗子草。

（2）形态特征。一年生单子叶丛生杂草。秆直立或下部倾斜，压扁、无毛。叶线形或线状披针形，叶稍压扁，具脊、光滑，下部常呈紫红色，无叶舌；圆锥花序，主轴光滑或稍粗糙；分枝单纯，排列稀疏，直立上升或贴向主轴，穗轴粗糙；小穗卵圆形，顶端具短尖头，无芒；外颖长为小穗的1/2，内颖与第一外桴相似。颖果，椭圆形，有小尖头。

（3）习性。种子繁殖，5月萌发出现幼苗，6～8月陆续发生幼苗。早苗6月抽穗，7～8月果实渐成熟落地，晚苗花果期8～10月。种子冬眠后萌发。

5. 马齿苋

（1）俗名。马齿菜、晒不死。

（2）形态特征。一年生双子叶杂草。幼苗光滑无毛，肉质。子叶长圆形，肥厚，有短柄。初生叶 2 片，倒卵形，先端钝圆，基部楔形，有短柄。成株常匍匐，茎圆筒形，肉质，光亮，带紫色。叶互生或对生，楔状矩圆形或倒卵形，全缘。花 3～5 朵，顶生，无梗；苞片 2～5 个，膜质；花瓣黄色，子房半下位。蒴果，盖裂，种子多数，肾状卵形。

（3）习性。种子繁殖，4 月发芽，5～8 月屡见幼苗，花期 5～9 月，6～10 月果渐成熟。耐干旱，再生力强。

6. 刺儿菜

（1）俗名。刺角芽、小蓟。

（2）形态特征。多年生双子叶杂草。根细长，入土很深。茎直立，无毛或被蛛丝状毛，上部有少数分枝。基部叶较大，多在花期枯萎；茎生叶互生，无柄，叶片长椭圆形或长椭圆状披针形，先端有小刺头，边缘有刺齿或全缘，两面均被白蛛丝状毛。头状花序单生于枝顶；苞片多层，先端有刺；雌雄花均为管状；花冠深裂至上筒部的基部，紫红色。瘦果，倒长卵形或长椭圆形，有时稍弯曲，略扁；冠毛羽状，污白色。

（3）习性。种子和根芽繁殖，繁殖力极强。10 月中旬发芽，季地上部分枯死，次年早春 3 月中旬出苗，4 月下旬见花，5 月中旬果实渐次成熟飞散。

7. 灰绿藜

（1）俗名。灰灰菜。

（2）形态特征。一年生双子叶杂草。幼苗全体光滑，子叶狭披针形，肉质，尖端钝，基部略宽，有短柄。初生叶 1 片，肥厚，三角状卵形，先端圆，基部戟形，全缘，主脉明显，叶柄与叶片近等长，背面有白粉。茎自基部分枝有绿或紫色条纹，光滑。叶互生，有短柄，矩圆状卵形或披针形，基部尖狭，边缘有波状牙齿，表面深绿色，背面灰白色或紫红色，密生粉粒。花序穗状或复穗状，顶生或腋生；花被片 3～4 片，狭长圆形，肥厚，基部合生。胞果扁圆形，伸出花被外，果皮薄，黄白色。种子横生，稀斜生，赤黑色或暗黑色。

（3）习性。种子繁殖，3月发生，5～6月屡见幼苗发生6～8月为花果期。

8. 黄花蒿

（1）俗名。黄蒿、蒿草。

（2）形态特征。一年生或越年生双子叶杂草，幼苗淡绿色。子叶近圆形，光滑无毛，先端钝圆，无柄。初生叶两片，卵圆形，有柄，边缘有1～2个锐锯齿或全缘，叶片与叶柄均有丁字毛或二叉毛。后生叶互生，有3～5深裂片，每裂片又有浅裂，揉之有臭味。成株茎直立，粗壮，上部多分枝，无毛，有条棱，淡绿色。叶互生，基部及下部的叶花期枯萎，中部叶卵形，2～3回羽状深裂；上部叶小，常为一回羽状细裂。头状花序多数，球状，有短梗，排列成圆锥状或总状，常有条形苞叶；花黄色、筒状。瘦果，倒卵形或长椭圆形，淡黄色具纵条纹。

（3）习性。种子繁殖，幼苗或种子越冬，10月中下旬或次年3月发苗，7月开花，9～10月果实渐次成熟。

9. 田旋花

（1）俗名。弯弯草。

（2）形态特征。多年生根蘖杂草。全株无毛，茎蔓生，下部多分枝，地下具白色横走根。叶互生，有柄，叶卵状长椭圆形或戟形，先端钝或微尖，基部戟形，有星状毛。花单生于叶腋；花梗细长，有两个无离花萼的狭小苞片；萼片5个，卵圆形，宿存，花冠漏斗状，粉红色，蒴果球形或圆锥形。种子三棱状卵球形，暗褐色，表面粗糙，密布皱纹小瘤。

（3）习性。种子和根繁殖，以根繁殖为主。10月出苗，11下旬地上部分死亡。次年早春萌发，4～5月返青，5～6月开花，6～8月成熟。

10. 乳苣

（1）俗名。苦苦菜

（2）形态特征。多年生草本，高15～60cm。根垂直直伸。茎直立，有细条棱或条纹，上部有圆锥状花序分枝，全部茎枝光滑无毛。中下部茎叶长椭圆形或线状长椭圆形或线形，基部渐狭成短柄，柄长1～1.5cm或无柄，长6～19cm，宽2～6cm，羽状浅裂或半裂或边缘有多数或少数大锯齿，顶端钝或急尖，侧裂片2～5对，中部侧裂片较大，向两端的侧裂片渐小，全部侧裂片半椭圆形或偏斜的宽或狭三角形，边缘全缘或有稀疏的小尖头或边缘多锯齿，顶裂片披针形或长三角形，边缘全缘或边缘细锯齿或稀锯齿；向上的叶与中部茎叶同形或宽线形，但渐小。全部叶质地稍厚，两面光滑无毛。头状花序约含20枚小花，多数，在茎枝顶端狭或宽圆锥花序。总苞圆柱状或楔形，长2cm，宽约0.8mm，果期不为卵球形；总苞片4层，不成明显的覆瓦状排列，中外层较小，卵形至披针状椭圆形，长3～8mm，宽1.5～2mm，内层披针形或披针状椭圆形，长2cm，宽2mm，全部苞片外面光滑无毛，带紫红色，顶端渐尖或钝。舌状小花紫色或紫蓝色，管部有白色短柔毛。瘦果长圆状披针形，稍压扁，灰黑色，长5mm，宽约1mm，每面有5～7条高起的纵肋，中肋稍粗厚，顶端渐尖成长1mm的喙。冠毛2层，纤细，白色，长1cm，微锯齿状，分散脱落。

（3）习性。种子或根繁殖，3月发生，花果期6～9月。

11. 芦苇

（1）俗名。苇子、芦。

（2）形态特征。芦苇芦苇的植株高大，地下有发达的匍匐根状茎。秆直立，秆高1～3m，直径1～4cm，具20多节，基部和上部的节间较短，最长节间位于下部第4～6节，长20～25cm，节下常生白粉。叶鞘下部者短于上部者，长于其节间，圆筒形，无毛或有细毛。叶舌边缘密生一圈长约1mm的短纤毛，两侧缘毛长3～5mm，易脱落；叶片长线形或长披针形，排列成两行，长15～45cm，宽1～3.5cm，无毛，顶端长渐尖成丝型。圆锥花序大型，长约20～40cm宽约10cm，分枝多数，夏秋开花，圆锥花序大型，顶生，疏散，多成白色，圆锥花序分枝稠密，向斜伸展，花序长10～40cm，宽约10cm，稍下垂，小穗有小花4～7朵，雌雄同株；颖有3脉，一颖短小，二颖略长；第一小花多为雄性，余两性；第二外桴先端长渐尖，基盘的长丝状柔毛长6～12mm；内稃长约4mm，脊上粗糙。具长、粗壮的匍匐根状茎，以根茎繁殖为主。大多数芦苇长花，少数芦苇长棒，棒呈黄褐色，棒面毛茸茸，约一元硬币粗细，十多厘米长，棒刚摘下来是硬的，然后越来越软，点燃的芦苇棒会有烟，可驱蚊，无毒。芦苇生于江河湖泽、池塘沟渠沿岸和低湿地。为全球广泛分布的多型种。除森林生境不生长外，各种有水源的空旷地带，常以其迅速扩展的繁殖能力，形成连片的芦苇群落。叶叶舌有毛，叶片长线形或长披针形，排列成两行。叶长15～45cm，宽1～3.5cm。夏秋开花，圆锥花序，顶生，疏散，多成白色，圆锥花序分枝稠密，向斜伸展，花序长10～40cm，稍下垂，小穗含4～7朵花，雌雄同株，花序长约15～25cm，小穗长1.4cm，为白绿色或褐色，花序最下方的小穗为雄，其余均雌雄同花，花期为8～12月。芦苇的果实为颖果，披针形，顶端有宿存，花柱具长、粗壮的匍匐根状茎，以根茎繁殖为主，芦苇是经常见到的水边植物或干枯的水塘里，芦苇常会和寒芒搞混，区别是芦苇的茎是中空的，而寒芒不是，另外，寒芒到处可见，芦苇是傍水而生。

（3）习性。种子和根繁殖，生于江河湖泽、池塘沟渠沿岸和低湿地。除森林生境不生长外，各种有水源的空旷地带，常以其迅速扩展的繁殖能力，形成连片的芦苇群落。

12. 狗牙根

（1）俗名。行仪芝、爬根草、绊根草。

（2）形态特征。多年生低矮草本。秆细而坚韧，直立或下部匍匐，节生不定根，蔓延生长，秆无毛。叶鞘微具脊，无毛或被疏柔毛，鞘口常具柔毛，叶舌有一轮纤毛；叶线形，长1～12cm，宽1～3mm，通常无毛。穗状花序通常3～5枚，长1.5～5cm。小穗灰绿色，稀带紫色，具1小花，长2～2.5mm。颖长1.5～2mm，第二颖稍长，均具1脉，边缘膜质。外稃舟形，5脉，背部成脊，脊被柔毛；内稃与外稃等长，2脉；鳞被上缘近平截；花药淡紫色。颖果长圆柱形。

（3）习性。以种子或根茎繁殖，5～10 月开花结果。其根茎蔓延力很强，广铺地面，为良好的固堤保土植物，常用以铺建草坪或球场；唯生长于果园或耕地时，则为难除灭的有害杂草。

13. 苣买菜

（1）俗名。苦菜。

（2）形态特征。多年生草本。根垂直直伸，有根状茎。茎直立，高 30～150cm，有细条纹，上部或顶部有伞房状花序分枝，花序分枝与花序梗被稠密的头状具柄的腺毛。基生叶多数，与中下部茎叶全形倒披针形或长椭圆形，羽状或倒向羽状深裂、半裂或浅裂，全长 6～24cm，高 1.5～6cm，侧裂片 2～5 对，偏斜半椭圆形、椭圆形、卵形、偏斜卵形、偏斜三角形、半圆形或耳状，顶裂片稍大，长卵形、椭圆形或长卵状椭圆形；全部叶裂片边缘有小锯齿或无锯齿而有小尖头；上部茎叶及接花序分枝下部的叶披针形或线钻形，小或极小；全部叶基部渐窄成长或短翼柄，但中部以上茎叶无柄，基部圆耳状扩大半抱茎，顶端急尖、短渐尖或钝，两面光滑无毛。

头状花序在茎枝顶端排成伞房状花序。总苞钟状，长 1～1.5cm，宽 0.8～1cm，基部有稀疏或稍稠密的长或短绒毛。总苞片 3 层，外层披针形，长 4～6mm，宽 1～1.5mm，中内层披针形，长达 1.5cm，宽 3mm；全部总苞片顶端长渐尖，外面沿中脉有 1 行头状具柄的腺毛。舌状小花多数，黄色。瘦果梢压扁，长椭圆形，长 3.7～4mm，宽 0.8～1mm，每面有 5 条细肋，肋间有横皱纹。冠毛白色，长 1.5cm，柔软，彼此纠缠，基部连合成环。

（3）习性。苣荬菜主要靠地下匍匐茎繁殖，也有靠种子繁殖的。花果期 1～9 月。

14. 大蓟

（1）俗名。大刺儿菜。

（2）形态特征。多年生草本，高 0.5～1m。根簇生，圆锥形，肉质，表面棕褐色。茎直立，有细纵纹，基部有白色丝状毛。大蓟基生叶丛生，有柄，倒披针形或倒卵状披针形，长 15～30cm，羽状深裂，边缘齿状，齿端具针刺，上面疏生白色丝状毛，下面脉上有长毛；茎生叶互生，基部心形抱茎。头状花序顶生；总苞钟状，外被蛛丝状毛；总苞片 4～6 层，披针形，外层较短；花两性，管状，紫色；花药顶端有附片，基部有尾。瘦果长椭圆形，冠毛多层，羽状，暗灰色。

（3）习性。种子和根繁殖，3 月发生，花期 5～8 月，果期 6～8 月。

四、杂草的发生规律

枣园杂草季节分布比较明显。夏秋两季高温高湿，喜热杂草较多，且生长快，危害大；冬春低温干旱，杂草少，危害小。精耕细作的枣园、苗圃地以一年生杂草为主；管理粗放的枣园以多年生杂草为主。土壤肥力高，灌溉条件好的枣园、苗圃地，阔叶杂草为主，反之，禾草为主。

枣园杂草的发生与危害季节大致可分为三个类型：春季发生型，3～4 月萌发，以根生的杂草为主，5 月为发生高峰期；夏季发生型，5～6 月开始萌芽，以种子萌发的杂草为主，6～7 月为发生高峰期；秋季发生型，8 月萌发生长，以种子萌发的杂草为主，9 月为发生高峰期。枣园的杂草多为春夏两种发生类型为主，管理粗放的枣园三种发生类型有时均可见到，枣园杂草主要以夏季发生型为主要危害类型。

五、杂草的防治方法

枣园杂草具有多样性和复杂性的特点，由于不同类型的杂草生物学特性不同，生长规律也不相同，单一的防治措施很难控制杂草的生长，建立一套安全、有效、简便、易行的杂草综合防治体系成为当前枣树管理急需解决的问题。

人工除草：加强枣园管理，按照“除小除了”的原则，在杂草出苗的高峰期及时采用人工除草，防止杂草危害。

机械除草：在夏秋两季杂草发生高峰期，运用机械在枣园行间进行中耕除草，速度快，效果好，省工省时。生产上，多与枣树生长季追肥相结合。

间作除草：枣园间作作物或牧草，是一种积极的土壤耕作灭草方法。枣园间作可使杂草种子处于荫蔽状态，导致部分杂草种子不萌发或萌发后长势弱，长期处于营养不良状态，从而减少杂草的生长量，起到间作除草的作用。

覆膜除草：采用防草膜或防草布的覆盖方法有免耕灭草的作用，春季，枣园采用防草膜或防草布覆盖后很少有杂草发生，一般不需中耕除草，可以节省除草劳力，降低生产成本。同时，还可以防止土壤水分蒸发，保墒极佳；提高地温促进枣树早萌芽生长；防止土壤越冬虫源菌源出土，减少病虫危害。

覆盖除草：夏秋季节，进行枣园地面覆盖。秸秆、绿肥、杂草等可作为覆盖物。采用覆盖方法有免耕灭草作用，还可在炎热夏季保持土壤地温恒定，有利于根系生长及吸收，进而实现枣树丰产。在节省除草劳力，降低生产成本的同时，树下覆盖物还能实现增加土壤肥力的目的。

化学除草：根据杂草种类、发生期、发生量、气候等因素，合理选用化学除草剂防除杂草，省工省时，效果显著。

生草法除草：目前，枣树种植，提倡采用生草法。清耕法费时费工，除草耗费大量人力。采用生草法，一可以实现枣园生态多样性，保护大量有益昆虫，防治有害昆虫爆发危害；二冬季可以防风固沙、雨季防止水土流失；三可以在夏秋季杂草茂盛生长时，使用肩背式割草机除草，工效高，每年机械刈割二、三次，并且刈割青草覆盖树盘，还可增加土壤肥力；四可以有效降低夏秋季高温时节地表温度，有利于根系生长。

第五节　枣园自然灾害与防御

枣园自然灾害天气对红枣产业的发展影响较大，轻者导致落花落果，偏冠折枝，树势衰弱，重者可造成枣树绝产，甚至死亡。枣园自然灾害主要包括高温、干旱、大风、沙尘暴、低温等因素。

一、自然灾害天气对枣的影响

1. 引起大量落花落果 在枣树开花坐果和枣果生长期若遇到高温、干旱、大风、沙尘暴和低温等灾害天气，将导致大量的落花落果。如 2021 年新疆各枣区红枣产量均比 2020 年减产 30%～60%，究其原因主要是在枣树花果期遭遇高温、干旱、大风和沙尘暴等灾害天气的叠加引起。据若羌县气象局提供的气象资料显示：2021 年始花期至盛花初期气温较 2020 年同期偏低 3.6℃，2020 年始花期至盛花初期期间（5 月 16 至 5 月 25 日）平均气温为 24.2℃，2021 年同期平均气温为 20.6℃。低温影响枣树花芽分化，枣花量少且败落快，坐果难且幼果生长慢。

2020 年开花盛期至开花末期时间为 5 月 25 日至 7 月 19 日。平均气温 25.2℃，期间 35℃以上的高温天气为 31d，37℃以上的高温天气为 12d，未出现 40℃以上的高温天气；2021 年开花盛初期至开花末期时间为 5 月 24 日至 7 月 20 日。期间平均气温为 26.6℃，期间 35℃以上的高温天气为 32d，与 2020 年同期高温日数相当。但 2021 年 37℃以上的高温日数为 20d，较 2020 年多 8d。40℃以上的高温日数为 4d。且高温集中在 6 月 26 日至 7 月 18 日之间，此期间正值红枣幼果快速生长期，持续的高温天气，使枣树的光合作用与呼吸作用的平衡遭到破坏，光合作用制造的养分无法满足枣树开花结果和幼果生长的需要，导致枣花焦化，幼果因饥饿而脱落；其次，高温促进了枣树蒸发作用，破坏了水分平衡，使新枝、叶片与幼果之间因生长对水分的需求发生矛盾，使幼果因缺水而脱落。

微风与和风对枣生长有利，可以促进气体交换维持枣林间的二氧化碳与氧气的正常浓度，调节空气的温、湿度，促进蒸腾作用，有利于枣树的生长、开花、授粉与结果。大风、干热风对枣生长发育极为不利，虽然在休眠期枣树的抗风能力很强，但在萌芽期遭遇大风可改变嫩枝的生长状态，抑制正常生长，甚至折断树枝。花期遇大风特别是干热风和沙尘暴，可使花、蕾焦枯或不能授粉，降低坐果率。果实生长后期和成熟前遇大风，导致大量枣果未熟先落，降低果品质量。如：在若羌枣区，2021 年开花期重度干热风（新疆干热风标准：日最高气温≥35℃，14 时风速≥3.0m/s，14 时相对湿度≤30%）11d，比 2020 年开花期重度干热风多 4d。2021 年花期沙尘天气为 16d，重度干热风和沙尘天气主要发生在座果关键期。对红枣花期危害极大，易造成枣花焦花，幼果脱落。

2. 导致枣树植株矮小或冻害　天气干旱对枣树生长发育的影响主要表现使枣树植株矮小，主要由于干旱不仅能使枣树体内水分大量缺失，造成枣树代谢的失调，而且能使枣树光合作用和营养成分输送作用降低，从而使土壤中对枣树有效成分的供应受到影响，枣树缺乏营养，枣叶光合率降低，导致枣树植株矮小，枣果品质较差。

枣树抗冻能力较强，在冬季当温度零下 24℃的天气持续 5d 易发生冻害，根据冻害的部位不同可分为树干冻害、枝条冻害、根颈冻害、根系冻害和苗木冻害。树干冻害主要表现树干韧皮部呈纵向裂开；枝条冻害主要表现韧皮部呈黄色、黄褐色或褐色，甚至干枯；根颈冻害主要表现为主干与地面接触部位形成层变为褐色，或主干皮层纵向爆裂或卷起；根系冻害主要表现春季萌芽晚，展叶后叶片干枯等现象，由于根系受冻害皮层变褐或腐烂所致；苗木冻害主要表现为距地面 10cm 以内的主干形成层发褐，表皮冻裂爆皮，苗木枯死。

3. 诱发枣树病虫灾害加重　干旱的灾害天气易诱发枣树产生生理性病害。在干旱条件下，枣树体内的水分会大量流失，土壤水分的蒸发也更加强烈，而土壤水分的蒸发导致土壤碱性化严重。随着土壤表面盐离子的增加，离子间易发生拮抗作用。同时，土壤表面盐离子的增加也会阻碍枣树本身对微量元素的吸收。因此，枣树的“生理落果”、“裂浆果”等生理性病害也随之增加，严重影响红枣的产量和质量。

干旱的灾害天气易诱发枣树害虫，尤其是螨类害虫。在干旱的条件下，红蜘蛛、枣壁虱等螨类害虫易爆发成灾，对红枣的产量和质量影响极大。

二、自然灾害的防御措施

（1）强化枣园防护林体系的建设。在建枣园时，应在枣园的迎风面营造防护林，建防风墙，降低风速，抑制干旱和沙尘暴，改善枣园的小气候，提高园内湿度和温度，提高枣树座果率，减少落果，减轻冻害的发生。

（2）加强枣园水肥管理，增强枣树抗寒抗旱能力。加强肥水管理，合理施肥、灌水不但有利于枣树生长结果，也可提高树体抗寒、抗旱抗高温的能力和枣树受害后的自我恢复能力。受冻枣树应保证前期水分供应、及早追肥，补给养分。春天结合灌水及时、及早追施速效氮肥，有利于树体恢复生长，发芽后到生长季节多喷叶面肥，促使树体尽早恢复树势。以后几年，可在枣树花前深刨树盘至树冠投影处，结合翻土增施农家肥，以提高枣树营养水平。封冻前进行冬灌，可冬水春用，预防倒春寒，促进枣树生长发育。施肥要多施优质有机肥，生长后期少施或不施氮肥，增施磷、钾肥，提高树体对不良环境的抵抗力，有利于枣树的抗冻越冬。

（3）科学修剪，培养合理的树体结构。一是适时冬剪。尤其是枣树发生冻害后，对当年受冻后的枣树不要急于锯掉或修剪干缩枝，第二年春天发芽后，根据受冻情况，到5月上旬后再行修剪锯除。受冻枣树应将严重受损的大枝锯掉，酌情采取腹接增枝的办法，以使树势尽早恢复。每年春季发芽前对枣树进行大范围修剪，对于局部主枝冻死的树要继续培养基部发出的角度适宜的徒长枝，对生长弱的枝和枝组及时剪去或重回缩，增强树势。根据受冻枣树的长势，合理适度修剪，促进树体养分积累，培养合理的树形，迅速恢复树冠。二是做好夏剪。结合冬季修剪适时进行夏剪。在枣头趋于缓慢生长时进行夏剪。冬剪后生长大量的徒长枝，为了有效地节约树体养分，增强树势，把骨干枝上萌发的无用嫩枝（芽），尽早抹除，选择适宜的枝条，培养合理的树形。对于内膛密集的发育枝、徒长枝，除疏除细弱无用的枝条外，其他的枝条尽可能地用扭、拉、拐、别等方法，将其引向枝少、有空间的部位，填补空间，扩大树冠，及早挂果。

（4）科学开展枣树病虫害的综合防治。根据枣树病虫害的预测预报，及时做好梨园蚧、大球蚧、红蜘蛛、枣壁虱、甲口虫和枣炭疽病等枣树病虫害的防治，保护好叶片，提高光合作用和效能，增加营养物质的积累，促进树体健壮，从而提高树体的抗逆性。

（5）建立自然灾害天气的预报预警机制。重视天气预报及防范措施的研究在持续不良天气条件下，要密切注意当地气象局的天气预报和气象变化动态，认真做好预防灾害天气危害枣树的各项准备工作，力争把防灾工作做在前面，如：高温干旱天气根据土壤墒情和枣园湿度适时浇水，结合病虫害防治开展枣园花期喷水或微肥；持续低温天气及早做好枣树树干涂白、根颈处封土堆或树干包扎杂草或棉毡。同时，总结相应的对策，做好灾害后的枣树管理工作，把灾害损失降到最低程度。

第六节　常用农药

一、常用农药的种类和性质

1. 按农药的原料分类

（1）无机农药。是由无机矿物质制成的农药，一般不易产生抗性。如石硫合剂、波尔多液等。

（2）有机农药。是由人工合成的有机农药，药效快，连续使用易产生抗性。如毒死蜱、氯氰菊酯、多菌灵等。

（3）生物农药。由植物、抗生素、微生物等生物制成的农药，对人畜和天敌毒性低，是生产无公害枣的首选农药。如阿维菌素、烟碱等。

2. 按防治对象分类

杀虫剂：如杀扑磷、溴氰菊酯、吡虫啉等。

杀菌剂：如多菌灵、代森锰锌、甲基硫菌灵等。

杀螨剂：如四螨嗪、乙螨唑、螺螨酯等。

杀线虫剂：如棉隆、淡紫拟青霉菌等。

生长调节剂：如赤霉酸、萘乙酸、芸薹素内酯等。

除草剂：如草甘膦、敌草快、二甲戊灵等。

二、常用农药的鉴别

1. 乳油农药的鉴别

稀释法：取 1ml 乳油农药，加水 1 000ml，充分搅拌后停放 1h，如表面无乳油，底部无沉淀，溶液呈乳白色时，说明药剂良好；若底部有沉淀或水油分层现象，则表明药剂已失效。

热熔法：将已有沉淀的瓶装药剂放入温水中，温热 1h 后，若沉淀已慢慢熔化，表明该药剂未失效；若沉淀物很难熔化或不熔化，说明该农药基本失效或完全失效。

观察法：正常农药瓶内无分层现象，上下均匀，透明一致。若瓶装农药上下分层或底部有沉淀现象，可初步断定为失效农药。然后用力震荡药瓶，使瓶内药剂分散，停放 1h，若无上下分层，表明该药轻度失效；若仍有明显分层，则说明该药已失效。

2. 粉剂农药的鉴别

溶解法：取可湿性粉剂 30g 放入玻璃瓶内，先加少量水调成糊状，再加 150ml 清水，搅拌均匀后静止观察，溶解性好，悬浮粉粒少，且沉淀速度慢的，是未失效农药；沉淀速度快，粉粒大，说明该农药已失效。

观察法：正常粉剂农药，眼看如粉，手摸如面，无吸潮结块现象；有受潮特征，手摸发潮、成团，多为失效农药；药粉自然结块、成团，则基本失效。

三、常用农药的使用方法

1. 喷雾法　农药和水兑好后，用喷雾器将配好的药液均匀喷洒树冠各部位。喷雾法可供使用的药剂制剂有乳油、可湿性粉剂、水剂、悬浮剂和可溶性粉剂等。

2. 根施法　根据需要将药剂沟施或穴施于枣树的根际处或将药剂按一定量通过滴灌管滴入枣树根部，通过枣树根部吸收达到防治病虫害的目的，可供药剂为内吸剂。

3. 注射法　用注射器将药液慢慢注入树体韧皮部与木质部之间，或用输液瓶将药液挂于树上，针头插入适当部位将药液注入树体，从而达到防治病虫害的目的。

4. 包扎法　在春季枣树发芽时，将用于防治病虫害药剂配制成一定浓度的药液，涂抹在枣树主干或刮去老翘皮的大树枝上，然后用塑料薄膜包裹涂药部位，达到防治病虫害的目的。此法对防治刺吸式口器害虫如螨类、介壳虫、粉虱以及缺铁、缺锌等缺素症有较好的防效。可供选用内吸性制剂。

5. 诱杀法　用害虫和有害动物如老鼠、兔子等喜食的食料做饵料，按一定比例拌入有胃毒作用的农药（一般药量为饵料的0.2%～0.3%）制成诱饵，于傍晚或雨后均匀撒入枣园，可诱杀地面活动的害虫和有害动物。

四、喷药时用药剂量的计算

喷药时知道兑水量 M（单位：kg）和稀释倍数 K，计算加药剂量 X（单位：ml或kg），按下列公式计算：

$$加药剂量\ X=兑水量\ M\times 1\ 000\div 稀释倍数\ K$$

例如：3.2%的阿维菌素乳油稀释2 000倍液，1t水需加多少药？

1t＝1 000kg＝1 000×1 000＝100 000g，加药剂量：1 000×1 000÷2 000＝500（ml）

五、枣园常用农药的药效试验

农药的药效试验是在枣园进行的农药对有害生物施药效果的试验，这是确定新的农药品种能否在红枣生产上大面积推广应用很重要的方法。枣园药效试验可分为小区、大区与大面积示范等几种。这是在自然条件下研究试验药剂与常规药剂、无药剂处理在不同年份、不同自然条件下对枣树有害生物危害的实际防治效果，从而鉴定出最有效、最有经济效果的农药品种，同时确定其大田使用范围、防治对象、最低有效使用剂量、浓度及其他技术条件等。一般农药经室内实验证明有效，需先进行小区试验，获得较好试验结果的项目，再进行大区试验。在正式推广之前，常常还要进行大面积示范，以便取得广泛经验。

（一）试验设计基本原理

1. 重复原则 所有试验应有重复。

2. 随机分配原则 任何试验单位都有同等的概率接受任何一个处理。

3. 局部控制原则 试验单位如枣品种、树龄、土壤条件等具有一致性。

（二）试验前准备

1. 试验药剂 一般设低、中、高三个浓度梯度，除草剂还需设中剂量的倍量以测定除草剂对枣树的安全性。

2. 对照药剂 应是在生产上对枣树安全、防治效果好的药剂，而且剂型及作用方式与试验药剂相同或相近。如果试验药剂为混剂时，除设相对应的对照药剂外，还应设混剂中的各单剂做对照；如果其中一个混剂为当地常规药剂，则不再另设常规对照药剂。除草剂试验需测产时，还应设增加人工除草做对照。

3. 确定小区面积、排列及重复数

（1）小区面积。对试验地进行现场测量，确定小区面积。一般1个小区3～5株树。

（2）小区排列。采用随机原则对试验小区进行排列，包括完全随机排列和随机区组排列。试验区域内有非处理因素时，要分范围、分地段控制非处理因素，使非处理因素对各处理的影响趋向最大一致。试验前先设计好小区排列位置图。

(3) 重复数。重复 4 次，以 3～5 株为 1 次重复。

4. 计算用药量　根据方案中每株用药量计算小区用药量。

5. 试验地的选择　应选择水肥管理、病虫草害分布密度、枣树品种、种植密度、树龄、土壤类型等条件尽量均匀一致，最好选择在相对固定的试验基地进行。除草剂试验还应考虑避免选择前茬用过长残效除草剂的地块，试验地中应有代表性的杂草种类且靶标杂草分布均匀（密度不少于 30 株/m^2），避免试验地周围种植有敏感植物。

6. 确定用药时间、施药方法及次数　根据药剂的特点及病虫草害发生危害规律确定施药方法，选择最佳施药时间，根据药剂的持效期和病虫草害的发生期确定施药次数。

7. 确定施药器械　根据药剂的特点、剂型和病虫草害危害情况，选择适宜的施药器械，并在试验前检查施药器械是否正常。

8. 调查时间和次数　根据药剂的持续期和试验方案确定。

（三）试验实施

1. 配药　准备小区用药和药量。称药前核对试验样品与申请试验药剂、供试枣树、防治对象是否相符。准确称取每小区用药量（每个处理多称出一份备用）；若小区用药量少（高活性除草剂）不宜称取时，4 个小区可以一起称量，高活性的除草剂一般采用二次稀释法。根据经验和枣树生长发育期，确定小区用水量。喷药前在空白对照区喷清水验证水量。

2. 施药　药剂特性不同，要求施药方法也不相同（喷雾、喷粉、灌根、土壤施用、种子处理、烟剂）。无论何种施药方法都必须均匀施药，避免因施药不均匀而导致试验效果不好和药害产生，施药遗漏造成新的菌、虫源。

3. 调查取样　枣树常用五方位取样法，即从每株树的东、南、西、北、中各方向取一定数量的叶片、枝条、果实等样品。

4. 记录数据 药前基数及药后发生情况：在病虫草害发生期进行施药的，施药前要进行基数调查；不在病虫草害发生期施药的不需要施药前基础调查。调查时间和次数随药剂特性、防治对象和施药方法的不同，其调查时间和次数不同。

（1）杀虫剂。大多数害虫，调查时间是药前1d及药后1d、3d、7d、14d、21d等。

（2）杀菌剂。大多数病害第一次喷药前，调查并记录病情基数，以后每次喷药前进行药效调查，最后一次用药的7（10）～14d进行最后的药效调查。

（3）除草剂。

①春季萌芽前施药 第一次调查在空白对照区杂草出苗早期；第二次调查在第一次调查1个月后或试验药剂药效发挥最好时期。持效期长的药剂应每个月进行中间调查。

②春季施药 第一次调查在施药前调查杂草的种类和生育期，以及主要杂草的百分比（杂草基数）；第二次调查在施药3～6d（对于使用迅速的产品）；第三次调查在施药后3～4周或试验药剂药效发挥最好时进行。持效期长的药剂用每个月进行中间调查。

③夏季或秋季施药 第一次调查在施药前调查杂草的种类和生育期，以及主要杂草的百分比（杂草基数）；第二次调查在施药后2周；第三次调查在施药后1个月或试验药剂药效发挥最好时进行；第四次调查在第2年春，空白对照区杂草出苗后；第五次调查在收获期或施药后1年。

5. 药效计算

（1）杀虫剂。

①防前无虫口基数的防治效果计算

防效（%）＝（对照区虫数－防治区虫数）/对照区虫数×100

②防前有虫口基数的防治效果计算

虫口减退率（%）＝（施药前虫数－施药后虫数）/施药前虫数×100

防效（%）＝（防治区虫口减退率－对照区虫口减退率）/

（100－对照区虫口减退率）×100

（2）杀菌剂。

①施药前无病情基数的防治效果计算

病情指数（%）＝∑［（各级病叶数×相对级数值）］/（调查总叶数×最高级数）×100

防效（%）＝（对照区病情指数－防治区病情指数）/对照区病情指数×100

②施药前有病情基数的防治效果计算

病情指数减退率（%）＝（施药前病情指数－施药后病情指数）/施药前病情指数×100

防效（%）＝（防治区病情指数减退率－对照区病情指数减退率）/（100－对照区病情指数减退率）×100

（3）除草剂。

防效（%）＝（对照区杂草株数－防治区杂草株数）/对照区杂草株数×100

6. 气象资料　试验期间，应从试验地最近的气象站获得降雨量、温度（日平均温度）、最高和最低温度等资料。

7. 土壤资料　记录土壤类型、有机质含量、水分（干、湿或涝）、土壤覆盖物（作物残茬、塑料薄膜覆盖、杂草）等资料。

8. 对枣树的影响　除观察药剂对枣树有无直接影响外，还要观察对枣树的生长发育、开花结果等有无影响。

药害记录方式如下：

（1）如果药害能被测量或计算，要用绝对数值表示，例如果重、叶色等。

（2）在其他情况下，可按下列两种方法估计药害的程度和频率。

A、杀虫剂、杀菌剂按照药害分级方法记录每小区的药害程度：

－：无药害；

＋：轻度药害；

＋＋：中毒要害，可复原，不会造成减产；

＋＋＋：重度药害，影响枣树正常生长发育，对枣果产量和质量造成一定程度的损失；

＋＋＋＋：严重药害，影响枣树生长，枣果产量和质量损失严重。

B、除草剂按照药害分级方法记录每小区的药害程度：

1 级：枣树生长发育无任何受害症状；

2 级：枣树轻微药害，药害少于 10%；

3 级：枣树中等药害，以后能恢复，不影响产量；

4 级：枣树药害较重，难以恢复，造成减产；

5 级：枣树药害严重，不能恢复，造成明显减产或绝产。

药剂处理区与空白对照区比较，评价其药害的百分率。同时描述枣树的药害症状，如叶色变化、畸形果等。

9. 对其他生物的影响 要记录试验区内药剂对有益和无益生物的影响。

（四）对药剂的评价

1. 数据的统计分析 列出原始数据，选择适宜的计算公式，对原始数据进行数值运算，然后进行显著性方差分析。

2. 结果与分析 结果与分析包括对防治对象、枣树及有益生物安全性、使用技术、与对照相比优缺点、使用注意事项等项进行科学、公正、实事求是的分析，提出推荐使用剂量。

（五）药效试验报告模板

药效试验报告

1 试验目的

试验地点、单位及目的

2 试验条件

2.1 试验对象、枣品种的选择：枣品种名称和拉丁名

2.2 枣树的栽培条件：枣园土壤、树龄、树势等条件

3 试验设计和安排

3.1 药剂

3.1.1　试验药剂

药剂的名称、含量、剂型、生产厂家

3.1.2　对照药剂

药剂的商品名、通用名称、含量、剂型、生产厂家

3.1.3　药剂用量与编号

设计实验见表 12－1

表 12-1　供试药剂试验设计

处理编号	药剂	施药剂量	有效成分量
		制剂量或稀释倍数	(mg/kg)
	空白对照	0	0

3.2　试验小区的安排

3.2.1　小区排列：小区分布图或表

3.2.2　小区面积和重复：小区面积和枣树株数

重复次数：

3.3　施药方法

3.3.1　使用方法：药剂使用方法

3.3.2　施药器械：器械类型、操作条件

3.3.3　施药时间和次数：施药时期、次数或枣树生长期及病虫害发生阶段

3.3.4　施用剂量：实际面积用药量或用药倍数

3.3.5　防治其他病虫害的药剂资料：防治其他病虫害药剂施用准确数据

4　调查、记录和测量方法

4.1　气象及土壤资料

4.1.1　气象资料：施药当日及试验期间气象资料概要

4.1.2　土壤资料：土壤质地、成分等资料

4.2　调查方法、时间和次数

4.2.1　调查时间和次数

4.2.2　调查方法：具体调查方法及分级标准

4.2.3　药效计算方法：具体药效计算方法或公式

4.3　对枣树的直接影响：是否有要害，如有记录药害类型和程度，或对枣树的有益影响

4.4　枣果的质量和产量：根据试验协议要求，写清调查方法及产量

4.5　对其他生物影响

4.5.1　对其他病虫害的影响：对其他病虫害有益或者无益影响

4.5.2　对其他非靶标生物的影响：对其他非靶标生物有益或者无益影响

5　结果与分析（表 12－2）

表 12－2　实验结果

药剂处理	药后____天		药后____天		药后____天		药后____天	
	防效（%）	差异显著性	防效（%）	差异显著性	防效（%）	差异显著性	防效（%）	差异显著性

注：上表中的防效（%）为各重复平均值。

5.1　药剂评价

5.2　技术要点：剂量、使用方法、次数、注意事项等

5.3　若试验结果年度间差异大，分析原因，提出建议

技术负责人签名：

试验单位名称：（盖章）

完成日期

六、最新绿色食品生产允许使用的农药

1. AA级和A级绿色食品生产均允许使用的农药

《绿色食品　农药使用准则》（NY/T 393—2020，代替NY/T 393—2013），由农业农村部批准发布的国家农业行业标准，自2020年11月1日起正式实施，具体农药清单如下表12-3。

表12-3　AA级和A级绿色食品生产均允许使用的农药清单

类别	物资名称	备注
Ⅰ.植物和动物来源	楝素（苦楝、印楝等提取物，如印楝素等）	杀虫
	天然除虫菊素（除虫菊科植物提取液）	杀虫
	苦参碱及氧化苦参碱（苦参等提取物）	杀虫
	蛇床子素（蛇床子提取物）	杀虫、杀菌
	小檗碱（黄连、黄柏等提取物）	杀菌
	大黄素甲醚（大黄、虎杖等提取物）	杀菌
	乙蒜素（大蒜提取物）	杀菌
	苦皮藤素（苦皮藤提取物）	杀虫
	藜芦碱（百合科藜芦属和喷嚏草属植物提取物）	杀虫
	桉油精（桉树叶提取物）	杀虫
	植物油（如薄荷油、松树油、香菜油、八角茴香油等）	杀虫、杀螨、杀真菌、抑制发芽
	寡聚糖（甲壳素）	杀菌、植物生长调节
	天然诱集和杀线虫剂（如万寿菊、孔雀草、芥子油等）	杀线虫
	具有诱杀作用的植物（如香根草等）	杀虫
	植物醋（如食醋、木醋和竹醋等）	杀菌
	菇类蛋白多糖（菇类提取物）	杀菌
	水解蛋白质	引诱
	蜂蜡	保护嫁接和修剪伤口
	明胶	杀虫
	具有驱避作用的植物提取物（大蒜、薄荷、辣椒、花椒、熏衣草、柴胡、艾草、辣根等的提取物）	驱避
	害虫天敌（如寄生蜂、瓢虫、草蛉、捕食螨等）	控制虫害

（续）

类别	物资名称	备注
Ⅱ.微生物来源	真菌及真菌提取物（白僵菌、轮枝菌、木霉菌、耳霉菌、淡紫拟青霉、金龟子绿僵菌、寡雄腐霉菌等）	杀虫、杀菌、杀线虫
	细菌及细菌提取物（芽孢杆菌类、荧光假单胞杆菌、短稳杆菌等）	杀虫、杀菌
	病毒及病毒提取物（核型多角体病毒、质型多角体病毒、颗粒体病毒等）	杀虫
	多杀霉素、乙基多杀菌素	杀虫
	春雷霉素、多抗霉素、井冈霉素、嘧啶核苷类抗生素、宁南霉素、申嗪霉素、中生菌素	杀菌
	S-诱抗素	植物生长调节
Ⅲ.生物化学产物	氨基寡糖素、低聚糖素、香菇多糖	杀菌、植物诱抗
	几丁聚糖	杀菌、植物诱抗、植物生长调节
	苄氨基嘌呤、超敏蛋白、赤霉酸、烯腺嘌呤、羟烯腺嘌呤、三十烷醇、乙烯利、吲哚丁酸、吲哚乙酸、芸薹素内酯	植物生长调节
Ⅳ.矿物来源	石硫合剂	杀菌、杀虫、杀螨
	铜盐（如波尔多液、氢氧化铜等）	杀菌，每年铜使用量不能超过 $6kg/hm^2$
	氢氧化钙（石灰水）	杀菌、杀虫
	硫黄	杀菌、杀螨、驱避
	高锰酸钾	杀菌，仅用于果树和种子处理
	碳酸氢钾	杀菌
	矿物油	杀虫、杀螨、杀菌
	氯化钙	用于治疗缺钙带来的抗性减弱
	硅藻土	杀虫
	黏土（如斑脱土、珍珠岩、蛭石、沸石等）	杀虫
	硅酸盐（硅酸钠、石英）	驱避
	硫酸铁（3价铁离子）	杀软体动物

（续）

类别	物资名称	备注
V. 其他	二氧化碳	杀虫，用于贮存设施
	过氧化物类和含氯类消毒剂（如过氧乙酸、二氧化氯、二氯异氰尿酸钠、三氯异氰尿酸等）	杀菌，用于土壤、培养基质、种子和设施消毒
	乙醇	杀菌
	海盐和盐水	杀菌，仅用于种子（如稻谷等）处理
	软皂（钾肥皂）	杀虫
	松脂酸钠	杀虫
	乙烯	催熟等
	石英砂	杀菌、杀螨、驱避
	昆虫性信息素	引诱或干扰
	磷酸氢二铵	引诱

2. A级绿色食品生产允许使用的其他农药清单 当上表中所列农药不能满足生产需要时，A级绿色食品生产还可按照农药产品标签或《农药合理使用准则》（GB/T 8321）的规定使用下列农药（共141种）：

（1）杀虫杀螨剂（共39种）。苯丁锡、吡丙醚、吡虫啉、吡蚜酮、虫螨腈、除虫脲、啶虫脒、氟虫脲、氟啶虫胺腈、氟啶虫酰胺、氟铃脲、高效氯氰菊酯、甲氨基阿维菌素苯甲酸盐、甲氰菊酯、甲氧虫酰肼、抗蚜威、喹螨醚、联苯肼酯、硫酰氟、螺虫乙酯、螺螨酯、氯虫苯甲酰胺、灭蝇胺、灭幼脲、氰氟虫腙、噻虫啉、噻虫嗪、噻螨酮、噻嗪酮、杀虫双、杀铃脲、虱螨脲、四聚乙醛、四螨嗪、辛硫磷、溴氰虫酰胺、乙螨唑、茚虫威、唑螨酯。

（2）杀菌杀线虫剂（共57种）。苯醚甲环唑、吡唑醚菌酯、丙环唑、代森联、代森锰锌、代森锌、稻瘟灵、啶酰菌胺、啶氧菌酯、多菌灵、噁霉灵、噁霜灵、噁唑菌酮、粉唑醇、氟吡菌胺、氟吡菌酰胺、氟啶胺、氟环唑、氟菌唑、氟硅唑、氟吗啉、氟酰胺、氟唑环菌胺、腐霉利、咯菌腈、甲基立枯磷、甲基硫菌灵、腈苯唑、腈菌唑、精甲霜灵、克菌丹、喹啉铜、醚菌酯、嘧菌环胺、嘧菌酯、嘧霉胺、棉隆、氰霜唑、氰氨化钙、噻呋酰胺、噻菌灵、噻唑锌、三环唑、三乙膦酸铝、三唑醇、三唑酮、双炔酰菌胺、霜霉威、霜脲氰、威百亩、萎锈灵、肟菌酯、戊唑醇、烯肟菌胺、烯酰吗啉、异菌脲、抑霉唑。

（3）除草剂（共39种）。2甲4氯、氨氯吡啶酸、苄嘧磺隆、丙草胺、丙炔噁草酮、丙炔氟草胺、草铵膦、二甲戊灵、二氯吡啶酸、氟唑磺隆、禾草灵、环嗪酮、磺草酮、甲草胺、精吡氟禾草灵、精喹禾灵、精异丙甲草胺、绿麦隆、氯氟吡氧乙酸（异辛酸）、氯氟吡氧乙酸异辛酯、麦草畏、咪唑喹啉酸、灭草松、氰氟草酯、炔草酯、乳氟禾草灵、噻吩磺隆、双草醚、双氟磺草胺、甜菜安、甜菜宁、五氟磺草胺、烯草酮、烯禾啶、酰嘧磺隆、硝磺草酮、乙氧氟草醚、异丙隆、唑草酮。

（4）植物生长调节剂（共6种）。1-甲基环丙烯、2，4-滴（只允许作为植物生长调节剂使用）、矮壮素、氯吡脲、萘乙酸、烯效唑。

第七节　新型生物农药介绍

生物农药是指可以用来防治病虫草等有害生物的生物活体及其代谢产物和转基因产物，并且可以制成商品上市流通的生物源制剂，包括病毒、细菌、真菌、植物源农药、生物化学农药和抗病虫草害的转基因植物等。

一、生物农药的特点

1. 生物农药具有低毒、易降解、低残留、对人和牲畜相对安全。

2. 具有很强的专一性，只对靶标害虫作用，对天敌及有益生物杀伤作用较小，有利于保持生态平衡。

3. 生产原料和有效成分均为天然产物，易于在自然界的大循环中降解，因而有较好的环境相容性。

4. 作用机理独特，不易和常规农药产生交互抗性，并且是多种因素和成分协同作用，不易使害虫和病原菌产生抗性。

5. 促进作物生长，提高果品的品质。

中国加入 WTO 以后，农产品出口面临着非常严峻的绿色壁垒，其中农药残留超标是经常遇到的问题，严重影响了我国农产品在国际市场的竞争力。所以推行利用新型生物农药，进行绿色标准化种植是以后枣树种植业可持续发展的需要，也是人们减少污染，保护环境、回归自然的一个必然选择。

二、几种新型生物农药介绍

1. 木焦油　木焦油的主要成分是木杂酚油，从非充脂木材制得的焦油加以蒸馏，用氢氧化钠处理、再酸化及再蒸馏使之与其他成分分离后制得。木焦油是一种含烃类、酸类、酚类较高的有机化合物，加工后可获得杂酚油、抗聚剂、浮选起泡剂，木沥青等产品。木焦油是植物营养调节生长素，对植物有生长功效，具有杀虫剂及防腐剂作用。

2. 木醋液　木醋液是以醋酸为主要成分的 pH 为 3 的酸性液体，与食醋的成分和色调极为相似（原来为威士禁忌色或完全除去木焦油的透明的浅黄色液体），各自按不同的方法精制而成。简单地说就是把木头烧成木炭的过程中冒出的烟气自然冷却液化而得到的。因此木醋液是把树木炭化，将其能量转换成气体再自然冷却成浓缩液体而成。含有 K，Ca，Mg，Zn，Ge，Mn，Fe 等矿物质，此外还含有维生素 B_1 和 B_2。

木醋液在美国、日本、韩国等国家的农业生产中均获得推广应用。在国内，木醋液的应用研究从 1989 年就已开始，但在实际中应用起步较晚。近几年随着人们对环保与健康的重视，不少科研单位和企业相继推出了木醋液肥料、农药和美容保健产品，木醋液开始在实际生产和生活中推广应用。

木醋液是木炭生产的副产品，也可用稻壳、椰壳、秸秆等废弃物生产，对人、畜无害，不会污染环境，是化学农药的理想替代品。我国传统农业内涵丰富，为木醋液生产提供了丰富的原料，木醋液的开发利用在我国具有广阔的发展前景。

木醋液是经生物化学高新技术提取获得的天然植物素材。该品的主要成分为醋酸、酚类、水，其中有机质成分醋酸占10%以上。其作用有：

（1）土壤改良将木醋液喷洒在土壤中可以预防种子的立枯病，也可用作土壤的消毒剂。土壤中施用竹醋液能有效抑制有碍植物生长的微生物类的繁殖，并能杀死根瘤线虫等害虫。

（2）作为植物生长调节剂木醋液能够促进枣树生长，增进根部与叶片的活力，减缓老化，降低枣果酸度，延长枣果的储藏时间，提高风味。

（3）还可以制造肥料，加速堆肥之发酵速度，促进土壤有益微生物的繁殖。

（4）抑制杂草的生长，防治土壤与叶片上一些病虫害，减少农药用量。

3. 富硒植物营养素 富硒植物营养素是运用现代先进的生物提取技术，以植物有机质为原料，经生物发酵、络合等生物技术手段，使富硒植物营养素中硒的活性提高，毒性下降，再利用高温浓缩等方法制成的植物营养素，其含有枣树生长所需的活性腐殖酸、多种酚型芳香族化合物、促生长因子生物活性物质以及大量元素和微量元素硒等营养。

4. 植物激活蛋白 植物激活蛋白主要防治植物病毒病，具有高效、低毒、低残留的特点，激活蛋白广泛使用后，可显著减少化学农药使用次数和使用量，不仅能增产增收，增加农产品的附加值，同时将对保护生态环境，食品安全具有良好的推动作用。

三、生物农药的使用技术

1. 生物农药极易受环境的影响，在施用时应尽量避开强光，如下午 4：00 以后使用效果较好，在微风下施用粉剂，作用效果最佳。

2. 创造高湿环境，避免过度干燥 在干旱的地区要加大喷药用水量，造成一种高湿环境，易于微生物孢子的存活和繁殖；在制剂中加入一些特定的高分子物质和增加溶液黏度的物质，如淀粉。动物骨胶、草木灰浸出液等避免快速干燥，从而提高生物农药的使用效果。

3. 选择有效时期 害虫各个发育阶段对生物杀虫剂的抵抗力不同，低龄幼虫期施药，才能充分发挥生物农药的效果，另外还要根据害虫取食特点使用不同类型的生物杀虫剂，如 B. t 对鳞翅目害虫效果很好，但对刺吸汁液的害虫（如螨类）无效。

4. 使用高性能喷雾器 采用弥雾法喷施，雾滴小而均匀，使较小滴喷射至预期靶标叶，从而提高生物农药的防效，降低生产成本。

5. 正确选择剂型 粉剂可借助空气浮力和风力分散于较大范围，从而同害虫有更大接触，对于食叶量很大的害虫可以采用。可湿性粉剂加水配成悬浮液喷雾效果较好。

6. 针对不同害虫靶标施药 生物杀虫剂的专一性很强，杀虫谱不广，如 B. t 对防治鳞翅目幼虫有效，而对同翅目的叶蝉就无效，而且其不同品系对几种重要害虫的防效也存在差异。

第八节 有害生物防治新技术

一、红枣防浆烂剂减轻枣裂果和枣缩果

红枣防浆烂剂有效成分为氮、磷、钾、钙、硫等，专利号：ZL201010589110.8，应用后可增强树势，提高枣树的抗病能力。

1. 使用时间 在枣初花期至盛花期滴注。

2. 使用量 测量树干 50cm 处干径，每厘米干径滴注红枣防浆烂剂 8ml。

3. 使用方法 干径8cm以上的枣树采用手电钻配6mm钻头在树干距地约50cm处，斜向下成45°打眼，达树干1/2处，将肥料瓶插入，在瓶底靠上部打出通气孔。

4. 应用效果

（1）提高枣果品质。红枣防浆烂剂制剂中的钙离子经树体吸收转化后，与果实中的果胶质结合形成果胶酸钙，使原果胶不易发生水解，细胞间韧性增大，抗裂应力增强，枣裂果、缩果减轻，大大提高了果实品质。

（2）减少土壤施肥量。红枣防浆烂剂肥料中氮、磷、钾、钙、硫等是果树生长必需的大量元素及中量元素，被树体吸收后，树势增强，是植物的果、叶可以吸收利用的营养成分，弥补了土壤施肥量的不足。

（3）减少果实的生理病害。抗病能力提高，每年可减少喷施化学杀菌剂4～6次。不会产生环境污染，利于农业环境的保护和绿色有机果品的生产。

二、枣树食叶害虫防控新技术

枣树主要食叶害虫：绿盲蝽、枣黏虫、枣尺蠖、枣瘿蚊、红蜘蛛、龟蜡蚧、枣粉蚧、刺蛾等。

1. 林果注干杀虫剂防控枣树主要食叶害虫 林果注干杀虫剂（专利号：L201510882266.8）主要是阿维菌素和吡虫啉混配药剂。

（1）滴注时间。枣树发芽期至展叶期是精准施药期。

（2）用药量及次数。干径5cm以上的枣树使用滴注剂防治虫害，其用药量为：5～10cm干径用药3ml、10～15cm干径用药5ml、15～20cm干径用药8ml、20～25cm干径用药10ml、25～30cm干径用药13ml、30～35cm干径用药15ml。每年滴注1次。

（3）滴注方法。采用自流式树干滴注药技术，在树干南侧距地面约45cm处树干上，斜向下成45°钻约5.5cm的注药孔，将自流式注药器尖端削开，用针将盲口捅破后插入孔内。

2. 树干涂抹杀虫剂防控枣树主要食叶害虫

干径5cm以下的枣树用涂抹剂（专利号：ZL201510699930.5）防治虫害。主要是乙酰甲胺磷、吡虫啉混配制剂。

（1）涂抹时间。枣树展叶期是精准施药期。

（2）用药量。每个生长季涂抹药剂1次，涂抹均匀。

（3）涂抹方法。枣树展叶期，用刀具环绕树干刮去长25～30cm老皮，露出粉红色鲜嫩韧皮组织。用刀纵向划刮皮部位，达木质部，每隔5cm划一道，长度与刮皮长度一致，划完后用毛刷均匀涂抹药剂。

3. 防治效果　树干滴注剂或树干涂抹剂每年用1次可有效控制枣树主要害虫，防效超过90%，用药用工成本减少30%以上。突破了投入高、防效低、污染重的技术瓶颈，实现了减药省工、增效控害的目标。减少了大量化学农药的喷洒和涂抹次数，对减轻防治有害生物造成的环境污染、保护天敌和维护食品安全作用较大。

4. 优点与效果　不受天气和树体高度的影响，一次用药全年有效，农药持效期长，应用范围广泛，局部用药无漂移、不污染环境、不伤天敌，可长期使用，而且劳动强度小、简便易行、易于推广。

第十三章　枣果的采收及商品化处理技术

第一节　枣园测产方法

测产是枣园生产管理和效益评估的一个重要环节。随着枣产业发展重点由规模扩张向提质增效的战略转变，枣园测产工作不仅为准确衡量和评估枣产业经济运行提供依据，也为科学决策和谋划枣产业发展及强化整形修剪、土肥水管理、病虫害防治枣树转型升级等工作提供参考。

一、样地的确定和调查

1. 林班（村）**确定**　以县（市）为单位，按不同栽培区域，选择3～4个乡镇，从中确定3～4个具有代表性的林班（行政村）。

2. 样地（小班）**确定**　每个测产林班（村）按照投产期（初果期、盛果期和衰老期），管理水平（好、中、差），同一龄期抽查3个样地（小班）。如被抽中林班只有1种投产期的枣园，则此年龄段最少抽3个以上样地进行测产。以县为单位，1个主栽品种样地数量不少于27个。

3. 样地和样株的调查　对被抽中的样地（小班）内枣树面积和实有株数进行全面实测统计，其中新补植补栽的未投产株数单独进行统计，并与该样地上一年度档案卡片的面积、株数进行核对，计算该样地保存株数，确保样株的代表性，坚决避免人为抽取结果状况好的样株测产。

按照机械抽样法，确定样行、样株进行测产。每个小班实测样珠不少于 10 株，即小班内总行数除以 10，确定抽样行间距。第 1 个样行可以随机确定，从第 2 样行开始，按既定的样行间距以此类推确定。样株的确定上，如第 1 样行随机抽测第 n 株，则从第 2 样行开始，按一定的样株间距（m）抽测，即第 2 样行抽测样株第 n＋m 株，第 3 样行抽测第 n＋2m 株，第 4 样行抽测第 n＋3m 株，以此类推，如果样株不够，采取上限排外法确定样株。如调查当中确定的样株缺株，顺延一株测产；被抽中的样株没有产量，则产量计为 0。确定的每个样株用 GPS 定位并打标记建卡，作为永久性测产样株。

二、测算公式

选定的初果期样株产量全株实测，其他投产期的样株分东、南、西、北四个方向，各选定一个标准枝并打好标记（作为当年核查依据），实测标准枝上总挂果数和样株标准枝数，进而推算样株挂果数。

具体测算公式包括：

样株枣果个数（$\sum g$）＝样株标准枝枣果个数（g）×标准枝数（z）

样株平均枣果个数（$\overline{g}$）＝实测样株枣果个数（$\sum g$）/实测样株数（$\sum n$）

小班产量（A_1）＝样株平均枣果个数（$\overline{g}$）/标准枣果个数（g_1）/kg×小班实有株树 N_1

相应投产期实测小班总产量（A）＝$\sum A_n$（相应投产期实测小班产量）

相应投产期实测小班投产总株数（N）＝$\sum N_n$（相应投产期实测小班总株数－实测小班未投产株数）

相应投产期实有总株数（$\sum N$）＝

［相应投产期调查小班实有投产株数合计（N）/

上一年小班实有株数（$N_{上}$）］×

相应投产期现有总株数（$\sum N_{上}$）

三、产量计算

投产期产量＝（相应投产期实测小班总产量/相应投产期实测小班投产总株数）×全县相应投产期实有总株数。即：

$$投产期产量（A）=\sum A_n / \sum N_n \times \sum N$$

总产量＝初果期产量＋盛果期产量＋衰老期产量。

四、主要枣树投产期的划分

灰枣 5～8 年为初果期，9～30 年为盛果期，30 年以上为衰老期；

骏枣、哈密大枣 2～4 年为初果期，5 年以上为盛果期。

五、标准枣果个数的确定及测产时间

灰枣（鲜枣）为 110 个/kg。测产时间为 9 月下旬；标准枣果个数：骏枣、哈密大枣（鲜枣）为 70 个/kg。

六、测产报告模板

测产报告

1. 目的　说明本次测产人员、测产时间、测产园地点、测产枣树品种及目的。

2. 测产方法

2.1　样地选择

按照投产期（初果期、盛果期和衰老期），管理水平（好、中、差），选取不同样地，同一条件样地做 3 次重复。

2.2 样株选择

采用机械抽样法，确定样行、样株进行测产。

2.3 样株的产量测算

初果期样株产量全株实测，其他投产期的样株分东、南、西、北四个方向，各选定一个标准枝并打好标记（作为当年核查依据），实测标准枝上总挂果数和样株标准枝数，进而推算样株挂果数。测产统计量表 13-1。

表 13-1　示范园测产统计表

样地	样地 1			样地 2			样地 3		
	重复 1	重复 2	重复 3	重复 1	重复 2	重复 3	重复 1	重复 2	重复 3
样株总枣果个数（$\sum g$）									
样株平均枣果个数（g）									
样地产量（A_1）									
相应投产期产量									
总产量									

所用计算公式如下；

样株枣果个数（$\sum g$）=

样株标准枝枣果个数（g）×标准枝数（z）

样株平均枣果个数（g）=

实测样株枣果个数（$\sum g$）/ 实测样株数（$\sum n$）

样地产量（A_1）=

样株平均枣果个数（g）/

标准枣果个数（g_1）/kg×

样地实有株树 N_1

相应投产期实测样地总产量（A）=

$\sum A_n$（相应投产期实测样地产量）

投产期产量（A）=

（相应投产期实测样地总产量/

相应投产期实测样地投产总株数）×

测产园相应投产期实有总株数

测产园总产量＝样地 1 相应投产期产量＋
样地 2 相应投产期产量＋
样地 3 相应投产期产量

3. 原因分析

如果出现增产、减产等情况做原因分析。

测产统计员：

第二节　枣果的采收

一、枣果的成熟及采收适期

1. 枣果的成熟期　根据果皮颜色和果肉质地等变化情况的不同，枣果成熟过程可划分为三个阶段：即白熟期、脆熟期和完熟期。

（1）白熟期。从果实充分膨大至果皮全部变白而未着色，果实基本上达到了品种固有的形状和大小；果皮薄，细胞叶绿素大量减少，由绿色转为绿白色或乳白色；果肉绿白色，质地比较疏松，果汁少，含糖量低。

（2）脆熟期。白熟期后，果皮自梗洼、果肩开始逐渐着色，直至全红；果皮增厚，稍硬，煮熟后易与果肉分离；果肉为绿白或乳白色，质地发脆，汁液增多，淀粉逐渐转化为糖，含糖量剧增，具备了品种的特有风味。

（3）完熟期。脆熟期过后半个月左右，果皮颜色进一步加深，出现微皱；果肉为乳白色，近果柄端开始转黄，近核处转变成黄褐色，质地从近核处开始逐渐向外变软；含糖量达最高值，含水量减少，果实开始出现自然落地现象。

2. 采收适期　不同用途的枣果，其采收适期的标准不同，应分别对待。

（1）加工用枣。以白熟期为采收适期。此期枣果已基本发育到固有大小，形状已经基本固定，肉质变的较为疏松，果汁少，含糖量低，糖煮时容易充分吸糖且不会出现皮肉分离，制成品为黄橙晶亮，为半透明琥珀色，品质较佳。

（2）鲜食或酒枣的枣。以脆熟期为采收适宜期。此期枣果色泽鲜红，半红或全红，含糖量增加，甘甜微酸，松脆多汁，鲜食品质最好。用于加工酒枣，能保持良好的风味，还可防止过熟引起的烂枣。

（3）制干用枣。以完熟期采收最佳。此期枣果已充分成熟，营养丰富，含水量少，不仅制干率高，而且制成的红枣色泽光亮，果形饱满，果肉肥厚，富有弹性，品质最好。

3. 其他　不同品种的红枣成熟期存在很大的差异，具体的采收日期应依品种特性而定。采收适期的确定，还应考虑到天气以及贮藏加工和市场的要求等。一般采前落果严重的，可适当早采；为提高耐贮性，鲜食用的可在半红期采收；制干用且不易裂果和采前落果轻的，可尽量晚采；对于遇雨易裂果的品种，可根据天气预报情况，适当提前采收。此外，鉴于枣树同一品种的不同树及同一树上不同枣的成熟期存在较大差异（可达两周以上），果实特别是鲜食品种果实，以分期采收为宜。

二、枣果采收的方法

采摘是影响贮藏效果的关键步骤，枣皮薄肉脆，在采摘和运输过程中极易形成伤果，有些在贮藏前难以分辨，贮藏中常易出现烂枣。一般枣果的采收方法有以下两种：

1. 振落采收　主要适用于制干枣果的采收。一般是用竹竿（木棍）敲打枣枝，使枣果受震动而落，常在完熟期进行，以减少枣叶和树体的损伤。多在树下撑展塑料布或布单，便于顺利接枣和收集，同时减少捡枣的工作量和碰伤枣果。采收时，应注意保护树体。每年的振动部位应相对固定，以尽量减少伤疤，尤其要避免

“对口疤”。另外，下杆的方向不能对着大枝延长的方向，以免打断侧枝。

2. 人工采摘 主要适用于鲜食和加工用的枣果采收。人工采收要本着“轻摘轻放、避免挤碰、摔伤和保持果实完整”的原则。采收的枣果要带有果柄，切忌用手揪拉或拧拉果实，给果实柄端留下伤口，感染病菌，造成鲜枣腐烂。采摘时一手拉紧枣吊，另一手握住枣果基部向上托掰，最好用一手托住枣果，另一手用疏果剪从果柄与枣吊连接处剪断，这样能避免果与果之间的摩擦和保持果实的完整，减少腐烂。树冠下部的果实，采果人站在地上轻摘轻剪，树冠上部的果需站在高凳上采收，采收后轻拿轻放，放入有软衬垫的容器内。

3. 机械采收 适用制干品种，在完熟期采收，一般要求果皮已出现皱缩的枣果达90%以上时采收。在生产上多采用气吸式红枣收获机采收红枣，首先人工用木棒击打枣树树干将红枣震落于地，木棒击打枣树树干时，注意要击打大枝，不可击打小枝，以防击断树枝伤树。将枣果震落于地后，人工采用背负式吹风机，将落地枣果两行收成一垄，再用气吸式红枣收获机收获红枣。采用气吸式红枣收获机收枣一般需要一机四人，其中两人抱管吸枣，一人摆放收枣筐，一人开机械运枣。一般一机四人一天可收枣3 000～5 000kg。

4. 半机械化采收 适用制干品种，在完熟期采收，一般要求果皮已出现皱缩的枣果达90%以上时采收。一般是用竹竿（木棍）敲打枣枝，使枣果受震动而落，敲打枣枝时尽可能地不要击打小枝，以减少枣叶和树体的损伤。枣果震落于地后，人工采用背负式吹风机，将落地枣果两行收成一垄，枣果收成垄后，用竹篼子将枣果收成小堆，人工选捡出枣叶和枣吊后用筛枣叶机将枣果和枣叶分离，枣果装筐运至枣场。一般一组5～6人，配备两台吹风机，一台筛枣叶机一天可收红枣2 500～3 000kg。

第三节　枣果的分级

随着市场经济的不断发展，消费者对商品的质量要求日益严格，传统的混级销售已经不能适应市场的要求。枣果分级，就是按照枣果质量标准或合同要求，采用一定的方法，把同一品种的枣果分成若干等级的过程。通过分级，可以使枣果等级分明，规格一致，达到商品的标准化，从而使商品可以满足不同消费者的需求，提高枣果的整体销售效益。此外，分级后便于枣果包装、销售、运输和贮藏。分级中剔出的残次果和病虫果，可就地进行加工处理，减少浪费，有利于枣果的综合利用。

一、分级标准的制定

枣果的质量标准，是对商品枣果进行分级的主要依据。所谓枣果质量标准，是指由国家或地方主管部门批准，以特定形式发布的对枣果等级质量及检验、包装、运输和贮存等所作的统一规定。地方和企业一般也有相应的产品标准。但企业标准，一般应达到或超过国家或地方标准。枣果质量分级标准，可参考当地已有的地方标准。目前鲜食灰枣的等级标准有若羌灰枣鲜枣等级标准，干制红枣的等级标准有维吾尔自治区市场监督管理局于 2020 年 6 月 1 日发布的新疆干制红枣果品质量分级标准 DB65/T 4296—2020，具体指标如表 13－2，表 13－3。

表 13－2　若羌灰枣鲜枣等级标准

<table>
<tr><th rowspan="2">指标
等级</th><th rowspan="2">单果重（g）</th><th rowspan="2">可溶性固形物（%）</th><th rowspan="2">可食率（%）</th><th colspan="4">感官</th><th colspan="4">不合格果（%）</th><th rowspan="2">杂质（%）</th></tr>
<tr><th>果形</th><th>果面</th><th>色泽</th><th>均匀度</th><th>不熟果</th><th>霉烂果</th><th>病虫果</th><th>破头</th></tr>
<tr><td>特级</td><td>≥10</td><td>≥36</td><td rowspan="3">≥90</td><td rowspan="3">长倒卵形、长圆形、果形饱满</td><td rowspan="3">表皮光滑、鲜亮、洁净</td><td rowspan="3">橙红、艳丽、具光泽</td><td rowspan="3">个头均匀</td><td rowspan="3">无</td><td rowspan="3">无</td><td rowspan="3">无</td><td>无</td><td rowspan="3">≤0.5</td></tr>
<tr><td>一级</td><td>≥9</td><td>≥34</td><td>≤1</td></tr>
<tr><td>二级</td><td>≥8</td><td>≥32</td><td>≤2</td></tr>
</table>

表 13－3 新疆干制红枣果品质量分级要求

项目			等级			
			特级	一级	二级	三级
基本要求			品种一致，具有本品种特征，果型完整，枣果制干后含水量23%左右，无大的沙土、石粒等杂质无异味，几乎无尘土			
类型	指标	品种				
感官指标	果型色泽	灰枣 骏枣 哈密大枣	色泽好，果皮颜色一致，紫红，鲜艳，有光泽。果形饱满，果实丰满，皱纹少而浅，果肉肥厚，有弹性	果皮颜色一致，鲜艳有光泽。果形饱满，果实丰满，皱纹少而浅，果肉肥厚，有弹性	色泽较好，果皮颜色基本一致，紫红或红，有光泽。果形饱满，果实较丰满，果肉较肥厚，弹性较厚	色泽一致，果皮颜色较一致，红色较浅，光泽度较差。果实不丰满，弹性较差
理化指标	果个大小（横径 mm）	灰枣	≥22	≥20，<22	≥18，<20	≥16，<19
		骏枣	≥32	≥30，<32	≥28，<30	≥24，<28
		哈密大枣	≥35	≥32，<35	≥30，<32	≥28，<32
	总糖（%）	灰枣	≥70	≥70	≥70	≥65
		骏枣	≥75	≥70	≥70	≥65
		哈密大枣	≥50	≥50	≥50	≥50
	1kg 枣果数（个）	灰枣	≤150	151～180	181～230	231～280
		骏枣	≤70	71～85	86～115	116～150
		哈密大枣	≤75	76～90	91～125	126～170
缺陷果	浆烂果	灰枣 骏枣 哈密大枣	0	不超过 2%	不超过 5%	不超过 10%
	干条		0	0	不超过 5%	不超过 10%
	病虫果		不超过 1%	不超过 2	不超过 2%	不超过 2%
	总缺陷果		不超过 3%	不超过 5%	不超过 10%	不超过 20%
杂质含量			不超过 0.1%	不超过 0.3%	不超过 0.5%	不超过 0.5%

沾化冬枣质量标准（GB/T 18846—2008）沾化冬枣质量标准是由国家质量监督检验检疫总局提出，沾化县市场监督管理局负责起草的全文强制性国家标准。2008 年 6 月 3 日由国家质量监督检验检疫总局正式发布，并于 2008 年 12 月 1 日开始实施。本标准规定了沾化冬枣的原产地域范围，本语和定义，要求、试验方法、检验规则及标志，标签、包装，运输和储存。本标准依据单果重、果形、色泽、日感、机械伤，病虫害等将沾化冬枣果实分为特级、一级、二级（表 13－4）。

表 13－4　沾化冬枣质量等级要求

项目	要　求		
	特级	一级	二级
单果重（g）	17～20	14～16	12～13
果形	近圆形或扁圆形	近圆形或扁圆形	近圆形或扁圆形
机械，病虫果	无	无病虫果，裂口果不超过 3%	无病虫果，裂口果不超过 5%
色泽	果皮赭红色，光亮，着色 50%以上	果皮赭红色，光亮，着色 50%以上	果皮赭红色，光亮，着色 30%以上
口感	皮薄肉脆，细嫩多汁，浓甜微酸爽口，啖食无渣		

二、分级方法

枣果分级前应先进行挑选，将外观品质不符合等级果要求的先行剔除，再根据内在品质优良程度、外观完好程度和果实大小（重量）情况，将枣果分成不同的等级。枣果的内在品质，主要包括果肉营养成分的含量、口感和风味，以及是否含有有毒物质等。其外观品质，主要包括果实的大小、色泽、洁净度、病虫果率、机械伤情况和杂质含量等。枣果的内在品质，一般由质检部门界定；而其外观品质，生产者则完全可以在上市前进行分级处理。市场上分级枣果的价格，一般比混级枣果的价格高 3～5 倍。

目前，枣果的分级大多是由人工和机械化作业相结合来进行的。首先，进行机械分级，分级的设备较多，常用的有三种。

（1）振动筛分级机，此种机器是依靠机械振动使红枣经过筛孔分成不同的等级。此种设备的优点是价格低，占地面积小；缺点是加工量小，等级划分不均匀。

（2）滚筒分级机，此种机器是将滚筒分为三节，尺寸由小到大，红枣经过滚筒时在相应的等级筛孔中被甩出以达到分级的目的。此种分级设备与振动筛分级机相比的特点是效率高，效果相差不大，价格高。

（3）滚杠分级机，此种分级机是将滚杠连接成传动轴的形式，在滚杠整体向前传动的同时滚杠本身产自转，尺寸由小到大，红枣在经过滚杠时在相应大小的尺寸中被分离出开，从而达到分级的目的。此类机器比上述的两种机器分级的效果好，效率高，但格价也较高。

机械分级后，用人工将鲜枣中病虫、日灼、碰压与裂果等果面损伤严重的果实或干枣中干条、破头、浆头与病虫危害等损伤较重、外观缺陷明显不符合等级指标要求的果实，挑选出来，枣果分级即完成。

第四节　枣果质量的鉴定

一、干枣等级规格质量鉴定

干枣等级规格质量的鉴定，应根据交接双方的约定，执行国家或地方等级规格质量标准。各产地如果没有等级规格质量标准的应在干枣上市前，根据等级质量指标制定干枣的等级规格标准样品，作为收购中掌握验级的依据。干枣的干湿程度应以不超过标准规定含水量为准。

1. 果形及色泽　将抽取的样枣，放在洁净的平面上，逐个用眼观察样枣的形状和色泽，记录观察结果，对照标准规定或标准样品作为评定的依据。

2. 个头　从样枣中按四分法取样 1 000g，注意观察枣果大小和均匀度，清点枣果的数量，按数记录，并检查有无不符合标准规定的特小枣。

3. 肉质　干枣果肉的干湿和大小程度，以制定的标准规定或标准样品为根据。如双方对感官检验结果存在分歧时，可以按标准规定的含水率和参考指标，测定干枣的水分或可食率，作为最后评定根据。

4. 杂质　采用原包检验的方式，开验件数不可低于规定的检验件数，检验时将红枣倒在洁净的板或布上，用肉眼检查沙土杂质，连同袋底存有的沙土一起称重，按下面公式计算百分率：

杂质含量＝（杂质总重量/样枣总重量）×100％

5. 不合格果　从样枣中随机取样 1 000kg，用眼检查，根据标准规定分拣出不熟枣、霉烂枣、浆头枣，破头、油头及其他损伤枣，记录果数，按下面公式计算各单项不合格果的百分率：

单项不合格果（％）＝[单项不合格枣数（重量）/样枣数（重量）]×100％

各单项不合格枣果百分率之和即为该批干枣不合格枣的百分率。

二、枣果硬度的鉴定

使用 GY－1 水果硬度计对成熟期枣果硬度进行测定。

1. 调零　使用前转动表盘，使指针与表盘的第一刻度线重合。

2. 去皮　将枣果待测部分的果皮削掉。

3. 测量　左手紧握果实，右手持硬度计，使硬度计垂直于被测水果表面，压头均匀压入水果内，此时驱动指针开始驱动指示指针旋转，当压头压到刻度线（10mm）处停止，指示指针指示的读数即为枣果的硬度，取三次平均值。

三、枣果营养成分的鉴定

枣果的营养成分主要有总糖、酸、维生素 C、蛋白质、脂肪、氨基酸、矿质元素等多种人体所需的营养物质，各营养物质的含量因枣果的种类和果实发育期不同而差异较大，对枣果营养成分的分析一般将枣果样品送到具有资质的第三方检测机构进行检测。

1. 枣果样品的采集 采用S形选样法，每枣园确定样株5～7株数，在每样株的外围东西南北四个方位，每个方位选择3～6年生结果枝中上部中庸健壮的二次枝采集枣果30个，各样株上的枣果采集后混合一起，取其1/2作为被捡样品备存。鲜枣营养成分测定所需样品在脆熟期采集，干枣营养成分测定所需样品在晚熟期采集。

2. 枣果样品的保存 鲜枣的质量检测要求现采集现检测，不可久存，干枣样品装食品塑料袋后存放到冰箱即可，待检测时取出即可送检。

3. 枣果样品的送检 一般将枣果样品送至具有资质的第三方检测机构检测。鲜枣样品送检时要注意保湿，防止枣果脱水影响枣果品质。一般鲜枣送检时将枣果放入保鲜袋中后，再放适量的袋装冰块，以利降温防止枣果脱水。

第五节　枣园采收机械

新疆枣果采收作业主要依赖人工，存在劳动强度大、采收效率低、成本高、周期长等问题，枣果机械化采收已经成为红枣产业发展的必然趋势。目前，典型的枣果收获机械分为以下4种。

一、4YS—24型红枣收获机

该机由机架、果树振摇装置和液压控制系统组成。枣树振摇装置安装于机架后部并通过铰接与机架相连，其夹持和振摇枣树的动作由液压控制系统操作，能相对拖拉机前进方向进行横向采果作业。工作时先将枣树振摇装置的钳式振动头夹持树干，然后由拖拉机动力输出轴PTO（Power Take Off）传递动力经由液压控制回路到钳式振动头，由液压马达驱动振动头内置的偏心振动机构，从而使振动头振动。振动头产生的机械振动传递给枣树，树枝在接受了外加的强迫振动后以一定的频率和振幅振动并加速运动，从而使枣果掉落。该机对种植行距 4m 以上、树干直径范围为 8～20cm 的枣树有较好的适应性。

二、4ZZ—4 自走式红枣收获机

该机由自走式底盘、机架、采摘装置、集果装置、输送系统、驱动装置、液压系统、转向机构、集果箱等组成，采用全液压后轮驱动，转向机构由液压系统控制，机架与自走式底盘连接，采摘装置放置在集果装置上方，对称固装在机架两侧，集果装置与连接在机架上的输送系统相连。工作时收获机骑跨在枣树上，采摘滚筒从枣树两侧通过；转动过程中拨杆插入树冠并以高频小振幅振动，同时拨杆将其振动传递给树冠；枣果在振动过程中运动加剧，当惯性力大于枣果与枣吊结合力时枣果掉落，完成枣果采摘；采摘后的枣果落入集果装置，并经输送带运输至集果箱，完成整个收获过程。该机使用时要求枣园行距在 2.5m 以上，枣树树形呈筒状，枣果成熟期集中，同一行内品种一致，枣树高度在 2.2m 以下，最低结果枝位置不低于 0.4m，表皮不宜破损的红枣。

三、落地红枣收获机

该机由清扫装置、仿形铲枣装置、红枣输送装置、柴油机、传动系统、电启动装置、集枣箱、手推扶杆、行走轮及机架等部分构成。工作过程中，手推扶杆在电动机作用下推动机具向前行进作业，机具最前方的清扫装置通过清扫辊刷将枣行间的“红枣带”清扫聚拢成垄状。机具向前行进时，仿形铲枣装置将形成垄状的红枣铲起，红枣中的土块、石子等杂质从仿形铲枣装置的去杂缝隙中漏出，实现杂质与红枣分离。红枣不断向仿形铲枣装置尾部移动，沿红枣输送装置输送到筛条上实现进一步分离，最终落到集枣箱，完成红枣收获。除行走以外的动力均由柴油机提供，通过调整轮调节手轮可实现清扫装置最下端清扫刷丝的变形量控制和清扫辊刷对地压力的控制。

四、气吸式红枣收获机

该机由风机、吸管、三通管道、集枣箱、柴油机、排杂门、转向把手、行走轮、分选箱及机架等部分构成。工作过程中，风机在柴油机作用下转动产生足够的风速，在管道作用下使吸管产生足够负压用以捡拾红枣与杂物。当红枣与杂物经吸管进入三通管道时，因气流方向改变，三通管道出口处为正压值，红枣与杂物被气流吹送到分选箱内，因气流管道变大，流速减慢，质量较重的红枣沿着分离箱壁落入集枣箱中，质量较轻的枣叶等杂物被吹送到排杂门、吹出分选箱，进而完成整个红枣捡拾与杂物分离过程。

第六节　枣的加工

一、原枣类

(一) 干制

原枣，是枣果干制后的一种形态。枣果完熟后，果内水分仍在45%～50%，甚至55%以上，水分多、糖分高，易感染真菌、细菌，加之呼吸强度高，不断放出大量呼吸热，因此常温下易于腐烂霉变。因此，通过干制将枣果的水分控制在25%以下。常用制干方法有吊干法、晾干法和晒干法。

1. 吊干枣　枣果在树上自然吊干后再采收，是目前新疆枣区常用的枣果制干方法。此方法制干的枣果品质最好，色、香、味均佳，保持枣果原有的风味，商品性最高。

2. 晾干法　用自然通风的方法，使枣果逐渐散发水分成干枣。此法适用于干旱少雨的枣区，果皮已皱缩枣果80%以上。将枣果堆放于通风的水泥地板上或大型的编筐内，堆放厚度不超过30～40cm，1d翻动1次，当枣果全部皱缩时制干完成。用此法制成的干枣，色泽鲜艳，外形比较饱满，皱纹少而浅、比较美观。但制作时间较长，需要较大的房舍或场地。

3. 晒干法　是干制枣最常用的方法。适用于旱有雨的枣区，果皮已皱缩枣果70%以上。按枣果的干湿程度将枣果分开，一般分果皮皱缩枣和光皮枣，然后分别将枣果摊在场院的水泥地上，皱缩枣厚度40～50cm左右，每隔3～5d上下翻动1次。光皮枣摊放厚度10～15cm，50～70kg/m^2。每天上下翻动2～3次，使其干燥均匀。夜间将枣收成垄用塑料覆盖，防止着露返潮。第二天日出后摊开再晒，当枣果含水量降至25%以下或果皮皱缩枣果达95%以上时，即可分级销售。

该方法简便易行，晒制的枣果品质较好，色、香、味均佳，耐运输；缺点是干制时间较长，营养成分损耗大，尤其是维生素C的损失多，若遇阴雨天气易烂果，而且在晒制过程易入沙土等杂物，影响枣果的商品性。

（二）免洗红枣

免洗红枣是指经过筛选除杂、清洗、烘干、包装等工艺加工而成的原枣粗加工产品，卫生指标符合国家标准要求，可以直接食用的枣果制品。

目前免洗红枣在所有枣果制品中占的比例最大，也深受消费者的喜爱。

免洗红枣加工工艺是所有枣果制品中最简单的，加工方法也比较多，但由于加工工艺不同，产品外观也有所不同，选择合适的加工工艺加工出来的品质优良的枣果色泽深红色，有光泽，果形饱满。反之则颜色发乌，发暗，枣纹深，感官效果不佳。免洗加工工艺操作如下。

1. 工艺流程

原料选择→分级→清洗→干燥→降温→人工分选→包装→成品

2. 各工艺关键操作点

（1）原料选择。必须选择完熟期以后采摘的。否则干物质积累不够，含糖量达不到标准，营养价值低，口感差，果形饱满度不够，色泽不好，感官差。无虫蛀枣果；无腐烂变质枣果；无风落枣、干条枣；枣果色泽一致，呈现所属品种应有的色泽。

（2）分级。依靠机械按枣果大小不同分成不同的等级，使各个等级红枣大小均匀。按照 GB/T5835—2009 标准要求，干制小枣一般分为特等、一等、二等、三等四个等级。干制大枣一般分为一等、二等、三等三个等级。

（3）清洗。用不锈钢清洗机清洗，一般清洗两遍，先用 55～60℃的热水进行清洗，然后再用冷水进行清洗。

（4）干燥。常用的干燥方法有烘干机干燥法；微波干燥法；烘房干燥法等，最常用的是烘房干燥法。

将枣果放入食品级塑料托盘中，2～3 层枣的厚度，将塑料托盘放置在不锈钢架上，推入烘房中，加热温度 50～65℃，加热时间根据原料含水量不同、等级不同、品种不同及最终成品要求不同而不同。GB/T5835—2009 标准要求，干制小枣含水量 28%以下、干制大枣含水量 25%以下，即可停止加热干燥。

（5）降温。枣果烘干后包装前需要降温，一般采用自然降温法，30min 左右即可。

（6）人工分选。挑出枣果中的浆烂果、虫果、机械操伤果、被动物啃食的果、畸形果、色差大的枣果及其他不符合要求的枣果。

（7）包装。根据包装要求对产品进行内包装，采用食品级塑料袋包装，包装后产品处于密闭状态，为了延长保存期，包装袋内可放置除氧剂，包装后的枣果按照外包装箱的要求进行装箱，然后密封。

（8）成品保存。包装后成品保存的库房必须达到产品保存条件，需做防虫、防鼠、防蝇、防潮等处理，进入库房后还要防止阳光照射等措施。

（三）枣干

枣干是指以红枣为原料，经过清洗、晾干、去核、切片、烘干挑选等工艺制成的即食枣果干脆片。

1. 工艺流程

原料（红枣）选择→清洗→烘干表面水分→去核→切片→烘

干→分选→包装→检验入库

2. 各工序操作要点

（1）原料（红枣）选择。选择果型饱满、个头均匀，肉质肥厚，无霉烂、浆头，无病果、虫果，无机械损伤的优质枣果。

（2）清洗。将筛选过的原料进行清洗，第一遍一般用热水清洗，水温控制 55～65℃之间，第二遍用冷水清洗。

（3）烘干表面水分。将清洗后的枣果平摊在塑料托盘中，送入烘房中，烘房温度 55℃左右，一般烘 30min 左右，烘至表面干燥，即可停止加热，自然冷却。

（4）去核。清洗烘干后的枣果用不锈钢去核机去核，要求去核干净，不得有碎核、残核及未去除的现象发生。

（5）切片。采用不锈钢切干机沿去核枣果的横切面进行切片，厚度均匀，一般厚度为 2～3mm。

（6）烘干。将切好的枣干均匀放入塑料托盘中，厚度 2～3cm，然后送入炕房进行烘烤，温度 60～70℃，时间 12～14h，烘至含水量 6%以下即可出库。

（7）分选。将烘好的枣干送入分选室，进行人工分选，挑出碎片、黑片，不规则片等不符合要求的枣干。

（8）包装。将验收合格的枣干按包装要求的规格装袋，或装盒覆膜，然后装箱。包装要做到外包装干净，无破损、封口整齐、胶带纸平整、生产日期或批次等内容清晰，同时还要做到内装数量或质量与外包装箱所批示的数量相同。

（四）冻干枣

冻干枣干是指枣果经过清洗、去核、切片、护色、预冻、升华干燥、解析干燥、分选、包装等工艺制成的枣果制品。它的特点是锁鲜急冻，急速降温，使食物中的水分形成均匀的冰晶，然后在一定的真空条件下使冰晶直接升华，达到低温脱水的目的，锁住食品的色、香、味、形；保持食物原有结构，无收缩、变形现象。产品口感酥脆，色香味好。

1. 工艺流程

原料选择→清洗→去核→切片→护色→预冻→升华干燥→解析干燥→人工分选→包装→成品

2. 操作要求

（1）原料选择。选择新鲜成熟优质的枣果为原料，无霉烂、浆头，无病果、虫果，无机械损伤。

（2）清洗。采用不锈钢毛刷清洗机进行清洗，先在前端水槽中浸泡2～3min，水温50℃左右，然后经过毛刷用冷水清洗，彻底刷掉枣果表面的泥沙等物质，最后用流动的冷水在滚杠上进行冲洗。

（3）去核。采用不锈钢去核机去核，要求去核干净，不得有碎核、残核及未去除的现象发生。

（4）切片。对去过核的鲜枣进行切片，要求切刀锋利，片厚2mm左右，厚度均匀。

（5）护色。将切好的枣片放入pH为3，水温为90℃的水中，漂烫60s护色处理。

（6）预冻。枣片冷冻干燥的适宜工艺参数为预冻温度－40～－35℃，冻结时间2h左右。预冻温度过低，延长干燥时间，增加能耗，降低冻干效率。预冻温度过高，物料未完全冻结，未冻结水分干燥时发生气化，在抽真空时，水分气化会使物料发生沸腾和起泡，产品形态收缩、变形等。

（7）升华干燥。去除枣片中的自由水，这部分水分活动比较自由，比较容易脱除，升华干燥时干燥仓压强20～50Pa。

（8）解吸干燥。去除枣片中的结合水，结合水分子结合力比较大，在脱除过程中非常困难，解析干燥时干燥仓压强10～30Pa。

（9）人工分选。分选出残次片、机械损伤片及碎片等不合格品。

（10）包装。将验收合格的冻干枣按包装要求的规格装袋，或装盒覆膜，然后装箱。包装要做到外包装干净，无破损、封口整齐、胶带纸平整、生产日期或批次等内容清晰，同时还要做到内装数量或质量与外包装箱所批示的数量相同。

冻干枣不仅满足了消费者对色、香、味及口感的需求，还追求天然、营养、安全、健康，深受广大消费者的喜爱，发展前景广阔。

（五）奶枣

奶枣是用枣、奶粉、棉花糖、黄油为原料制作而成的，口感层次丰富，零食甜而不腻。

1. 制作工艺

原料选择→清洗→烘干表面水分→去核→塞坚果→裹奶油→沾奶粉→过筛→包装→成品

2. 各工序操作要点：

（1）原料（红枣）选择。选择果型饱满、个头均匀，肉质肥厚，无霉烂、浆头，无病果、虫果，无机械损伤的优质枣果。

（2）清洗。将筛选过的原料进行清洗，第一遍一般用热水清洗，水温控制 55～65℃之间，第二遍用冷水清洗。

（3）烘干表面水分。将清洗后的枣果平摊在塑料托盘中，送入烘房中，烘房温度 55℃左右，一般烘 30min 左右，烘至表面干燥，即可停止加热，自然冷却。

（4）去核。清洗烘干后的枣果用不锈钢去核机去核，要求去核干净，不得有碎核、残核及未去除的现象发生。

（5）放坚果。坚果要先炒熟，口感香脆。将坚果塞入红枣中。

（6）裹奶油。锅中放入黄油，开小火慢慢加热，将黄油煮溶化后，再将棉花糖倒入锅中融化，然后再倒入适量奶粉，将上面混合液翻拌均匀。将处理好的红枣巴达木倒入锅中，翻拌均匀，让每颗红枣都裹上混合液。

也可以制作不同口味的奶枣，在融化上面混合液时加入抹茶粉或者可可粉等。

（7）粘奶粉。把裹满混合液的红枣放入奶粉中，要快速将每颗红枣分离，使每颗红枣外层均匀裹上一层奶粉。分离的速度要快，不然冷却后红枣全粘连在一块就很难分开。

（8）过筛。等枣完全冷却后，将粘好奶粉的红刺放入筛子中，筛去多余的奶粉。

（9）包装。采用食品级塑料袋包装，包装物必须是食品级的，包装后产品处于密闭状态，为了延长保存期，包装袋内可放置除氧剂。将包装后的红枣按照外包装箱的要求进行装箱，然后密封。

二、枣饮类

（一）红枣核桃乳

红枣核桃乳是以红枣、核桃为主要原料，添加食品添加剂单双甘油脂肪酸酯、黄原胶、蔗糖脂肪酸酯、碳酸钠等辅料，经过提取枣汁、制作核桃乳、调配、均质、杀菌、罐装等工艺制作而成，它兼具了红枣与核桃的营养价值，含有丰富的蛋白质、多种维生素、膳食纤维、脂肪、矿物质及微量元素等，具有安神、补血、健脑、增强免疫力等功效。

1. 生产工艺流程

（1）红枣汁的提取。

红枣选择与处理→清洗→浸泡→提取枣汁（预煮→破碎→压榨）重复三遍→过滤→红枣汁

（2）核桃乳的制作。

核桃选择→去壳→挑拣→烘烤→热浸→（磨浆→过滤）重复两次→两次滤液合并

（3）红枣核桃乳调配制作。红枣汁、核桃乳按比例混合

乳化剂乳化
添加剂乳化 } →搅拌→高压均质→脱气→杀菌→装罐→贴标→装箱→成品

2. 各工艺操作要点

（1）红枣汁提取。

①红枣选择与处理。七分靠原料，三分靠工艺，生产红枣核桃露要选择优质的原料。要求红枣成熟度好，无霉烂变质，去除病虫果、不熟果等不合格的枣果。

②清洗。先用清水洗净，去除掉红枣上的灰尘，然后再用纯净水清洗两遍。

③浸泡。把清洗后的红枣放置在不锈钢罐中，加红枣重量 4 倍的纯净水，浸泡 12h 左右，目的是为了让红枣吸水，减少水煮时间。

④提取枣汁（预煮、破碎、压榨）。把浸泡后的红枣大火加热煮沸，改用小火持续加热 60min，加热过程中不停搅拌，水量减少时，可适当补充纯净水。加热完成后再浸泡 20h，使红枣充分吸水，一方面便于破碎，另一方面可把红枣中的各种可溶性物质充分提取出来。水煮浸泡后的红枣已充分吸水膨胀，用破碎机把红枣打碎，但注意不能把枣核打碎，避免枣仁中的苦味进入到枣汁中，把破碎后的红枣用压榨机进行压榨，压榨出的枣汁置不锈钢罐中备用。把压榨后的枣渣再加纯净水，重复以上操作两遍，重复时加水量为第一次加水量的 1/2，煮沸后持续加热 20～30min 即可，加热的过程中要不停搅拌，否则容易糊锅，加热结束后浸泡时间可缩短为 2h，然后压榨提取枣汁。把以上三次提取的枣汁合在一起备用。

⑤过滤。先用过滤网粗滤，去除掉提取的枣汁中的枣渣、枣皮、枣核等物质。然后再置于 200 目的振动筛中过滤，更好地去除掉提取液中的红枣纤维等杂质。

⑥红枣汁浓缩。在真空度 82.7～90.6KPa 条件下浓缩，由于物料不受高温影响，避免了热不稳定成分的破坏和损失，更好地保存了原料的营养成分和香气。特别是某些氨基酸、黄酮类、酚类、维生素等物质，可防止受热而破坏。而一些糖类、蛋白质、果胶、黏液质等黏性较大的物料，低温蒸发可防止物料焦化。

当红枣汁达到规定浓度时停止浓缩，浓缩后的红枣汁为深红色。

（2）核桃乳制备。

①核桃的选择、去壳、清洗。选择果型大、果仁饱满的核桃，无霉变、无虫蛀、无腐烂，核桃仁呈淡黄色，断面为白色，去壳后要进行挑选，去除掉坏的、瘪的核桃仁以及皮、壳等杂质。

②核桃仁烘干。在烘房中烘干，温度 60℃，热风干燥一般

50～60min，根据核桃仁含水量不同适当延长或缩短烘干时间，使核桃含水量降至5%以下，核桃仁香味浓郁，此工艺对后期饮料的口感起着至关重要的作用。

③热浸。采用70～80℃的热水浸泡1～2h，用手折一下，核桃仁变得较为松软即可，方便下一步更好地磨浆。

④磨浆、过滤。把核桃仁置于胶体磨中加适量水循环磨浆，然后过150目振动筛过滤，滤渣再循环磨浆，再过150目振动筛过滤，两次制作的滤液合并。核桃乳的颜色为乳白色，香味浓郁，长时间放置会有沉淀。

（3）红枣核桃乳调配制作。

①调配。首先把制备好的红枣汁、核桃乳按比例输送到调配罐中。其次把称量好的乳化剂加入乳化罐中，关闭管道进料阀门，开启乳化泵剪切15～20min，使乳化剂完全乳化，然后输送到调配罐中。再把其他添加剂溶解后加入乳化罐中，关闭管道进料阀门，开启乳化泵剪切5～10min，充分乳化后，然后输送到调配罐中；最后将各种物料都加入调配罐后，加纯净水定容到规定容量，在65～70℃温度下，搅拌20min，使物料充分混合。

②高压均质。搅拌均匀的物料过150目的振动筛，然后进行高压均质，均质压力为25MPa。均质的目的是使物料中不同粒度、不同密度的颗粒进一步破碎并使之均匀，增加饮品的亲和力，抑制出现分层、沉淀现象，使饮品保持均一稳定，压力和温度是影响均质效果的极为重要的参数，采用高压均质机，主要依靠巨大的压力差，使脂肪粒受到剪切、高速撞击而破碎，成为更细小的脂肪粒，增加了脂肪球的表面积，从而增加了蛋白质在脂肪球表面的吸附力，使脂肪球比重增大，浮力变小，增加了乳化效果。

③脱气。在该工艺中，脱气在均质之后。目的主要是为了脱去均质中混入的空气。脱气压力为0.07～0.08MPa，温度80～85℃。

④罐装与杀菌。对处理好的物料进行超高温瞬时灭菌，灭菌条件为139℃，15s，然后进行罐装，得到红枣核桃乳成品。

三、枣的糖制

（一）枣片

枣片是优质枣果、苹果为主要原料，添加白砂糖、麦芽糖浆、柠檬酸等辅料，经过清洗、预煮、打浆、调配、浓缩、成型、干燥、包装等工艺加工而成的均匀片状枣制品。

1. 红枣片的制作工艺

辅料处理
↓
原料选择与处理→清洗→预煮→打浆→调配→浓缩→冷却→摊片→烘炕→揭片→切片→包装

2. 各工艺关键点

（1）原料选择与处理。制作枣片的主要原料是枣果、苹果，枣果要求成熟度好，无虫蛀，无霉烂变质；苹果要选择淀粉含量低的品种，做出的红枣片透明度好，韧性强，口感劲道，常选用的品种有红富士，苹果要剔除腐烂变质的部分，去除果柄。

（2）清洗。将称量好的原料采用洗果机清洗，清洗两遍，洗去原料表面的尘土、泥沙杂质等。枣果、苹果分开清洗，清洗方式相同。

（3）预煮。枣果、苹果预煮的时间不同，要分开预煮，可在夹层锅中进行，也可采用真空预煮机预煮，前者煮的时间要长一些，枣一般要1～2h，煮苹果的时间要短一些，手捏原料易于破碎即可，夹层锅预煮生产效率较低，设备成本也低；在真空预煮机中预煮生产效率高，设备成本也高，清洗干净的原料经提升机进入预煮机内，打开预煮机送水阀门加适量的水，然后打开送气阀门，在0.25～0.35MPa压力下红枣煮40min左右，苹果煮25min左右即可，预煮结束后要检查煮的效果，如达不到要求要延长预煮时间。

（4）打浆。预煮结束后开始打浆，打开预煮机下端阀门，阀门处有遮挡网，使煮原料的水流出，打开提升机、打浆机，提升机将原料送入打浆机中，果皮、核等残渣从出渣口排出，为使浆料更细腻，浆料从打浆机出料口流出后通过传送装置进入胶体磨，此时启动胶体磨，原料从胶体磨出口流出后进入原料暂存罐，苹果浆和枣浆分开存放备用。胶体磨不能空转，否则会缩短胶体磨使用寿命。如果上一道工艺采用夹层锅预煮，需要人工把原料捞出进行打浆。

（5）辅料处理。将称量好白砂糖、麦芽糖浆、柠檬酸等各种辅料加入夹层锅中，加入适量的水，然后开始加热至辅料完全融化，加热过程中要不断搅拌，防止局部过热焦煳。

（6）调配。把枣浆、苹果浆及处理好的辅料按比例抽进暂存罐中，搅拌 8～10min，使各种配料完全搅拌均匀，置暂存罐中备用。

（7）浓缩。打开蒸汽阀送气加热，使物料在压力为 0.3Mpa 左右的条件下浓缩一段时间，浓缩时间与物料量及气压都有一定的关系，如果气压不稳定，可根据情况适当延长或缩短浓缩时间。当物料的含水量在 60%左右时，最适宜生产需求，要停止浓缩。

（8）冷却。浓缩结束后，将物料抽到冷却罐中，打开冷凝水开关，开启搅拌器搅拌，一般需冷却 2～3h，当温度降至 40℃左右时即可停止冷却，物料存放在冷却罐中备用。

（9）摊片。采用摊片机进行摊片，将物料抽至摊片机贮料槽中，把钢化玻璃放置在摊片机上，打开贮料槽下端出料口，物流流至钢化玻璃的贮料框内，开启刮板装置，将物料刮平，一般物料厚度 3mm 左右。要求片厚均匀一致，表面平滑。为使生产操作方便，钢化玻璃长一般为 60～70cm，宽为 40～50cm，制作出的枣片长、宽均比钢化玻璃尺寸小 3cm 左右。

（10）烘烤。将摊好物料的钢化玻璃放到置物架上，当置物架装满后移至烘房中，在烘房内采用热风进行烘干，烘烤温度控制在 55～60℃，一般需要烘烤 18～24h，烘烤过程中，要时刻关注烘烤温度，温度过高时，会出现物料表面失水过快干结，内部水分排出很慢，枣片含水量不均匀；烘烤温度过低时，会造成烘烤时间延长，生产效率低。烘烤结束时，用手按压枣片，会感觉到枣片有弹性，软硬适度，不粘手。等烘烤结束后，关闭蒸汽阀停止加热，同时关闭风机，然后打开烘房门，自然降温。

(11) 揭片。揭片是指把枣片从钢化玻璃上揭下来的过程。等枣片温降至 40～45℃时，立即出烘房揭片效果最好，高于此温度时，枣片容易揭烂，低于此温度时，枣片粘到钢化玻璃下不容易揭下来，也容易揭烂，使废品率增加。揭片时先用铲刀将枣片边缘铲起，用手拉着一边，把枣片从钢化玻璃上拉下来，要求用力均匀，防止揭烂；再将揭下的枣片放入贮物托盘内。

(12) 切片。切片是指把揭下来的枣片切割成规定规格大小的过程。采用枣片切片机切片，切片过程中应注意防止有毛边，斜边等不符合要求的枣片，如出现毛边，应及时清洗切片机切刀，出现斜边应及时调整切片机。切出的枣片要求边缘整齐，大小一致，形似口香糖。

(13) 包装。把切好的枣片采用自动包片机进行包装，然后装入盒中，打印上生产日期。

枣片酸甜可口，可以长时间保存，深受消费者的喜爱。如果喜欢其他口味的，在添加辅料时可以添加进去不同口味的香精，如橘子味、芒果味、草莓味、菠萝味、蓝莓味等，制作成的枣片就有了不同的口味，果味枣片深受小朋友们的喜爱。

（二）蜜枣

蜜枣是一种传统食品，属于蜜饯类。它是经过原料清洗、去核、浸泡、糖煮、糖渍、烘干等工艺制作而成的。

生产蜜枣可以用鲜枣为原料，也可用干枣为原料，二者生产工艺稍有差异，本工艺采用干枣为原料。

1. 工艺流程

原料选择→清洗→去核→浸泡→糖煮→糖渍→烘干→人工分选→包装→成品

2. 各工艺操作要点

(1) 原料（红枣）选择。选择果型饱满、个头均匀，肉质肥厚，无霉烂、浆头，无病果、虫果，无机械损伤的优质红枣。

(2) 清洗。将筛选过的原料进行清洗，第一遍用热水清洗，水温控制 55℃～65℃之间，第二遍用冷水清洗。

(3) 去核。清洗烘干后的枣果用不锈钢去核机去核，要求去核干净，不得有碎核、残核及未去核的现象发生。

(4) 浸泡。将去过核的枣果放入浸泡池中，加入适量的水进行浸泡，浸泡时间 1.5h 左右，使枣果吸收一定的水分，枣纹弹起。

(5) 糖煮。把枣放入锅中进行糖煮，糖液浓度在 55%左右，要没过枣果，在煮的过程中要多次补充糖液，补充糖液浓度 50%，煮 1.5h 之后，要加高浓度糖液或采用分次加糖的方法提高糖液浓度，使糖液浓度在 65%左右。整个糖煮过程 2h。也可用真空压力锅进行糖煮，可缩短糖煮时间。

(6) 糖渍。将煮过的枣和糖液一起放入贮存罐中进行糖渍，一般糖渍时间 24～36h。

(7) 烘干。把糖渍好的枣沥干糖液，装入塑料托盘中，2～3 层枣的厚度，前 2h 烘烤温度 50～55℃，然后逐渐提高烘烧温度至 65℃左右，烘烤时间 18～24h，烘烤至蜜枣表面干燥即可停止加热。

(8) 人工分选。挑出杂质、碎蜜枣、外形不完整裂开的蜜枣等不合格品。

(9) 包装。将人工分选后的蜜枣按包装要求的规格装袋，然后装箱。包装要做到外包装干净，无破损、封口整齐、胶带纸平整、生产日期或批次等内容清晰，同时还要做到内装数量或质量与外包装箱所批示的数量相同。

四、发酵类

(一) 枣酒

1. 工艺技术流程

原料选择、处理→清洗→焯水→浸泡→提取枣汁（预煮→破碎→压榨）重复三遍→粗滤→枣汁浓缩、调整→杀菌、澄清（添加 SO_2）→主发酵（加酵母）→倒罐→陈酿→澄清、过滤→调配→精滤→杀菌、装瓶→成品

2. 各工艺操作要点

(1) 原料选择与处理。枣果成熟度好，无霉烂变质，去除掉不

合格的红枣。

（2）清洗。先用清水洗净，去除掉枣果上的灰尘，然后再用纯净水清洗两遍。

（3）焯水。清洗后的枣果要用开水焯一下，目的是为了去掉枣果中的苦味，否则发酵出的枣酒会略带苦头。焯水时：先把纯净水烧开后，再把枣倒入水中，水要在3min内烧开，将枣中慢慢有白沫冒出后，再煮3min左右，即可捞出枣果。枣果一次加入量不能太多，否则需要煮较长的时间才能冒出白沫，营养损失较大。

（4）浸泡。把焯过的枣果放置在不锈钢罐中，加枣果重量4倍的纯净水，浸泡12h左右，目的是为了让红枣吸水，减少水煮时间。

（5）提取枣汁（预煮、破碎、压榨）。把浸泡后的枣果大火加热煮沸，改用小火持续加热60min，加热过程中不停搅拌，加热过程中如果水量减少，可适当补充纯净水。加热完成后再浸泡20h，使枣果充分吸水，一方面便于破碎，另一方面可把红枣中的各种可溶性物质充分提取出来。水煮浸泡后的枣果已充分吸水膨胀，用破碎机把枣果打碎，但注意不能把枣核打碎，避免枣仁中的苦味进入到枣汁中，把破碎后的枣果用压榨机进行压榨，压榨出的枣汁置不锈钢罐中备用，把压榨后的枣渣再加纯净水，重复以上操作两遍，重复时加水量为第一次加水量的1/2，煮沸后持续加热20～30min即可，加热的过程中要不停搅拌，否则容易糊锅，加热结束后浸泡时间可缩短为2h，然后压榨提取枣汁。把以上三次提取的枣汁合在一起备用。

（6）粗滤。把提取液用过滤网过滤，去除掉提取的枣汁中的枣渣、枣皮、枣核等物质。

（7）枣汁浓缩、调整。把过滤后的枣汁浓缩，为缩短浓缩时间，减少枣汁中营养物质损失，采用真空浓缩，在浓缩过程中要多次检测折光度，测定枣汁的含糖量。

①含糖量。果酒行业标准规定，酒精度应在7～18%vol，理论上含糖量每增加17g/L可增加酒精度1%vol。根据枣酒成品需要达到的酒精度来调整含糖量，一般采用浓缩提取液的方法，也可以加入白砂糖，但白砂糖添加量一般控制在发酵枣汁总糖含量30%

以内，否则会影响枣酒口感。加糖要在发酵启动后第二天或第三天，这时发酵最旺盛，酒中酵母含量达到最大，酵母活力旺盛，这时候加糖，有利于发酵的比较彻底，不留下残余糖，保证酒的稳定。

②含酸量。不同品种的枣果含酸量不同，一般情况下使其提取的枣汁含酸量为0.5%～0.8%比较适易加工枣酒，枣果品种不同含酸量会有差异，有些品种的枣含酸量偏低，可采用含酸量高的品种的枣汁来增加酸度，也可以通过化学方法增加酸度，但必须在酒精发酵开始时添加酸。

添加方法：用少量的红枣汁把酸溶解，然后均匀地加进发酵液中，并充分搅拌均匀。

(8) 杀菌、澄清（添加 SO_2）。目的是杀灭红枣汁中的杂菌，并使枣汁澄清。

微生物抵抗 SO_2 的能力是不一样的，细菌最敏感，而酵母菌抗 SO_2 能力较强。

添加 SO_2 一般采用直接加入加压冷冻成液体的 SO_2，或者加入焦亚硫酸钾（$K_2S_2O_5$）。理论上焦亚硫酸钾中 SO_2 含量为57%，但在实际使用中，其计算量为50%，欧盟规定，红葡萄酒的 SO_2 含量小于160mg/L，参照这个标准，枣汁中焦亚硫酸钾的添加量应小于320mg/L。实际生产中根据需求调节 SO_2 的添加量一般为100mg/L左右，添加量多时会影响枣酒的口感。

SO_2 的添加，推迟了枣酒的发酵，有利于枣汁中的悬浮物沉淀，使枣汁澄清。SO_2 具有抗氧化作用，能阻碍枣汁中酶的氧化，同时也减少了单宁、色素的氧化。

(9) 主发酵。经过 SO_2 处理后的枣汁，在不锈钢恒温发酵罐进行发酵。

①人工选择酵母培养枣酒酵母。

工艺流程如下：

提取红枣汁→杀菌→试管培养→三角瓶培养→大广口瓶培养→酵母桶培养→生产用枣酒酵母

此方法优点是可选择自己需要的酵母，缺点是费时费力，且菌种容易被污染。

②采用活性干酵母加工枣酒。目前市场上售有专门的果酒酵母，其特点是应用广泛，使用方便，且易保存。

在枣酒的发酵过程中，温度控制非常重要。温度过高，会影响枣酒的品质，使枣中的芳香物质挥发，糖分发酵不完全，更高的话会影响酵母菌的活动，导致发酵中止，引起细菌性病害；温度较低时，会使发酵速度缓慢，枣酒味淡、薄、寡，当温度过低时会使酵母菌休眠，发酵停止。枣酒主发酵温度一般在 15～22℃，16～20℃效果较好，发酵比较彻底，枣酒醇厚，品质好。

发酵过程中要做好记录：

一是原料：品种、用量、提取枣汁的量、比重、含糖量、总酸；

二是发酵过程：每天记录发酵温度和比重的变化，并绘制出温度和比重的变化曲线；定期检测酒精度，并绘制温度与酒精度变化曲线。并根据上面曲线调整发酵温度，确定主发酵终点。

（10）倒罐。倒罐在发酵过程中进行。一是为了散热，因为在发酵过程中会释放大量的能量，使得温度升高，造成香气的流失，酒的口感变差，所以要控温发酵；二是发酵初期开放式循环可以适当的增加氧气含量，为酵母的大量繁殖提供氧气，后期酵母数量很庞大的时候就进行封闭式循环，使酵母进行无氧呼吸，从而产生酒精。

发酵过程中倒罐频率和次数要根据发酵具体情况调整，下面几种情况需要倒罐：①加酵母时进行第一次倒罐；②添加蔗糖时进行第二次倒罐；③当检测到枣酒含糖量降至 4g/L 时，主发酵基本结束，要进行一次倒罐，其目的是去除酒液底部沉淀的酒泥。酒泥中含有枣肉、枣纤维、杂质、死亡的酵母菌等物质，酒泥的存在会影响酒的口感。

（11）陈酿。主发酵结束后，把枣酒置于不锈钢罐或者橡木桶中陈酿，此时要把发酵桶用同种酒添满，减少与氧气接触，发酵温度 8～10℃，缓慢使之成熟，其间需用虹吸方法换桶 2～3 次，去除酒中沉淀，每次换桶后都要把酒桶添满，陈酿时间 6 个月以上。

在陈酿过程中，原酒中的残糖继续发酵，转化为酒精。

（12）澄清、过滤。原酒经过陈酿基本澄清，但还含有大量的悬浮物质，在枣酒中加入果酒澄清剂，使之与枣酒中的胶体物质和单宁、蛋白质以及色素、金属复合物等悬浮物质发生絮状反应，这些物质慢慢凝固，附着在加入的澄清剂材料上慢慢下沉，使枣酒进一步澄清，然后过滤。澄清后的枣酒比澄清之前颜色稍浅，呈琥珀色。澄清剂的添加量需要试验确定。经过澄清分离的清酒就是枣酒原酒，澄清时间一般为3～5d。

澄清剂有很多种，常用的有皂土、明胶、鱼胶，还有复合胶体材料果酒澄清剂等。

（13）调配。根据枣酒成品需要达到的指标，将枣原酒、枣白兰地、糖、酸等成分按一定比例进行调配。调配后的酒容易出现深沉，因此要存放1～2个月后才能装瓶。

枣酒成品指标可参照NY/T1508《绿色食品　果酒》中的标准制定。

枣白兰地的制作：低度枣酒可通过白兰地蒸馏器蒸馏获得高浓度的蒸馏酒，再经橡木桶贮存而成的酒，叫枣白兰地，在生产低度枣酒时作为调配原料使用。

（14）精滤。枣酒在灌装前采有过滤机进行过滤，目的是去除酒液中的杂质及罐体的沉淀，使酒体清澈透明，感观好，也避免了装瓶后进一步产生沉淀。

（15）杀菌、装瓶。当枣酒酒精度在16%以上时，不需要杀菌可直接装瓶，在16%以下时，需巴氏杀菌后才能装瓶。

（二）枣醋

枣醋饮料是采用纯净水、枣果、枣醋为主要原料，添加蜂蜜、白砂糖、柠檬酸等辅料，经原料处理、调配、灭菌、灌装等工艺制成的红枣醋饮品，有浓郁的枣香味和酸酸的枣醋味，酸甜可口，营养丰富，深受广大消费者的喜爱。

1. 枣醋饮料制作工艺

（1）制作纯净水。生活饮用水→水处理→纯净水

（2）提取红枣汁。枣果选择与处理→清洗→浸泡→提取红枣汁→枣汁澄清过滤→红枣汁→贮存备用

（3）枣醋饮料调配工艺。

蜂蜜、白砂糖、柠檬酸→溶解→过滤→糖浆
纯净水、枣汁、枣醋
}调配→杀菌→灌装→检验→收缩套标、打码→装箱→检测入库→成品

2. 各工艺操作要点

（1）制作纯净水。制作枣醋饮料用水要用纯净水，需要先对饮用水进行处理。采用石英砂过滤器、活性炭过滤器、反渗透等工艺对生活饮用水进行处理，使水质达到饮料用水的要求，贮存在贮水罐备用。

（2）枣选择与处理。生产红枣醋饮料要选择优质的枣果为原料，灰枣是制作红枣醋饮料首选的材料，它不仅含糖量高，还有特殊的枣香味，生产出的饮品口感好。要求灰枣成熟度好，无霉烂变质，去除病虫果、不熟果等不合格的枣果。

（3）清洗。先用流动清水洗净一遍，去除掉枣果上的灰尘、杂物，然后再用滚轮毛刷清洗机清洗，进一步却除掉枣皮皱纹里的灰尘、农药残留等物质，最后用纯净水冲洗。

（4）浸泡。把清洗后的枣果放置在不锈钢罐中，加枣果重量4倍的纯净水，浸泡12h左右，目的是为了让枣果吸水，减少水煮时间。

（5）提取枣汁。采用多次提取法，把浸泡后的枣果大火加热煮沸，改用小火持续加热60min，加热过程中不停搅拌，水量减少时，可适当补充纯净水。加热完成后再浸泡20h，使枣果充分吸水，一方面便于破碎，另一方面可把枣果中的各种可溶性物质充分提取出来。水煮浸泡后的枣果已充分吸水膨胀，用破碎机把枣果打碎，但注意不能把枣核打碎，避免枣仁中的苦味进入到枣汁中，把破碎后的枣果用压榨机进行压榨，压榨出的枣汁置于不锈钢罐中备用。把压榨后的枣渣再加入纯净水，重复以上操作两遍，重复时加水量为第一次加水量的1/2，煮沸后持续加热20～30min即可，加热的过程中要不停搅拌，否则容易糊锅，加热结束后浸泡时间可缩短为2h，然后

压榨提取枣汁。把以上三次提取的枣汁合在一起备用。

(6) 枣汁澄清过滤。先用10目的滤网过滤掉枣汁中的枣渣、枣皮、枣肉、枣核等物质，再用孔径为30～40目过滤网或者振动筛过滤，去除掉提取的枣汁中的枣肉、纤维素等物质，然后加入澄清剂，对枣汁进行澄清，再用板框过滤机过滤，滤网孔径为100目，压力0.6MPa，去除掉枣汁中的沉淀物和悬浮物，经过澄清过滤后的枣汁澄清透明，处理后的枣汁贮存备用。此工艺的目的是为了减少成品产生沉淀。

(7) 调配。调配之前把先把蜂蜜、白砂糖、柠檬酸进行溶解，先在夹层锅中加入适量的水加热，当温度上升至70℃左右时，加入称量好的蜂蜜、白砂糖、柠檬酸等辅料，并不停搅拌，当物料全部溶解之后停止加热，再经板框过滤机过滤得到糖液。

把称量好的枣汁及配好的糖液加入配料罐中，加入适量的纯净水，开始加热，并不停搅拌，使物料充分混合均匀。

(8) 灭菌。采用超高温瞬时灭菌，125℃条件下灭菌18～30s。

(9) 灌装。在无菌灌装车间进行，灌装容器一般采用玻璃瓶，会有较好的感官效果，灌装前瓶子要进行清洗灭菌，避免产品受到污染，采用全自动饮料灌装机进行灌装。

(10) 检验。将灌装好的枣醋饮料在白炽灯下检验，呈透明的枣红色，观察里面是否有微小漂浮颗粒、沉淀和玻璃碎片等杂质，如发现有杂质、不明物等物质等应挑出，扁瓶、漏气瓶、胀盖瓶等也应挑出。

(11) 收缩套标、打码。采用自动套标机进行套标，同时进行热风收缩，然后自动打码机进行打码。

(12) 检验入库。对包装后的产品应由部门质检员按要求产品标准进行检验，检验合格后贴合格证方可入库。

枣醋饮料兼备了枣和醋的益处，能够软化血管，降血压，增强机体免疫力。同时还能抗衰老，降低和抑制人体衰老过程中过氧化物的形成，对肝脏有很好的保护作用。女性朋友经常饮用枣醋，有助于调节内分泌，促进新陈代谢，具有美容养颜，减肥的功效。

（三）枣生姜酵素

1. 工艺流程

（1）发酵玻璃瓶选择→清洗→干燥消毒

红糖、纯酿米醋

↓

（2）原料选择→清洗→干燥→原料处理→装瓶→发酵→过滤→酵素原液→调配→二次过滤→灌装→成品

2. 各工艺操作要点

（1）容器选择。根据需要制作酵素的多少选择容器的大小，容积要求是内容物体积的 1.2 倍以上，原因是发酵时会有气泡产生，如果容器内物料装得过满，发酵时会溢出来，也不利于搅拌。选择透明的玻璃容器，目的是为了方便观察酵素发酵情况。

（2）玻璃瓶清洗、干燥灭菌。把玻璃瓶及其盖子用温水清洗干净，再用纯净水冲洗 3～5 遍，然后放在无菌的工作台上倒扣沥干备用。塑料托盘清洗干净后晾干，在紫外线下杀菌备用。

（3）原料选择与处理。选择成熟好度的优质枣果，要求果型大，肉质肥厚，无腐烂变质果、病虫果、不熟果等。生姜要求新鲜，肉质肥厚，无腐烂变质，无病虫害。使用前要对原料进行检查，剔除掉不合格的原料。

（4）清洗。用流动水把枣果和生姜清洗干净，然后再用纯净水清洗两遍，目的是去除掉生水可能带来的细菌污染。

（5）干燥。清洗后的原料放在塑料托盘上，可以采用自然晾干或者风干，干燥环境必须洁净无污染，干燥温度不能太高，原因是过高的温度会破坏原料中自然存在的酶。

（6）原料处理。去掉枣核，把红枣切成长条状，一般一个枣果切 3 到 4 刀即可。生姜去皮，切成 1～2mm 厚的薄片，如果发酵容器小的话，可以把姜片切成条状。

（7）装瓶。把切好的枣条、姜条装进玻璃瓶中，把称量好的红糖倒进杀过菌的纯净水中充分溶解后倒进玻璃瓶中，加入适量纯酿米醋，搅拌均匀，盖上瓶盖，加入少量水密封。

（8）发酵。发酵环境要求干净无污染，发酵温度25～30℃，前8d是发酵最旺盛的时期，每天都要观察瓶中的情况，从第三天开始，会有气泡产生，为了使发酵充分均匀，每1～2d要搅拌1次，打开瓶盖，用灭菌过的筷子搅拌1min，然后盖上盖子，发酵第8d左右，包泡产生会变得非常缓慢，说明发酵变缓，以后就不用每天搅拌。但如果用的不是自动排气的发酵瓶，每隔几天要排一次气，一直到3周以后，基本停止产气，此时可把瓶盖拧紧，继续发酵2个月。

酵素制作成功与否，可以通过发酵过程中以下几方面判断：

①认真观察。看酵素原液的色泽是否纯净，如果发现有长白毛或者黑色霉点的情况，说明发酵失败了。

②闻其气味。此酵素最初闻到的是枣香味和生姜味及淡淡的酸味，发酵结束后，发酵结束后除了有上面的味道，略带酒味也是正常的，但如果有其他不舒服的味道或者酒味浓烈，表明发酵失败了。

③品尝。品尝酵素原液，发酵初期，以甜味为主，有枣香味、姜味及酸味，随着发酵时间的延长，甜味逐渐变淡，直到消失，酸味逐渐增加，有时有淡淡的酒味，都是正常的，但如果有苦味或者发酵结束时仍有甜味，都表明发酵失败了。

（9）过滤。把发酵好的酵素过滤，滤去里面的枣果和姜片，过滤用的工具要先消毒。滤出的枣果和姜片可用压榨机压一下，榨出里面的酵素原液，与过滤出的原液合在一起。

（10）调配。发酵结束后的酵素原液口感有枣香味、姜味、酸味，有时也会有淡淡的酒味，糖尿病人和不喜欢甜味的人可以直接过滤装瓶。为使口感更好，也可进行调配，一般加入5%左右的白砂糖和少量蜂蜜，具体添加量每个人可根据自己的口味调整。

（11）二次过滤。目的是过滤掉原液中的沉淀和杂质。

（12）灌装。把玻璃瓶及瓶盖在沸水中消毒、沥干，把过滤好的原液装在杀菌过的玻璃瓶中，密封好，贮藏。

通过上述工艺制作的红枣生姜酵素在常温下可保存三个月，可以直接饮用，也可加40℃以下的温水稀释饮用。每天坚持饮用50～100ml，对人体健康会有很大益处。但需要注意的是，孕妇和儿童不宜食用。

第十四章　新疆枣的保护

第一节　产地保护

一、新疆枣地理标志产品的保护

据统计，我国枣类地理标志商标共有 30 余件，其中新疆的枣类地理标志商标包含“和田玉枣”、“若羌灰枣”、“哈密大枣”、“阿克苏红枣”“且末红枣”等个地理标志产品，均已获得农业部地理标志登记保护。

（一）地理标志知识产权的保护

1. 完善地理标志保护标准，变多头管理为专门采用专门立法的模式对地理标志进行强有力的机构管理保护。

2. 加强地理标志的执法工作，切实依法保护地理标志注册人和农产品生产者的合法商标权益。

3. 统筹兼顾国家、企业、农户等经营主体之间的利益与协作关系，充分发挥行业协会的作用，统一地理标志产品的标准，从种植、加工、流通、销售等领域开展标准统一的相关工作。

4. 出台优惠政策，促进地理标志产品的开发和建设，增加地理标志产品申报规模，提升地理标志产品的档次。

5. 成立专有化的地理标志培育库与品牌化研究机构，联合知名高校、科研机构、农业产业化龙头企业进行商标的注册、品牌的创建、培育与推广工作，挖掘优势特色产业，以地理标志撬动现代农业发展。

6. 创造新疆枣的品牌价值，净化销售市场，维护新疆枣的品质与声誉。

7. 优化知名地理标志产品的经营环境，提升地理标志产品的品质保障，打造知名度与美誉度于一体的地理标志产品。

8. 对市场上出现的新疆枣侵权现象，加强宣传教育，维护合法权益。

（二）原产地产品保护

1. 加大培训和技术共享力度，注重农村人力资本的建设。稳定枣产业面积，培养和提升原产地标志枣产品的生产力水平。

2. 实施品牌战略，增强枣农对原产地保护标志的教育和宣传力度，提升枣农对原产地保护标志的认知度及其对新疆枣品牌的认同感，推动标志化枣产品的产业支柱作用。

3. 提高枣果质量，严格监管销售，杜绝以次充好的行为，以品质建立价格优势并逐步扩大市场需求。推进农村电子商务的普及，同时给予枣农帮助和指导，拓展销售渠道和空间。

4. 增强合作社与枣农的利益联结，鼓励订单农业，同时规范订单中的合同内容，构建合理的利益分配机制，提高生产的组织化程度，从而带动标识枣产品的增收效应。

第二节　树体保护

枣树的树体保护主要包括古枣树的保护和结果枣树的管护，古枣树不仅有深厚的历史文化价值，也有一定的经济价值。是气象、地质、林业、红枣历史文化研究的活标本。不仅是枣树种质变异的资源库，也是自然环境和人文历史的见证者。开展古枣树保护对研究和挖掘枣文化，选育枣树新品种具有重要的意义。结果期枣树的管护就是对枣树的树体、枝、干等部位的损伤进行防护和修补，是枣提质增效技术措施之一。

一、古枣树的保护

（一）古枣树树龄鉴定与分级

古枣树树龄的鉴定　目前，古枣树的树龄还没有普适和准确的鉴定方法，较常用的树龄鉴定方法有文献追踪法、访谈估测法和年轮鉴定法等。

（1）文献追踪法。依据查阅地方志、族谱、历史名人游记和其他历史文献资料，获得相关的书面证据，推测古枣树树龄。

（2）访谈估测法。凭借实地考察和走访当地老人，获得口头证据，推测古枣树的大致树龄。

（3）年轮鉴定法。用生长锥钻取待测古枣树的木芯，将木芯样本晾干、固定和打磨，通过人工或树木年轮分析仪判读古枣树年轮，依据年轮数目来推测古枣树树龄。

（二）古枣树的分级

国家《城市古树名木保护管理办法》中对古树的认定：第三条，本办法所称的古树，是指树龄在一百年以上的树木。

第四条，古树名木分为一级和二级。凡树龄在 300 年以上，或者特别珍贵稀有，具有重要历史价值和纪念意义，重要科研价值的古树名木，为一级古树名木；其余为二级古树名木。

第六条，一级古树名木由省、自治区、直辖市人民政府确认，报国务院建设行政主管部门备案；二级古树名木由城市人民政府确认，直辖市以外的城市报省、自治区建设行政主管部门备案。

在实际保护和管理中，各省、自治区对古树的分级一般分为三级，树龄在 500 年以上（含 500 年）的，为一级古树；树龄在 300～499 年的，为二级古树；树龄在 100～299 年的，为三级古树。而古枣树也按照此分级方法进行分级。

二、古枣树的保护措施

1. 国家《城市古树名木保护管理办法》中的第十三条规定：严禁下列损害城市古树名木的行为。

（1）在树上刻划、张贴或者悬挂物品。

（2）在施工等作业时借树木作为支撑物或者固定物。

（3）攀树、折枝、挖根摘采果实种子或者剥损树枝、树干、树皮。

（4）四距树冠垂直投影5m的范围内堆放物料、挖坑取土、兴建临时设施、建筑、倾倒有害污水、污物垃圾，动用明火或者排放烟气。

（5）擅自移植、砍伐、转让买卖。

2. 对于古枣树的保护应采取以下保护措施：

（1）挂牌保护。每株古枣树应挂标准牌进行保护，一级古枣树标准牌为红色；二级古枣树标准牌为绿色；三级古枣树标准牌为蓝色。标准牌标注内容：科、属，品种；树龄、级别；权属、保护单位等。

（2）设立保护宣传牌。在孤立树或有同一级别古枣树组成的古枣园的周围设立统一的保护宣传牌，保护宣传牌内容包括：品种，树龄，级别，面积，权属，保护单位等。

（3）建立围栏。对于孤立古枣树的保护，要设立围栏进行保护，围栏与树干的距离不小于3m。围栏高不小于1.5m，围栏的材料以铁质为最好。

（4）二维码追溯。一树一码，一园一码。树码标注内容：科、属，品种；树龄、级别、生长状况；位置、权属、保护单位等；园码标注内容：品种株数、树龄株数、生长状况、产量、面积、位置、权属、保护单位等。

三、枣树受害后的修复

（一）伤口处理 树体受人、畜伤害及病害、雷击、日灼、冷冻、风折等后，如不及时处理，受伤部位易致腐烂和形成空洞。对树干出现的皮部伤口，首先用锋利刀刮除腐朽松软部分，露出健康组织，然后把刮口的边缘用刀削平整，用福美砷等药涂抹病斑，再用泥包裹促其愈合，多在枣树生长期进行；对折残部位锯断、削平，用硫酸铜液或石灰硫黄合剂原液等药剂消毒，然后涂敷紫胶、树木涂料等保护剂，在新切伤口涂以0.01%～0.1%的α-萘乙酸膏，促其加速愈合。

（二）树洞修补 树干伤口久未愈合，木质部和髓部受雨水浸渍腐烂形成空洞后，会破坏水分和养分的运转与贮存，降低树干和骨干枝的坚固性和负载能力，故应及时处理，以防止树洞继续扩大、发展。补洞时先将洞内腐烂木质彻底清除，刮去洞口边缘的坏死组织，直至露出新组织，并用0.1%升汞、1%硫酸铜溶液或5°Bé石硫合剂对伤口进行全面消毒，然后用水泥：小石粒=1：3比列的水泥浆填补树洞。对于较小的树洞也可用木楔直接钉入将树洞填平。补洞后可以保护伤口，加速愈合，恢复树势，稳定产量。

（三）劈枝抢救　在枣树生长季节，尤其是大风过后，古枣树的管护责任人要及时对所管护的古枣树进行检查，若发现被风刮断的树枝要根据伤口的严重程度进行不同的处理，对断枝要将伤口锯平后涂抹保护剂；对劈枝应进行立即抢救。先将裂口清理干净，刮净裂口树皮，并消毒，涂抹保护剂，将裂口密合无缝，且包扎严实。

（四）加固保护　在枣树生长季节，若遇到大风天气或雨天，古枣树的管护责任人要及时对所管护的古枣树进行检查，对有可能发生倒伏、劈裂或折断危险的古枣树应及时进行支撑、捆绑等加固措施。尤其是对于结果结果过多的枣树要提前预判，对有可能压折、风折的枝条要事先用木棒或竹竿进行支撑加固保护。

（五）甲口处理　在枣树生长季要及时检查枣树甲口愈合情况，若甲口不愈合，会造成树体营养传输受阻，树势变弱，轻则影响来年枣树的萌芽、开花、结果；重则死枝、死树。因此及时检查甲口愈合状况，对还未愈合或者愈合不彻底的枣树进行处理，处理前先对甲口进行清理（尤其是滋生甲口虫的部位，一定要将虫粪完全清理干净，并将害虫啃咬的树皮或愈伤组织进行刮除），然后涂抹药剂。在药剂处理方面可选择促进愈伤组织形成的调节剂（植生源、赤霉酸等）进行处理，兑水和成泥浆后涂抹，再缠上塑料袋进行保护；或直接使用促进伤口愈合的愈合剂。

四、结果树的管护

（一）萌蘖清除

在枣树生长期，枣树断根后不定芽大量萌发，在枣树根际周围形成单株或丛状的根蘖。枣根蘖消耗大量的母树营养，影响开花结果，因此除保留个别根蘖用于主干的更新外，其他应及时清除。清除萌蘖最好在其刚刚萌发时进行，也可在落叶后进行挖刨收集，用来培育归圃苗。

（二）清园管护

1. 清洁枣园 枣树落叶后及时清除园内枯枝落叶、树上的病枝残果，在园外集中深埋或焚烧，减少园中的病虫基数，降低来年病虫害发生率。

2. 灭虫杀菌 枣树落叶后，很多病菌、虫在枯枝、落叶、树皮缝隙等地方进行越冬，清园后，及时使用清园药剂（可选择波尔多液、石硫合剂等药剂）进行枣园全面喷施，重点喷施树干、枝干、表土等适宜病菌和虫卵寄生的部位，杀灭在树干、枝干裂缝和表层土壤中越冬的病菌和虫卵，减少园内的病虫源基数，降低来年病虫害发生率。

3. 刮树皮 老树皮是许多病菌、害虫的越冬场所，同时由于树皮增厚缺乏伸展性，妨碍树干加粗生长，树体易早衰，及时刮除老树皮，并集中烧毁，既能促进树体生长，又能防病治虫。

刮树皮多在枣树休眠期进行，一般在果实采收后至土壤封冻前进行，刮皮一般使用专用刮皮刀，要求将外层粗裂的老皮刮下，露红（韧皮部）不露白（木质部）为宜，不能刮皮过深伤及嫩皮和木质部。

4. 树干涂白 树干涂白多与刮树皮结合进行，刮完树皮后再进行涂白。树干涂白既可减轻冬季冻害对树体的伤害，又能阻隔病虫源入侵，降低病虫源基数，还可以防止冬季兔、鼠的危害。

5. 树干防冻 对于冻害较为严重地区，建议在枣树根茎部覆土堆或绑扎稻草、秸秆等进行保温预防冬季冻害。

在枣树生产管理过程中，广大种植户常常对于冬季枣树休眠期的树体保护并不重视，往往出现来年萌芽率低、病虫害发生严重，树势衰弱等现象，这些现象出现以后才急于补救，费时费工，效果却不显著。

（三）涂白剂和石硫合剂的使用

1. 涂白剂的配置　枣树树干涂白主要作用是防寒护树，杀虫灭菌，防兔、鼠啃咬。涂白剂的常用配方是：水 20 份、生石灰 5 份、石硫合剂原液 1 份、食盐 1 份。先将生石灰和食盐分别用水化开，然后将生石灰水、食盐水和石硫合剂兑在一起，混合均匀即可。树干涂白多在晚秋或初冬（11 月上旬至 12 月中旬）进行。涂白时用刷子均匀地将涂白剂刷在树干和主枝的基部，尤其是分杈处要多涂，也可用喷雾器喷涂。

2. 石硫合剂注意事项

熬制石硫合剂用铁锅：熬制石硫合剂时要用铁锅，不能使用铜锅或铝锅。石硫合剂具有强腐蚀性，喷雾器使用后要及时充分洗涤，以免腐蚀损坏。

石硫合剂随配随用：石硫合剂不耐贮存，易与空气中的氧气和二氧化碳发生反应而失效，若必须贮存时，可用带釉的器具密封保存或在器具内滴一层油，也可使用塑料桶短时间保存，使用时现配现用。

不可与酸性农药混用：石硫合剂属强碱性药剂，不可与酸性农药混合使用，生产中常用的杀虫剂、杀菌剂和微肥多为中性或弱酸性，不可与石硫合剂混合，石硫合剂要单独喷施。

使用合理的浓度：石硫合剂的使用浓度要根据当地的天气情况和防治对象灵活掌握。光照强、温度高，干旱时使用浓度要低，一般气温在 4℃以下或 30℃以上时，不宜使用。

3. 石硫合剂的有效使用　石硫合剂的防治对象主要是越冬的红蜘蛛、枣壁虱以及梨园蚧，枣粉蚧等害虫，其使用浓度随季节的不同而有差异，萌芽前使用浓度为 4°～5°Bé，枣芽刚萌动喷施浓度为 2°～3°Bé。熬制的石硫合剂浓度一般为 25°～30°Bé，使用时要按照使用浓度进行稀释，随配随用。由于枣树生长季对石硫合剂比较敏感，故不提倡使用。

第三节　品牌保护

随着新疆枣种植规模和种植面积的不断攀升，市场上开始出现以次充好的“伪新疆特色林果产品”，影响新疆枣的市场美誉度。为了保护和稳定新疆果品的市场占有率，新疆枣果必须走品牌化道路，同时加大品牌的市场宣传力度，增强消费者直观辨识产品的能力。实施新疆枣系列品牌战略，保护枣生产和消费双方的利益。

一、规范现有品牌，维护品牌形象

新疆特色林果经营企业品牌意识开始增强，区域品牌产品增多，如哈密大枣、若羌红枣、和田玉枣等林果产品在国内外消费者中赢得了声誉，品牌影响力逐步增大。

由于区域品牌缺乏相应的监管机制，导致品牌应有的高质无法保障，区域品牌旗下产品会出现良莠不齐现象。基于此，必须规范现有区域品牌的使用，当地龙头企业会同管理部门或行业协会出台相应的品牌使用范围，实行产品统一质量规格标准，规范品牌使用，未经允许其他任何企业不得随意使用。

新疆枣企业自创品牌大部分都依托于区域品牌，企业品牌在区域品牌的保护下可以降低市场推广风险和成本，同时企业的产品必须严格按照行业标准进行生产加工，以优质的产品获得消费者的认可，在市场上建立并维护良好的品牌形象，杜绝任何破坏新疆林果区域品牌或企业品牌形象的短期行为，为企业后续发展做好市场准备。

二、创建枣的品牌，形成品牌合力

“品质＋品牌”是新疆枣稳固市场的根本保证。要想提高与内地红枣的竞争力，创建自有品牌、注册商标、提升产品质量、提高新疆枣的知名度，以品牌优势占领国内外市场是新疆枣产业快速发展的必由之路。另一方面，强化“红枣精品”的建立，“哈密大枣”、“阿克苏红枣”、“和田玉枣”、“若羌红枣”等产品已通过认证。目前应根据不同地区的特点，大力促进当地特色枣产品的认证，确定产品产区优势和地理区位优势，并将各地区品牌进行整合，生成大同小异的新疆枣特色品牌。

三、加大品牌宣传力度，促进新疆枣品牌化战略实施

新疆枣品牌的培育需要政府、行业协会、龙头企业及供应链企业等多元主体的共同推动。需要政府进行宏观指导，从制度层面不断完善和创新，通过政策倾斜支持、培育并完成大农业主体支持、严格管控区域品牌使用支持以及资金支持等措施，建立起新疆枣品牌发展支撑策略。

行业协会可以规范企业行为建立产品信息资源共享平台，协调企业间的市场划分，保证品牌的合理使用。龙头企业要率先垂范，制定行业标准，研发产品精深加工技术，不断开拓产品市场创立区域优势品牌，加强区域品牌和企业品牌的管理。供应链企业应自觉遵守行业规则，保证产品质量，开发企业品牌，不断拓展市场。

四、综合利用多种媒介，加大新疆枣宣传力度

新疆红枣久负盛名，但是宣传力度欠佳，消费者对枣产品的认知程度较低。新疆红枣企业可以借助不同的媒介，宣传自己的品牌，同时实时监控并评价媒介的宣传效果，给不同的媒介赋值，直到广告效果最佳。利用多种媒介的大面积宣传，加强市场对新疆不同品牌枣的认识。利用“互联网＋”思想，新疆红枣协会建立网上销售平台，提供广告位，让更多的新疆红枣品牌在平台上进行宣传和销售，呈现新疆枣健康绿色有机的特色。

五、依托区域品牌，提升品牌知名度

新疆红枣区域品牌比较成熟，在消费者更加倾向于购买原产地产品的市场趋势引导下，新疆枣企业抓住市场机遇，向市场推广质优价高的品牌化系列产品，强化消费者的评价。通过区域品牌提升促进新疆枣企业品牌战略协同、组织协同、服务协同和品牌管理协同，才可能真正帮助企业脱离低成本驱动困境，推动新疆枣业健康发展。

为了更好地普及和推广新疆红枣提质增效和简优栽培关键技术，进一步提升枣农素质，本书围绕新疆红枣产业中“品种，品质，品牌”的提升开展技术总结与集成，本着科学、先进、实用的原则，从新疆红枣发展沿革及现状、枣品种的引进与选育、枣良种繁育技术、枣园的规划与建立、枣园的土壤管理技术、枣园的灌溉与保墒技术、枣树施肥技术、枣树整形修剪技术、枣树促花保果技术、低质低效枣园的改造技术、枣树简约栽培技术、枣树有害生物防控和自然灾害的防御、枣果的采收、分级、加工与质量鉴定、枣树的保护等方面进行了论述。以期望对全国从事种枣、管枣、经销枣和研究枣的从业者有所帮助，对新疆红枣产业的健康发展有所贡献，也能对其他枣区红枣产业的提质增效工作有所借鉴。

本书各章撰写人员如下：

第一章江振斌（巴州林果技术研究推广中心工程师），王媛媛（巴州气象局高级工程师）阿曼古丽·尼亚孜（巴州林果技术研究推广中心工程师）陈继红（巴州林果技术研究推广中心工程师）

第二章王秀梅（巴州林果技术研究推广中心工程师）刘晓红（新郑市红枣科学研究院高级工程师）张磊（若羌县自然资源局助理工程师）

第三章候丽丽（巴州林果技术研究推广中心工程师）刘晓红（新郑市枣树科学研究院高级工程师）闫超（新郑市枣树科学研究院工程师）巴音克希克（巴州苗圃工程师）

第四章斯琴（巴州林果技术研究推广中心高级工程师）闫超

（新郑市枣树科学研究院工程师）吴琼琼（巴州林果技术研究推广中心助理工程师）

第五章王雨（巴州林果技术研究推广中心正高级工程师）杨小平（巴州林果技术研究推广中心工程师）

第六章王秀梅（巴州林果技术研究推广中心工程师）

苏彩霞（新郑市枣树科学研究院工程师）马云英（巴州林果技术研究推广中心高级工程师）

第七章王雨（巴州林果技术研究推广中心正高级工程师）阿布拉江·依明（巴州林果技术研究推广中心工程师）

第八章李占林（新郑市红枣科学研究院正高级工程师）候丽丽（巴州林果技术研究推广中心工程师）

第九章李占林（新郑市红枣科学研究院正高级工程师）李海涛（新郑市红枣科学研究院高级工程师）候丽丽（巴州林果技术研究推广中心工程师）

第十章王雨（巴州林果技术研究推广中心正高级工程师）斯琴（巴州林果技术研究推广中心高级工程师）江振斌（巴州林果技术研究推广中心工程师）

第十一章王雨（巴州林果技术研究推广中心正高级工程师）斯琴（巴州林果技术研究推广中心高级工程师）王秀梅（巴州林果技术研究推广中心工程师）

第十二章李占林（新郑市红枣科学研究院正高级工程师）江振斌（巴州林果技术研究推广中心工程师）吴琼琼（巴州林果技术研究推广中心助理工程师）杨小平（巴州林果技术研究推广中心工程师）

第十三章王雨（巴州林果技术研究推广中心正高级工程师）李海涛（新郑市红枣科学研究院高级工程师）古力先·克里木（巴州林果技术研究推广中心高级工程师）

第十四章李占林（新郑市红枣科学研究院正高级工程师）王秀梅（巴州林果技术研究推广中心工程师）江振斌（巴州林果技术研究

推广中心工程师）

本书在撰写过程中巴州党委组织部、巴州林业和草原局党组对本书给予了高度重视和支持，新郑市红枣科学研究院、若羌县红枣中心给予帮助，在此向各位领导、各位评审专家，以及所有为本书编写出版给予关注的人表示感谢！